GUIZHOU KEXUE JISHU SHI
FAZHAN GANGYAO

贵州科学技术史发展纲要

李 巍 缪坤和◎著

图书在版编目（CIP）数据

贵州科学技术发展史纲要/李巍，缪坤和著. —北京：
知识产权出版社，2017.12
ISBN 978-7-5130-2234-7

Ⅰ.①贵…　Ⅱ.①李…②缪…　Ⅲ.①自然科学史—贵州省
Ⅳ.①N092

中国版本图书馆CIP数据核字（2013）第198003号

内容提要

本书在掌握大量资料的基础上，系统梳理贵州科学技术发展脉络，分为先秦至两汉、三国两晋到元、明、清、民国五个时期进行论述，研究范围涉及农、医、天、算等中国传统科学技术，以及蜡染、银器、苗药、箫笛等独具贵州民族特色的传统技艺，并配以珍贵图片。从历史学、人类学的角度，将研究视角引向普通人群的生存智慧，填补贵州少数民族科技史研究空白，成为研究贵州社会经济发展的重要参考。

责任编辑：宋　云　王颖超　　**责任校对**：潘凤越
封面设计：张　冀　　**责任印制**：孙婷婷

贵州科学技术发展史纲要

李　巍　缪坤和　著

出版发行：知识产权出版社有限责任公司　　**网　　址**：http：//www.ipph.cn
社　　址：北京市海淀区气象路50号院　　**邮　　编**：100081
责编电话：010-82000860-8388　　**责编邮箱**：songyun@cnipr.com
发行电话：010-82000860转8101/8102　　**发行传真**：010-82000893/82005070/82000270
印　　刷：北京虎彩文化传播有限公司　　**经　　销**：各大网上书店、新华书店及相关专业书店
开　　本：720mm×960mm　1/16　　**印　　张**：17
版　　次：2017年12月第1版　　**印　　次**：2017年12月第1次印刷
字　　数：300千字　　**定　　价**：68.00元
ISBN 978-7-5130-2234-7

作为本书研究对象的贵州，不是一个封闭的文化存在。

地形、气候、疆域，以及在此之上生活的人们都在不断变化着。

时间使得一切变得顺理成章。

在网络媒体、日常生活中，南北方的互相攻击或是对某一省份的群体性诋毁并不罕见，他省似乎比他国还来得生分。对于不曾生活在贵州这片土地上的人们来说，贵州是一堆符号：茅台酒、黄果树大瀑布、遵义会议……尽管黔地不曾有驴，然黔之驴却成为贵州人摘不掉的帽子，普天之下、率土之滨舆论常常被断章取义占据。

本书确实抱着以正视听的想法，不过限于研究者学力有限，史料庞杂，实在难免陷入以讹传讹之中，只求能向着真的情形更靠近一点；或是抛砖引玉，以吸引聪慧的目光，投入到贵州科学技术史领域的研究，谨此为盼，以为善。

目　录

第一章　古代社会贵州科学技术发展脉络（先秦至两汉）

这些（古代）社会反映了我们数千代以前的祖先的精神面貌。我们在肉体上和心灵上已经度过了与此相同的一些发展阶段，而我们之所以成为我们今天这个样子，正是由于曾经有过他们的生活、他们的劳动和他们的奋斗。我们的文明奇迹乃是千千万万无名的人们无声无息孜孜努力的结果，就像英格兰的白垩山是由无数代石灰质壳的有孔虫合力造成的一样。

——丁·凯固斯

第一节　序幕

贵州位于云贵高原东部，东临湖南，南连广西，西邻云南，北衔四川和重庆，是我国西南腹地承启东西、连接南北的重要交通枢纽。

贵州地形多山，总面积 17.61 万平方公里，山地及丘陵面积占 92.5%，喀斯特地貌显著，《徐霞客游记》中曾以“兴义”一地名来称谓现今通行的“喀斯特”地貌。多山地丘陵的自然环境，为贵州带来了丰富的矿产资源、多样化的动植物种属，在此基础上形成了独特的生存智慧。

2.3 亿~2.5 亿年以前，现在的云贵高原一带是一片汪洋，它和阿尔卑斯山一起，被“古特提斯洋”所深深淹没。东端三叠纪时期海洋盆地中一个未露出海面的孤立石灰岩台地，称为“大贵州滩”，它就是今天中国贵州省的南部。根据不断发现的化石证明，在这片“大贵州滩”水域中，当时到处是美丽如同百合花的棘皮动物“海百合”，身长几米甚至十几米横冲直撞的鱼龙，外形有些像海龟的多板砾甲鱼龙，个头矮小的混鱼龙，脖子长而弯曲但四肢强壮的贵州龙，进化得最完善、最高级的海洋无脊椎动物菊石等。贵州古生物研究价值，不断被关岭、罗甸、兴义、贞丰、安龙、福泉、贵阳、凯里和瓮安等地出现的化石遗迹所印证，越来越多的中外古生物学家与地质学家来到贵州，力图寻找三叠纪末大量原始爬行动物尤其是原始鳄类从地球上销声匿迹，而恐龙却在陆地上加速崛起的原因。

贵州是多民族共居的省份，世居民族有汉族、苗族、布依族、侗族、土家族、彝族、仡佬族、水族、回族、白族、瑶族、壮族、畲族、毛南族、蒙古族、仫佬族、满族、羌族。2009年末，贵州少数民族人口占全省总人口的36.8%。我国95%以上的布依族、水族和仡佬族，50%以上的苗族、侗族人口居住在贵州。数千年来，随着迁徙流动，来自不同地方的族群，会聚于贵州，带来各自不同的文化，相互交流、碰撞、融汇，“大杂居，小聚居”，你中有我，我中有你，呈现出独具特色的“多元共存、共生共荣”的贵州文化。丰富的多样性、博大的包容性，不仅仅表现在生活习惯等外在的文化习俗方面，更深藏于思维逻辑与处事方式之中，内蕴的精髓则非置身其中而不得要领。

中国传统科学技术的进步，如果脱离了日常生活和普通人，便失去了探究的本源。在这样一个地形复杂、群山环绕的环境下，生存下去或是稍微能生活得容易一些，才是根本的向往。某个聪明的工匠改进了架屋的方法，初衷与促进学科发展和社会的全面进步无关，这些宏愿和个体的生活场景是疏离的，但是个体的生存智慧和实实在在的行为却客观实现了改变。因此，将史实与分析置于一种历史的场景之中，是本书的研究取向。

第二节　旧石器时代的技术积累（约180万年前~1万年前）

因为远离中原，贵州这片土地长期属于“边郡”“边州”，直到明朝永乐十一年（1413年），贵州才正式成为一个省。但是，贵州莽莽苍苍的崇山峻岭，却是远古人类的摇篮之一。贵州人的历史，可以上溯到24万年以前。举世闻名、被考古学界公认可与北京周口店文化比肩的黔西“观音洞文化”，普定传统文化，在1993年“全国十大考古新发现”中名列第一的盘县大洞旧石器文化遗址等大量史前文化遗址，证实了早在“三皇五帝”之前的远古、太古时期，贵州并非是杳无人迹的蛮荒之地。在漫漫的历史长河中，贵州的土著居民，与四面八方迁徙而至的汉族和其他少数民族一样，共同耕耘、开发着这片共同的家园。这个过程，始于远古传说时代，至今仍在继续着，并留下了许多可以辨析的痕迹。

旧石器时代是人类历史的最初阶段，与地质史上的更新世大致相当，从300万年前直到一万年前，约占人类历史的99.7%。在这一漫长的历史时期内，人类以打制石器为主要生产工具，过着采集和狩猎的原始生活，同时萌发、产生了原始的科学技术。

一、刮削石器——黔西观音洞

位于贵州黔西县沙井地区的黔西观音洞，是我国南方旧石器时代初期材料最丰富、最具有代表性的文化，被命名为“观音洞文化”。文化面貌属旧石器时代早期，年代为距今 18 万 ~24 万年。

我国旧石器时代早期文化，主要有三个文化区：第一个文化区以山西的西侯度文化和匼河文化为代表，第二个文化区以北京周口店第一地点为代表，第三个文化区以贵州黔西观音洞为代表。在我国南方，“属于更新世中期的遗址，首推贵州黔西观音洞”[1]。从全国范围来看，“观音洞文化”是有别于其他文化系统的另一种类型。

观音洞文化的发现具有十分重大的意义，通过研究发现，居住在这里的人类在当时已经能够制造较为复杂的石器。工具使人手和牙齿等器官得以延长和增强，制造和使用工具是人特有的活动，工具的制造和使用，标志着人类文明史的开始。它意味着人已超出了对自然的单纯适应，而能动地对自然加以改造。观音洞猿人用燧石或硅质灰炭及火成岩等做原料，制造比较粗糙的石器，出土的 4000 余件石制品，主要分为石核、石片、石器三大类。其中，石器占石制品总数的 66%，可分为刮削器、端刮器、砍砸器、尖状器、凹缺刮器、石锥和雕刻器七类。因为当时人们的生活来源主要是靠采集和狩猎，所以刮削器数量最多。石片和石器在石制品中占多数，这也是我国各个地区旧石器文化的共同特点，同时也说明远在旧石器时代，贵

图 1－1　黔西观音洞遗址

[1] 白寿彝、苏秉琦主编：《中国通史》第 2 卷《远古时代》，上海人民出版社 1994 年版，第 20 页。

州和我国其他地区的原始人之间，已经有了一些共同的文化因素。这种共同的文化因素，是因同处于旧石器早期，存在南北方早期旧石器文化的地域性的文化关系。[1]

观音洞的石制品对石料进行了充分利用，石器的成品率超过65%，而且很少发现未经加工的或未使用过的石片。这些大小悬殊，类型繁多的石器大部分是用石片加工而成，少数用石核加工而成。从这些加工方向不固定的石制品上可以看出，尽管其工具制造技术还较为原始，但许多器物都已有第二步加工，以单面加工为主，但也有错向加工、交互加工、对向加工和横向加工，其加工方法的细致性和多样性均为同期各地石器之冠。此外，观音洞的石制品打片主要采用锤击法，其次是碰砧法。修理台面亦用锤击法，这既不同于"北京人"的砸击法，又有别于山西西侯度的打制方法。所有的这一切都表明，人类在与自然斗争的过程中，已经走过了漫长的路程。

二、人工用火——桐梓岩炭洞

位于桐梓县城西北25公里的九坝柴山港南麓的桐梓岩炭洞，以首次发现古人类化石和用火遗迹而成为贵州又一处旧石器时代早期重要文化遗址。

火的使用，是继制造工具后，人类技术史上的又一项伟大发明。它把人类从自然环境的束缚中解放出来，同时也是人类生存竞争中不可或缺的因素。有了火，人类可以在夜间感受光亮，在寒冬里感受温暖，可以驱赶和围攻野兽，可以用来烧烤木料、烧裂石块以制作工具和武器。火还可以用来开垦土地、烧制陶器、冶炼金属等。最重要的是，火的使用，使生食变成熟食，改变了人类原本"茹毛饮血"的生活方式，扩大了食物范围，从而对人的大脑和体质的发展有着重要的意义。从这个意义上来说，没有火就不可能有"文明世界的出现"。

但是，人类天生是不懂火、不会用火的。人类对火的了解，经历了从恐惧火到认识火，再到控制用火的过程。人类最早的对火的认识应该也是从自然火开始的。当人类社会发展到一定阶段，火才被人类所控制和利用。《韩非子·五蠹》中有如下记载"……有圣人作，钻燧取火，以化腥臊，而民悦之，使王天下，号之曰燧人氏"。这类取火技术，近代仍为一些少数民族所使用。[2]正如"燧人氏"是我们心目中的英雄一样，普罗米修斯在西方世界中也扮演着同样重要的地位。希腊神话中的普罗米修斯背着天神宙斯，把火从天上

---

[1] 潘成义：《贵州境内的原始居民》，《贵州文史丛刊》1999年第1期。

[2] 苦聪人的锯竹法，黎族的钻木法，佤族的摩擦法和傣族的压击法等。

偷来带给人间，牺牲自己给人类带来幸福和解放的英雄形象一直被人们所传诵。

桐梓岩炭洞中共发现了7枚人类牙齿化石，这7枚人类牙齿化石，分别代表不同的个体，经过比较，与“北京人”同类牙齿十分相似。古人类学家认为，“桐梓人”属于晚期直立人，或处在晚期直立人向早期智人的过渡阶段，活动年代在距今20.6万~24万年之间。“桐梓人”使用的石器在岩灰洞仅发现12件，打片和修理均用锤击法，在风格、类型和加工方法上与“观音洞文化”有一定关系。但其中有一件尖锐的刮削器，刃口较薄，刃角为50度，这说明“桐梓文化”较“观音洞文化”有所进步。此外，在岩灰洞堆积层中发现了碳屑和几块烧过的碎骨化石，据此推断可能为人工用火，这是华南地区迄今已知的古人类最早用火的证据。当时，人们住在近水的小山岗上，以天然洞穴为栖息之所，以兽皮和树皮为衣，已知用火取暖御寒、烧煮食物。

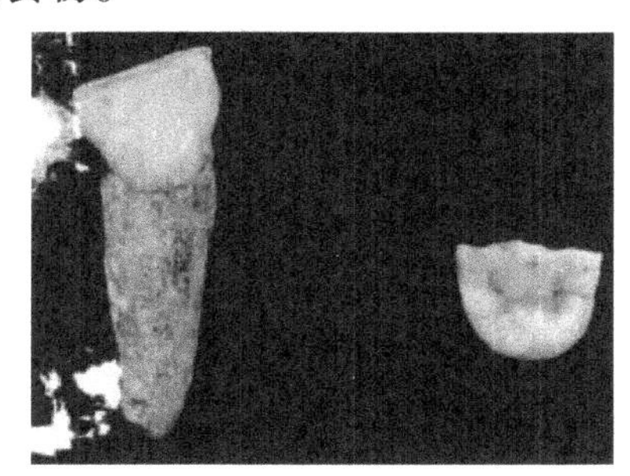

图1-2　桐梓人门齿化石

图1-3　桐梓岩炭洞遗址

三、锐棱砸击法——水城硝灰洞

硝灰洞位于水城县西北25公里三岔河左岸的艺奇乡，在该遗址第三层黄色砂质角砾层，学者获得了一枚男性老年个体的左上犬齿。从人牙化石特征、“黄色堆积”地层和哺乳动物生存年代综合分析，它属于早期智人，被命名为“水城人”。智人的出现，标志着人类在智力上有了明显的进步，在人类进化史上是一个重要的里程碑。与此相联系的文化也进入了旧石器时代中期，工具制造有了新的改进，并牢固地掌握了人工取火技术。

在这里共出土了54件石制品。“水城人”在打制石器上使用的主要方法，是一种较为特殊的“锐棱砸击法”。这种砸击法是：将石砧置于地上，然后左手紧握用作打片的砾石，以其一端与石砧接触，另一手执石锤之侧缘，连续猛击砾石核即可产生类似石片。[1] 锐棱砸击石锤的砸击痕迹在砾石凸的长边上，而北京猿人的砸击石锤的砸击痕迹却在砾石的一面。虽然在广东、广西、四川、西藏、台湾乃至东南亚都发现了这种打片技术，但时间上以水城硝灰洞最早，因而在国内外占有重要地位，具有显著的区域性文化特征。

图 1－4 锐棱砸击法做成的石片

此外，在水城人居住过的洞穴里还发现了长 5 米、厚 0.15～0.5 米的灰烬层，说明篝火在这里持续燃烧的时间长。灰烬中有各色灰烬、炭屑、烧骨和烧石。灰烬成堆，说明水城人不但懂得用火，而且已有保存火种和管理火的能力了。篝火是原始民族保存火种的最古老的方法。使用时让火焰燃得高些，就不断地往燃着的火堆中投放木柴；不用时用灰土盖上，使其阴燃；再用时则扒开灰土，添草木引燃。

四、斧状石器——盘县大洞

继硝灰洞之后，盘县大洞是贵州另一处旧石器时代中期文化遗存，位于盘县珠东乡十里坪村。大洞遗址是 1990 年 6 月调查发现的，堆积物涵盖面约 8000 平方米。在此发现了 4 枚属于四个个体的人牙化石，他们同样被确定为早期智人，命名为“大洞人”。在遗址中发现的石制品有 2000 余件。此外，还发现了手斧和手镐，有人认为手斧类似欧洲勒瓦娄哇型手斧，手镐类似于缅甸安雅特文化所见的手镐。斧状器是一类大型切割工具，均以大石片为坯材，石片边缘为刃，刃缘不做加工或只做局部修整。斧状器轮廓呈 U 形或近似 U 形；刃部与器身长轴垂直或近似垂直；刃部不做加工；器身两边或一边或庇部做陡钝加工。大洞遗址规模巨大，保存完好，文化内涵丰富，列为 1993 年全国十大考古发现之一，并经国务院批准定为全国重点文物保护单位。

[1] 张森水、曹泽田：《贵州旧石器文化概论》，《贵阳师范学院学报（社会科学版）》1980 年第 2 期。

五、锛形石器——猫猫洞遗址

属旧石器晚期的猫猫洞遗址，位于兴义市东北25公里顶效镇附近的猫猫山腰，因堆积物将岩厦分隔为二，状似猫眼而得名。1975年冬进行发掘，共获得石制品400余件，哺乳动物化石9种，人类化石7件，骨、角器14件，并发现用火遗迹，距今14600年。在猫猫洞出土的石制品中，有石核129件，石片317件，石锤和石砧共116件，打击砾石66件，从数量上来说，在国内旧石器中首屈一指。石器分为刮削器、尖状器、砍砸器和雕刻器，以刮削器数量最多，并有少量砍砸器、尖状器和雕刻器。刮削器刃口形态多样，有单直刃、单凸刃、单凹刃、双刃、多刃、端刃六种。最引人注目的钝直砍砸器、锐棱砸击石核、石钻和雕刻器，被认为是华南旧石器晚期水平较高的石器。兴义人制作石器的方法与水城人相似，以“锐棱砸击法”为主，以锤击法为辅，说明“兴义人”与“水城人”在文化上有渊源关系，用砸击法修理的砍砸器，刃口两面可见鳞状小片疤。因其文化内涵丰富，定名为“猫猫洞文化”。值得说明的是，因为猫猫洞文化与台湾长滨文化中的砍砸器都是以石核或砾石向破裂面加工为主，并把砍砸器的一边或多边修成刃口，所以学者普遍认为两者有渊源关系。

兴义猫猫洞遗址出土打制的锛形石器10件。[1] 这类器物也可称端刃刮削器，其刃口多呈缓弧形，刃角稍斜，刃缘匀称，加工精细。

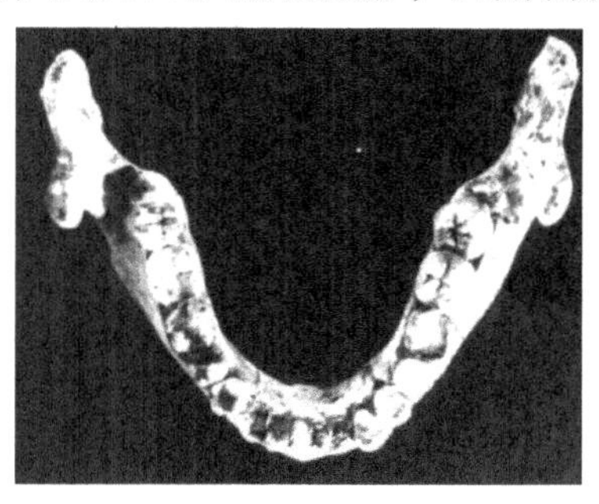

图1－5　兴义人下颌骨化石

图1－6　早期砍砸器

六、骨锥——普定穿洞遗址

普定的穿洞遗址与兴义人的时代大致相同。从已发掘的文化层中测定，

---

[1] 曹泽田：《猫猫洞旧石器研究》，《古人类与古脊椎动物学报》1982年第2期。

属跨新、旧两个石器时代，上部属新石器时代，下部属旧石器时代，上下部相距数万年。穿洞文化遗址出土了完整的人类头骨化石两具，为研究贵州晚期智人形体提供了重要的实物依据。出土石器两万余件，其中以骨锥为最多，另有铲、针、棒等。石器的制作技术与方法均与“兴义人”相似，骨器的制作技术又有进步。穿洞人不仅知道如何保留火种，而且已经知道如何在相当长的时间内保留火种，这说明他们征服自然的能力又进一步加强了。

图1-7　穿洞人头骨化石

七、打制石器——安龙观音洞

安龙观音洞是旧石器时代向新石器时代过渡的重要遗址，位于安龙县龙广镇七星村平广寨北面的半山腰上，堆积物厚达4.16米，自上而下分为13层。经过1986年试掘和两次系统发掘，采用目前国际上较先进的史前考古埋藏学方法，获得了许多分析早期人类活动、社会生产力和社会形态等方面的新资料。遗址中已出土动物化石近1万件，文化遗物有石制品、骨制品和陶片三类，为研究当时器物制作工艺，提供了重要的实物依据。石制品数以万计，主要是打制石器，磨制石器数量不多。

八、骨器、角器

在旧石器时代晚期，技术上的显著进步，首先就是出现大量的骨器和角器。骨、角器的制作，需要有较高的技术水平，特别是磨光技术和钻孔技术，为打制石器向磨制石器过渡提供了重要的技术条件。骨、角器比石器轻巧、方便，生产效率可以成倍提高，因而成为一种新生产力的代表。原始农业、畜牧业、手工业的发明，开辟了由向大自然索取物品进入生产经济的新纪元。骨、角器既是一种新的工具，又是一种重要的物质文化，如用骨叉捕鱼，用骨针缝衣，用骨笄绾发，用骨、角制成装饰品等。因此，骨、角器的发明，不仅在人类工具制造史上是一个重要里程碑，而且标志着以打制石器为特征的旧石器时代即将过去，以磨制石器为特征的新石器时代即将到来。

骨制品的制作方法：先将骨片用石器刮削成工具的形状，然后在砂石上磨出刃口，并把柄端磨毛，一件骨器即制作完成。角器制作首先用尖状石器横砍截角，后将角的断面刮削或磨制成有倾斜度的锐刃，再把柄端磨整齐，一件角器就制作成了。通过上述方法制作的骨角器，品种繁多，形式各样，有骨椎、骨铲、角铲、骨刀、骨叉、骨针、骨链、打击骨片及刻纹骨制品等。

从全国范围来看，在这一时期众多的文化遗址中，出土骨、角器的并不多见。迄今，中国已发现的属旧石器时代骨角器文化中，有8个省的16处，其中，贵州占9处，出土骨制品近千件，居全国之冠。贵州出土骨角器的有兴义猫猫洞、普定穿洞、普定白岩脚洞、普定红土洞、广顺神仙洞、兴义张家洞、安龙观音洞、六枝桃花洞及桐梓马鞍山等遗址。猫猫洞出土的骨器，打制和磨制并存，计有骨锥5件，骨刀1件。骨锥有四种类型：锐尖骨锥、扁尖骨锥、钝尖骨锥和斜尖骨锥。其中一件骨锥的制作特别精致，用三棱形骨片粗琢后，再行刮削，磨成尖刃，刃部光滑而扁锐，可算我国旧石器时代出土的骨锥中最精致的一件，这说明"兴义人"在生产技术上已有很大进步。骨刀呈弧形，状似尖刀，背面有磨薄的痕迹。角器8件都是角铲，分为两型，用鹿角做成，在我国旧石器时代遗物中尚属首次发现。猫猫洞的加工技术相对稳定，造型精美，同时反映出当时制作工具的新水平。普定穿洞出土了1000多件骨、角器，这不但在国内首屈一指，而且足可与欧洲同期骨、角器媲美。穿洞的骨器颇具特色。骨器中数量最多的是骨锥，分为扁钝尖、圆锐尖、三棱尖、秀长尖四种。大量的骨器中，无刃骨棒和扁体骨器均属国内首次发现，骨针在南方也是初次面世，骨叉的出现则在骨器中增加了新品种。普定穿洞出土的一件平刃骨铲，器身两侧还有打击的疤痕。角铲为鹿角制作，加工类别分单面加工和双面加工两种。单面加工的角铲长113～156毫米，直径12～27毫米，倾斜面呈45度，刃缘钝，刃面长30～55毫米，宽3～13毫米。双面加工的角铲利用鹿角的自然弯度修琢造型，刃口相当锐利，形状与今天的解剖刀相似。铲形工具适应当时生产、生活的需要而产生，它是一种挖掘剁刮的利器，使用此种工具与农业有密切关系，反映了旧石器时代贵州可能已出现原始的农耕。打击骨片的边缘有骨片疤，刃口有使用痕迹，与石器边缘的片疤和刃口相同。此种骨制品在我国旧石器时代遗址中很少发现，它产生的时间很早，可能是骨器中最早的工具。

九、狩猎技术的发展

贵州旧石器时代文化遗址，除了给我们留下大量打制而成的各种石制品外，更多的是留下了大量当时人们生活遗弃的动物骨头化石，这些种类繁多数量巨大的动物化石的出土，说明在整个石器时代，人类群体的生活主要靠猎吃野兽。狩猎成为人们获取食物的最重要途径，展现了当时人类生存技术的积累和进步。

黔西观音洞遗址，经过四次发掘，共获得石制品三千多件，动物化石数千块。在这些动物化石中，可鉴定种属的共 23 种，多为大熊猫—剑齿象动物群。其中，有许多是灭绝种，如柯氏熊、大熊猫化石种，还有贵州剑齿象、中国犀等。这些动物群主要生活在湿热的森林或竹林中。而三千多件石制品，又以刮削器为大宗，刮削器占了总数的 82% ，说明这些石器主要用来砍砸、剔剐动物骨肉。

桐梓岩灰洞遗址，共获得动物化石达千件，计 25 个种属，动物群化石亦主要为大熊猫—剑齿象动物群，主要有金丝猴、长臂猿、猩猩、豪猪、大熊猫、东方剑齿象等，多为森林动物。

穿洞遗址中动物化石主要有板齿鼠、黑鼠、豪猪、牛、羊、鹿、中国犀、虎、熊、猴等，多为草原上生活的动物，许多为现生种，用动物骨头做成的骨角器就达一千多件，可见当时人们猎取的动物数量之多。

盘县大洞遗址，发掘出古人类宰剐动物场所和上万件哺乳动物化石，动物化石也主要以大熊猫—剑齿象动物群为主。其种属已达 40 多种，在如此小的面积上出土如此众多的动物化石，可知当时狩猎的重要。

在贵州六枝桃花洞古人类遗址进行考古发现打制的石制品 240 余件中，有石片、石锤、石砧、石砸器、刮削器和尖状器，以及熊、猫、虎、巨貘等 15 种动物化石。其中最具有典型意义的当推其遗址中发现的石球、石锤、石砸器、刮削器和尖状器，以及洞穴上刻有二人手持刮削器或尖状器工具的岩画，一人向野猪、飞禽持投石结束状姿势。这说明贵州在旧石器时期的中晚期，石球、石锤、石砸器、刮削器和尖状器等已用于捕猎熊、虎等大型哺乳动物。

迄今贵州发现的旧石器时代文化遗址，数量已达几十个，除上述几个外，其他经过试掘和发掘的遗址，动物化石的数量和种类都相当丰富，说明在人类产生的最初阶段，与野兽作斗争，获取食物资源是人类群体的共同途径。在贵州旧石器文化遗址中，不管是早期的观音洞、硝灰洞，还是中期的岩灰洞，晚期的猫猫洞、穿洞、大洞，人类群体都生栖在天然的自然洞穴里，过着群居生活，制造石器帮助他们获取生活资料，靠食野兽不断发展自身文化。

十、采集——早期人民生活的补充

在整个石器时代，生活在贵州高原的古代居民其经济生活主要以捕获野兽为主，但这并不是唯一的生活来源。在贵州古人类的生活中，采集经济亦占有一定成分。贵州属亚热带湿润地区，冬无严寒，夏无酷暑，从发掘的各个古人类遗址的生存环境复原来看，当时的气候比现在还要暖和，这种自然条件使得古代的贵州大地森林茂密，水草众多。山间地上生长着许多可食的野果和植物，这为我们先人的生存提供了更为便利的条件，采集野果和植物根茎等就成为人类群体生活的一个重要条件，成为狩猎经济的一个补充。许多旧石器时代遗址出土的刮削器、砍砸器，除了用作狩猎、剔剐动物外，有的亦可能用作采集工具，尤其是晚期遗址中出土的“骨铲”，数量较多，其用途应主要是“挖掘”。飞虎山遗址中出土的骨铲、磨制石斧、石（锛），毕节青场遗址出土的磨制石斧、石铲等，作为生产工具在很大程度上亦用来采集天然的野生植物，而赫章可乐柳家沟遗址出土的石刀，威宁中水出土的穿孔石镰，毕节青场遗址出土的孔弧形刀，用作采集工具亦是比较适宜的。

尤其要注意的是，古代最早种植的农作物是“稻”，稻是一种需要精耕细作的作物，不仅需要充足的阳光，还需要充足的水分。贵州大部分属山区，一些比较平的“坝子”在古代亦被森林、水草覆盖，因而要大面积种植水稻，就要砍伐森林，消除荫蔽，而要大面积砍伐森林，又必须拥有先进的铁制工具，这些条件在石器时代是不具备的。

再者贵州的土壤大多为坚硬的黏土，含沙大，石器工具和骨器是很难将其撬开播种的。它不同于中原地区的黄土，土质结构比较松散，易于挖掘，加之气候比较干燥，植被较少，人们为了生存，就必须自己生产，大面积种植适宜当地自然条件的“黍”。黍的大面积种植，又促进了整个社会的发展。而生活于贵州高原的古代人类群体，他们一方面可享受大自然的恩惠，靠捕杀野兽采集野生植物维持生活，没有饥患的威胁；另一方面当时的生产力水平在贵州地区也不适宜发展农业生产。这种状况在很长时间内一直影响着贵州古代的居民生活，使农业得不到充分的发展。这在贵州古代文化遗址中都有所反映。贵州早期文化遗址，陶器纹饰主要为绳纹。平坝飞虎山新石器时代遗址的绳纹约占 80%，其中粗绳纹即占 57%。毕节青场商周遗址陶层中有绳纹的陶层就占了整个陶层总数的 45%，而普安铜鼓山成园遗址中绳纹陶层则占纹饰总数的 95%。直到汉代，人们盖房用的汉瓦亦几乎是绳纹瓦。而绳纹的大量出现，就是采集经济兴盛的反映，绳纹陶器可以看作利用野生纤维的一种旁证，说明当时采集处于相当重要的地位，采集对象多为根茎。根茎植物，就解决人的吃饭问题而言，既现成又简单，绝对比谷类作物方便得多。其培育技术属于无性繁殖，采集播种几乎同步，比谷物种植简单得多，在一定意义上很难将采集与农耕之间作出明确的界定。应该肯定，在贵州古代文化的发展中，采集经济作为人们经济生活的一个重要途径，其延续的时间下限亦很长。

第三节　新石器时代的技术进步（约1万年前~4千年前）

大约在一万年前，人类进入了一个崭新的历史时期——新石器时代。与旧石器时代的漫长历史相比，新石器时代较为短暂，在我国只有6000多年的时间，一般认为在公元前3500年就结束了。新石器时代的出现是人类社会发展的一次巨大飞跃，有人把它称为“新石器革命”。新石器时代人类的生产力水平与技术都有了极大的提高，同时有了许多科学知识的萌芽。

一、石器制作技术的进步

新石器时代主要特征之一是磨制石器的出现，从最早的打制石器到最早的磨制石器，其间一共经历了180万年。在这漫长的发展历程中，虽然打制石器的技术不断进步，但仍停留在打击制作方面。因此，磨制技术的出现，给人类的生产生活带来了深刻变革。磨制石器是在原有的传统打制石器基础上，借鉴骨、角器磨制技术开发出来的。

磨制石器的石料在硬度的要求上远比旧石器时代的打制石器小。一般多以细砂岩、页岩为原料。仰韶文化时期的磨制石器制作还比较粗糙，很多器物还只是在刃部略加磨光，通体磨光的数量较少，所以这一时期出土的文物表面常保留制坯时的打琢痕迹。一般是利用砾石加砂、蘸水研磨的方法进行石器磨光。经磨制的石器，表面比较光整，器类依功能而有确定的形制。中期研磨刃口及器身的一部分或大部分，龙山文化时期几乎全部是通体磨光的，闭割法和管钻法等技术被广泛应用，石器种类和形态更加多样化。磨制石器不仅外表美观，将器物刃部磨光或将器身修治平整，可以大大减少使用时的阻力，从而提高工作效率，是工具制作中的一大进步。此后，磨制技术得到广泛应用，工具种类不断增加，并朝着专业方向发展。

从出土的文物看，这一时期，作为农具的磨制石器仍占多数。在威宁吴家大坪，采集到磨光砺石、有段石锛、石锛、刮削器共5件。威宁东山的王家院等处，征集到刮削器、石锛、有段石锛、有肩石锛、长方形锛共9件。在毕节青场，征集到新石器63件，包括斧、锛、凿、刀、刮削器、铲、锄和石器半成品。在大方、织金、水城等地，征集到新石器12件，其中有斧形器、刮削器和似锛器等。在盘县平关、石脑和沙陀乡一带，征集到红色和绿色的有肩石斧、尖状器和类似刮削器的磨制石器。在习水土城等地，发现磨制石斧和圆饼形石网坠25件。在赤水发现两件穿孔网坠。在清镇、平坝两地，发现磨光石斧、石锛、石凿15件。在息烽车田河等处，征集到石斧、石锛4件。在黔东南州的榕江古州镇附近，发现磨光石斧、石镞、石矛和穿孔残器共8件。

图1-8　磨光石斧

可以说，石器制造技术和应用范围在这一时期达到了顶峰，相形之下，过去曾广泛应用于工具的骨角器、砸器等均已降到不太重要的地位。

二、农业生产技术

1. 农业的起源与发展

当远古人类经历了漫长而艰辛的300万年后，大约在距今1.2万年前即地球上的最近一次冰川结束时，人类进入了地质史上的全新世时期。随着全球气候的转暖，人类赖以生存的自然环境也发生了新的变化。人口的增长和生存资源的短缺迫使人类寻找新的生存方式，这就导致了人类历史上的第一次革命。农业、陶器和磨制石器的出现通常被视做第一次革命的标志，这一革命对人类产生的影响是极其深远的。

世界各地的考古发现表明，这一重大历史变革均发生在距今1万年左右的时间内，贵州也同样经历了这次变革。

中国是世界上农业发展最早的国家之一，古文献中就有不少关于农业产生的传说记载。《白虎通义》载："古之人民皆食禽兽肉，至于神农，人民众多，禽兽不足，于是神农因天之时，分地之利，制耒耜，教民耕作，神而化之，使民宜之，故谓之神农也。"神农所代表的年代当是农业发生的时代，在古史传说中是较黄帝更为久远的阶段。这同发现的最早农业在年代上较为接近。其实原始社会分工中主要从事采集活动的妇女们，才应该是农业的真正发明者。农业是人类社会发展到一定阶段的产物，它必须在人类的生产技术和经验积累到一定程度才可能产生。植物的种植是采集经济发展的结果。人类经过长期的采集活动，掌握了一些野生植物的生长规律，进行了人工栽培的多次尝试。与此同时，人类还创造出适用于农业耕作的工具，才使砍伐树木、开荒种地成为可能。

在人类发展史上，农业的出现具有划时代的意义，因为它逐步改变了人类群体过去"野生状态"的生活方式，使人类由纯粹依赖自然到逐渐主动地改变自然，成为食物生产者，这就提高了人类的生存能力，促进了人类自身和文化的发展，为以后跨入文明社会慢慢积累着财富，因而农业的产生被称为“人类历史上最主要的革命”。但农业的出现经历了一个漫长而缓慢的时期，在新石器时代中晚期遗址中，在人类群体的经济生活中，农业占了极为重要的地位，这距农业起源初期已有了一段距离。

我国原始农业的耕作技术，不论是北方还是南方，最初大都经过火耕的阶段。相传“烈山氏之子曰柱，为稷，自夏以上祀之”。“烈山”就是放火烧荒，“柱”实际上是挖洞点种的尖头木棒——木。这正是原始火耕的两个相互连接的主要作业，不过被传说人格化了。所谓火耕，一般是用石斧、石（锛）等砍倒树木，待干后便放火焚烧。这样既开辟了土地，灰烬又是天然肥料。经过焚烧后的土壤比较疏松，人们就用木耒等工具掘洞点播。一块地种了几年后，肥力尽了，就丢荒另开辟新耕地。

1995 年在威宁县中水镇中河村大河湾一个叫“岩头上”的土丘上发现了一批新石器时代晚期的古文化遗存，两座墓葬中，出土了大量极为珍贵的水稻。[1] 两座墓相距约 20 米，一座呈南北走向，一座呈东西走向，1 号墓墓口呈不太规则的椭圆形，墓坑底部呈长方形，墓口长 1.95 米，最大宽 1.30 米，深约 1 米，墓坑内挖有二层台，墓底宽约 0.70 米，二层台上放置一件石质生产工具石凿。墓坑上层填土中含有大量红烧土，并夹有许多罐、碗、盆等陶器残片，下层为一层红烧土堆积，尸骨已不存。烧土层下接近头壁处有一条宽约 15 厘米、厚 10 厘米的稻谷遗存堆积。稻谷虽已炭化，但颗粒仍十分清楚，属水稻无疑。2 号墓墓坑呈长方形，长 2.90 米，宽 1.90 米，深 1.10 米，接近墓坑底部也有一层红烧土堆积，烧土层下平铺有一层炭化稻谷，遍布全坑，厚度约 6 厘米，估计重量可达百公斤，这显然不是野生稻，而是人工栽培而有意放置的。在这两座墓葬所在的斜坡下面的沟里，有一堆从上面塌下去的泥土，泥土中出土了大量与稻谷同时代的陶器，除了生活用具碗、盆、罐、钵外，作为酒器的小陶壶、瓶、杯等不仅数量多，而且形制复杂，这些小陶酒杯口径一般在 4 厘米左右，高约 5 厘米，这不仅从另一侧面说明上述墓葬中发现的稻谷是种植的，而且说明粮食已有了剩余，已用来酿造酒等。

贵州紧邻湖南，在旧石器时代晚期向新石器时代过渡的阶段，有许多重要而发展连续的遗址。在这些遗址中发现有农业生产工具，许多旧石器时代晚期遗址还出土了大量骨器，这些骨器制作工艺复杂，器形磨制精美，主要有骨铲、骨锥、骨叉、骨刀等，普定穿洞旧石器晚期遗址出土骨器上千件。

---

[1] 方尧云：《贵州乌蒙山区发现新石器时代稻谷遗存》，《贵州日报》1995 年 11 月 5 日第 3 版。

其中骨铲达百件，骨锥几百件，并伴出土斧形石器，在遗址上层还发现磨制石斧等新石器遗物，也可以用作农业工具。骨铲在新石器时代仍大量存在，如平坝飞虎山遗址新石器时代地层中就出土有80件骨铲、骨锥，磨制石器工具有石斧、石刀等。加之各地零星出土的磨制工具已有一定数量，据统计主要有收割工具石刀，砍伐工具石斧、石磅、石凿等。石刀可分为长方形、半月形等形制，为便于使用，有的穿上孔，使其固定在手上。结合贵州的地理条件和自然环境，尽管我们目前还没有发现新石器时代早中期的水稻实物资料，但这些生产工具的出土和新石器时代晚期至商周之际农业实物资料，表明在新石器时代早中期，贵州地区应该有原始农业出现了，只是这种原始农业后来没有得到迅速发展，且规模较小。

2. 畜牧业的产生

随着生活水平的提高，人口不断地增长，人类对动物所提供的肉、乳、皮、毛等产品的需求也越来越多，但这是游徙不定的狩猎经济所不能保证的，因此，畜牧业应运而生。畜牧业是伴随着农业而出现的，是社会发展到一定阶段的产物。与此同时，进入新石器时代初期，由于狩猎技术的发展以及农业的出现，人类开始了定居生活，这也为动物的驯养提供了必要的条件。从此，在条件适宜的地区兴起了以游牧为主的畜牧经济，在其他地区则以农业生产为主，兼营家畜饲养。由于弓箭在狩猎中的使用，提高了狩猎效率，网、陷阱、栏栅等在狩猎中的应用，使人们能够捕捉到活的动物。随着捕获量增加与食用稍有盈余的情况出现，就逐渐产生了“拘兽以为畜”的驯养方法。

人类对动物的驯养，经历了驯养野生动物、繁殖家畜新种和人工选择三个阶段。人类最初驯化的动物是狗，时间可能在中石器时代，其他动物被驯养多在原始社会初期。狗是由狼驯化而来的，起源于多个地区。在中国史前遗址中，一般均有狗的发现。距今一万年前的河北徐水市庄头遗址发现动物骨骼九个种属，其中，猪和狗可能为家畜，其余均为野生动物，说明当时可能已完成了对狗和猪的驯化，使之脱离了野生状态，开始了家畜新种的繁育。[1] 在黄河流域新石器时代的大部分遗址中，不仅发现狗和猪两种早期驯化的家畜，还发现有羊、牛、鸡等家畜、家禽。贵州境内的新石器时代遗址一般也出土有上述动物的骨骼，说明家畜的饲养已相当普遍，成为人们食物来源的一个重要组成部分。

---

[1] 保定地区文物管理所等：《河北徐水南庄头遗址试掘简报》，《考古》1992年第11期。

三、手工业技术

1. 制陶的兴起与繁荣

陶器的发明是人类自掌握取火技术和栽培植物技术之后的又一重大创举。它既具有新的技术意义，又具有新的经济意义。陶器发明之前，原始人处理食物的方法主要是烧烤，他们将可食的植物、肉块放在篝火、木炭、热灰或烧红的石头上烧烤。陶器的发明带来了蒸煮的方法，改善了人类制作熟食的方式，使推广熟食、改善人类饮食方式的步伐大大加快，从而使人们摆脱了“茹毛饮血”的时代。此外，熟食在促进人类体质和脑髓的进化方面发挥了作用，使人类走向文明的进程大为缩短。从这个层面上来说，陶器在人类智力和文化发展过程中具有重大意义。陶制储存器使谷物、水和液态食物易于存放。陶制纺轮、陶刀、陶锉之类的工具则在生产中发挥了重要的作用。因此，它一出现很快就成为人们生活和生产的必需品，特别是对于定居下来从事农业生产的人们更是须臾不可离。制陶业在新石器时代是一个举足轻重的生产部门，是当时人们特别是定居农耕文明生产生活所不可或缺的。“神农耕而作陶”的传说也正是陶器制作与农耕具有密切联系的一种反映。制陶业集中了当时社会的能工巧匠，在一定程度上代表了当时社会和文化发展的水平。

世界上许多地方，陶器是在编制或木制的容器上涂上黏土想使之能够耐火而渐被发明的。经过一段时间，人们发现成型的枯土不用内部容器也可以烧制成陶器。《中国科学技术史稿》中对陶器烧制技术的发展过程有如下记载：

> 制造陶器的陶土最初并不加淘洗，所以含杂质较多。后来，人们学会了淘洗，就出现了“泥质陶”“细泥陶”，甚至还选用高岭土烧成了“白陶”。制造炊器，为了使它受热时不易裂开，人们特意掺进一定量的砂粒，这叫“夹砂陶”。制作陶器的第二步工序是制坯，早期是用手捏成坯，或用泥条盘筑而成，这统称为手制。后来逐步发明了“慢轮修整法”，就是把已成型的陶坯放在可以转动的圆盘——陶轮上，在转动中修整器坯的口沿等部分。以后又进一步发展到把陶泥坯料放在快速转动的陶轮上，制造圆形陶器。这种制陶方法叫做“轮制”。采用快轮制坯，生产效率和产品质量大为提高了。第三道工序是装饰，大体有以下几类：陶坯未干透时，用器物把坯表打磨光滑，烧成后器表发亮，这叫磨光陶；在陶坯上施一层薄薄的特殊泥浆后再烧制，这叫施加“陶衣”；在陶衣上

画出黑色或彩色花纹后烧制成的叫做“彩陶”；在烧陶过程中，采用渗碳的方法，烧成的陶器成纯黑色，这叫“黑陶”，此外，还有“附加堆纹”“刻划花纹”等。最后一道工序是烧制，早期是在露天烧制的，温度低，受热不均匀，陶器表面上呈现红褐、灰褐、黑褐等不同的颜色，胎壁断面可看出没有烧透的夹心。后来发明了陶窑，如西安半坡遗址中发现的陶窑有竖穴窑与横穴窑两种。都由火口、火膛、火道、窑室和箅组成。经陶窑烧制成的陶器，因火力较均匀，不易变形龟裂，颜色也较统一。到新石器时代晚期，制陶业有很大发展，可能已由氏族的共同事业逐渐变为少数富有制陶经验的家族所掌握的生产部门。这时陶器制作技术又有提高，制坯已广泛采用快轮，陶窑结构比过去进一步完善，烧制温度可高达1000摄氏度左右。并掌握了在高温时密封窑顶，再从窑顶上渗水入窑，使窑内氧气不足，令陶器在还原焰中焙烧，其中的铁质多转化为氧化亚铁（FeO），从而得到呈灰或灰黑色陶器的方法。这个经验对后来掌握釉色有着重要的意义。高岭土的使用和利用烧成后期对窑温及窑内含氧量的控制，来赋予陶器以某种颜色的技术，为我国以后瓷器的出现和它所具有的独特风格奠定了基础。[1]

属于新、旧石器文化共存的平坝飞虎山遗址出土了近两千件破碎陶片，这些陶片多为夹砂灰陶，以手制为主，纹饰多样。同时，还发现了三片彩陶。彩陶作为仰韶时代制陶业特有的工艺技术，经历了发展、繁荣和衰退三个阶段，也恰好折射出仰韶文化的兴衰过程。仰韶时代中期是仰韶文化最发达的时期，也是彩陶艺术最繁荣的时期。这些均表明贵州早在仰韶时代就已掌握了制陶技术，当时社会和文化发展的水平远没有人们想的那么低。

出土的陶片，具有陶质疏松、厚薄不匀、表面粗糙、色泽不一等原始特征，说明制陶还处在初级阶段。磨制石器、骨器及陶器的出现，标志着新石器时代的到来，但这种演变是渐进的而不是突变的，在新石器时代早期还留下若干过渡的印记。

2. 纺织业的起源

纺织是人类继穿兽皮之后的重要发明之一，最初的纺织原料可能是采集的野生植物纤维，加竹篾、树皮条、野麻等。随着渔猎的发展，人类开始以皮条、兽毛、鱼皮条等为纺织原料。农业生产出现以后，人类开始种植麻、葛和养蚕抽丝。纺织业的发展，首先是学会纺线，后来才出现织布。但在织

---

[1] 杜石然等：《中国科学技术史稿》（上），科学出版社1982年版，第18～19页。

布以前，还应有一个编织阶段，在编织的基础上才发展了纺织。仰韶文化早期的陶钵底部一般均印有编织物或布纹的痕迹。这是由于制陶时将陶器放在布垫上所致。根据印痕可知，当时都用平纹织法，密度一般在 6 根/平方厘米 ×9 根/平方厘米至 12 根/平方厘米 ×15 根/平方厘米之间，这已和现代农家的平纹布差不多了。

我国原始社会后期已出现原始纺织技术。分布在全国各地的新石器时代遗址，绝大部分都发现有纺坠，就是证明。当时使用的纺织原料，多半是野生麻类和其他野生植物的纤维。更重要的是在新石器时代晚期，已开始利用蚕丝织作。在距今五千年左右的浙江吴兴钱山漾遗址中，除了发现布，还出土有一段丝带和一小块绢片。中国是世界上最早使用蚕丝的国家，并且在相当长的时间内，是唯一使用蚕丝的国家。

原始的纺纱方法有两种。一种方法是搓捻和续接，用双手把准备纺制的纤维搓合和连接在一起。另一办法是使用原始的纺纱工具——纺坠。这种工具已经具有能够完成加捻和合股的能力。纺坠，即是在一根横棒的中间或一个圆盘状物体的中间，插置一根植物杆，利用横棒或圆盘转动时产生的力，使纤维抱合和续接。

原始的织造方法，是在编席和结网的基础上发展起来的。我国在旧石器时代，就已经发明了结网的方法。

1977 年和 1981 年在赫章、平坝先后出土的文物，有新石器时代的石纺轮和陶纺轮，史学界由此认定：早在四五千年前，“这一带的人们已能将野生植物纤维捻成细线，织成粗布，学会了原始纺织技术，能穿上衣服了”。[1]

3. 建筑技术的发展

贵州高原97% 被山地所占据，73% 被岩溶所覆盖。祖祖辈辈生活在“石头王国”里的贵州各族人民，因地制宜修建不计其数的山地建筑，其中不乏利用天然崖壁和溶洞修建“倚崖傍洞”式民居。省内许多天然溶洞，如全国重点文物保护单位黔西观音洞、普定穿洞和盘县大洞等，都是石器时代居住遗址，贵州因此拥有完整的旧石器文化系列，这在国内、国外都十分罕见。随着生产的发展，社会的进步，人们逐渐走出山洞，到更广阔的天地谋生，但由于种种原因，相当一部分人依然眷恋溶洞，顽强保留“洞居”“半洞居”和“崖居”“半崖居”的古老习俗。[2] 这除了受经济条件制约外，与高寒山区为求冬暖夏凉和多冰雹地区为免冰雹袭击有很大关系。

---

[1] 周春元：《贵州古代史》，贵州人民出版社 1982 年版，第 21 页。

[2] 吴正光：《贵州的古建筑文化》，《当代贵州》2005 年第 3 期。

四、神话传说中的原始自然观

在大量考古实物证据的基础上，贵州境内还有许多流传至今的古老传说和神话故事[1]，也折射出贵州科学技术的萌芽状况以及原始的自然观。

《谷佛尝百草》叙述谷佛（等同于汉族神话中"女娲"形象）为解除人类灾难亲自尝百草求药的伟大壮举，史歌叙述她三次尝百草而险遭身亡："谷佛下地处处尝百草……不知怎么着被毒死在茶树下，茶叶露水落进嘴里才救了命；第二次被毒死在黄泥塘，她咽下泥水命才不休；第三次被毒死在秧田里，秧水进喉又才得救。……从此她就懂得了解毒药，百尝不死才知百草能治病救人……"谷佛在苗族人心目中具有很高的地位，传达出强大的生命力量，成为传承苗族精神的核心支柱，充分体现了真善美，具有催人奋进的社会价值，也成为苗药历史悠久的旁证。

《则嘎老》塑造了一位教苗族先民开荒种植的部族首领——则嘎老的形象："则嘎老教人们开垦荒地，则嘎老领人们开辟良田，则嘎老放水牛开水田……则嘎老在旱地栽高粱，在水田种稻谷，把麦种撒在火地，则嘎老用拐杖挖野草尝，尝了一种又尝一种，则嘎老用草药来医治有病的人……"史歌中的则嘎老，其行动源于生活却高于生活，是创作主体以苗族先民自身生命活动为视角，对人的生命和价值的新思考，他旺盛的生命力成为族人仿效的楷模，这个人类美好的理想模式获得本族人民的广泛认同并产生社会生命美感，成为苗族人民弘扬本族人民优秀生命力量的需要，具有旺盛的生命力和恒远的历史价值。

仡佬族的神话传说《公鸡叫太阳》中说："很早很早以前，天上有七个太阳、七个月亮，它们一起出来照着人间，晒得天下成了灾。后来，有个聪明能干的汉子阿膺，找了一根很长的通天竹，爬上一座很高的大山，又爬到一棵很高的大树上，把六个太阳、六个月亮打落到大海里。剩下的一个太阳，一个月亮也不敢出来了。顿时，天下漆黑一片，人们生产、生活都很不方便。于是，人们先后牵了羊、牛、猪去请，太阳和月亮还是不肯出来。后来，阿膺和大家带了大红公鸡去请，公鸡一叫，通山回响，太阳和月亮躲不住了，只好出来，人间才重见了光明。"这则故事讲述了先民生活的艰难与改造自然的雄心壮举。

---

[1] 参见燕宝、张晓编：《贵州神话传说》，贵州人民出版社 1997 年版。

第四节　夏商周及秦汉时期的技术发展
（前21世纪～220年）

大约在公元前2000多年，我国原始社会发展到父系氏族公社末期。农业生产和技术的提高促进了畜牧业和手工业生产的发展，从而出现了剩余产品和社会分工，并逐渐产生了私有制和人们之间的贫富差别。这一时期，战俘不再一律被杀掉，也使战争的性质发生变化。禹当部落联盟首领时，曾对三苗大举进攻，三苗大败后，即“亡其氏姓，踣毙不振，绝后无主，湮替隶圉”，使很多人成为奴隶。此时，奴隶制度产生的社会条件已完全具备了。禹死后，他的儿子启继承了禹的职位。由此原先部落联盟民主推举首领的“禅让”制，开始被父死传子的“世袭”制所替代。至此，阶级社会的帷幕正式揭开了，我国历史上第一个奴隶制国家——夏王朝出现了。

夏朝从禹开始，到桀灭亡，历经四百多年，共传十四世，十七王。夏代奴隶制国家的建立和巩固，为我国奴隶制奠定了基础。公元前1700年左右，商汤推翻了夏桀，建立了商朝，商朝共传十七世，三十一王，最后以商纣自焚亡国结束了它六百多年的统治。商朝是我国奴隶制进一步发展的时期。公元前1100年左右周王朝建立，以公元前770年周平王东迁为分界点，它分为西周和东周。西周共十一世，十二主，三百余年。西周是一个强盛的奴隶制国家，其势力和影响远远超越了商，呈现出更加繁荣的景象。西周后期，封建制的萌芽已经陆续出现，奴隶制也随之趋于土崩瓦解。周王室内部争权夺利，对全国的控制也日益衰微。公元前770年，平王即位，被迫东迁，依附于诸侯，从此开始了我国历史上的春秋战国时期。春秋战国时期是我国历史上奴隶制向封建制转变的社会大变革时代。它的主要标志是生产力的大发展，为奴隶制的瓦解和封建制的确立创造了物质基础。伴随着生产力的发展，科学技术知识的积累也一步步走向深入，铁器的使用和逐渐推广是这一时期生产力发展的重要标志。

公元前221年，秦灭六国，结束了长期诸侯割据的局面，终于建立了我国历史上第一个统一的、多民族的、中央集权的封建专制主义国家。秦始皇废分封，立郡县，统一货币和度量衡，统一文字和车轨，下令摧毁战国时代在各国边境所修筑的城郭，拆除了在险要地区建立的堡垒，大规模移民于西北与五岭等边远地区，修筑堤防，疏浚河道，兴建驰道，整治长城。这些措施对巩固全国的统一，加强中央集权的统治有重要的意义，对生产的发展和科学技术的交流也产生了积极的影响。但是由于秦王朝对农民进行残酷的压迫和剥削，滥用人力和物力，实行严厉的思想统制，焚书坑儒，致使民怨鼎沸，在农民起义的猛烈打击下，二世而斩，迅速覆亡。汉承秦制，汉王朝继续采取巩固和发展封建制的政策。西汉初，百废待兴，百业待举，汉政府采取“休养生息”的政策，提倡农桑，鼓励增殖人口和开垦土地，减徭薄赋，使封建经济得到恢复和发展。到汉文帝、景帝时出现了封建“治世”的初步兴盛景象。据《史记·平准书》记载，文景之世“京师之钱累巨万，贯朽不可校。大仓之某，陈陈相因，充溢露积于外，至腐败不可食”。西汉初还冲破了秦代思想禁锢状态，战国时期百家争鸣的余波仍在荡漾。这些为生产和科学技术的发展提供了有利条件，使之达到并开始超越战国时期的水平。

一、夜郎地区的社会

《史记·西南夷传》中有如下记载：

> 西南夷君长以什数，夜郎最大。其西靡莫之属以什数，滇最大；自滇以北，君长以什数，邛都最大；此皆魋结、耕田、有邑聚。其外，西自同师以东，北至楪榆，名为巂、昆明，皆编发，随畜迁徙，毋常处，毋君长，地方可数千里。自巂以东北，君长以什数，徙、筰都最大。自筰以东北，君长以什数，冉駹最大；其俗或土著，或移徙，在蜀之西。自冉駹以东北，君长以什数，白马最大，皆氐类也。此皆巴、蜀西南外蛮夷也。

夜郎族群的分布在牂牁郡全境及犍为郡南部，约当今川南、贵州西部及滇、桂、黔边一带。在这一广阔的区域内，自战国以来形成了数以十计的部落方国，见于记载的有夜郎、且（音儿）兰、僰（音白）即濮、鳖（音别）、句（音勾）町、漏卧、同并、进桑，以夜郎势力最大，所以我们将这一地区称为“夜郎地区”。夜郎始于何时，已无从确考。《后汉书》《华阳国志》中记载“庄蹻入滇”曾“伐夜郎”，可知至迟在战国晚期已有夜郎国存在，其形成可能在战国初期或更早。夜郎本土地域，《史记·西南夷传》有“夜郎者临牂牁江，江广百余步，足以行船”的记载，而“牂牁江”据多数学者考订，即今北盘江，可能在今贵州西部。其中心历来看法最为分歧，不下十余种，其疆域界线难于具体认定。据史家考订，夜郎族群的分布区域，大致在今贵州大部分、滇东及桂西北。《史记》《汉书》记载，夜郎族群各小邦对于夜郎统治者“皆同姓相扶”，夜郎归附汉王朝后，夜郎旁各小邑也相率内附；夜郎王兴被汉诛杀，岳父翁指“挟旁二十二邑反”；夜郎被灭后，“句町王禹、漏卧侯俞震恐，入粟千斛，牛羊劳吏士”。

公元前221年秦始皇统一全国后，开始对“西南夷”进行经营。《史记·西南夷传》说：“秦时，命常頞（或作頗）略通五尺道，诸此国頗置吏焉。”秦开五尺道是以巴、蜀为基地，作为经营“西南夷”的通道。其路线，始于今川南之宜宾，经高县、拱县、筠连，入云南境过盐津、大关、彝良、昭通，又入贵州境过赫章、威宁，再入云南境走宣威到达曲靖。秦在南夷地区设置官吏，基本上是在五尺道沿线。今湘、鄂、川、黔交接一带，原属楚国，早在公元前316年就被秦惠文王派将军司马错夺取，置为黔中郡。

西汉初期，王朝无力顾及西南边区，夜郎诸小国对汉王朝“遂不宾”，但与巴、蜀地区的民间经济文化交往并未断绝，川西所产的筰马、髦牛，川南的僰僮及蜀地所产枸酱不断输入夜郎地区，并通过夜郎转运到南越。经过汉初约70年的“休养生息”，汉王朝府库充实，国力强盛，于是在北伐匈奴，西通西域的同时，积极开发西南夷。武帝建元六年（前135年），唐蒙在出使南越时，了解到夜郎位于南越西北的牂牁江上游，沿水道可直通南越统治中心番禺（今广州）。又听说夜郎有“精兵十万”，可采取“浮船牂牁江”，出其不意，直取番禺的“制越”计划。武帝采纳这一建议，令唐蒙以郎中将身份“将千人，食重万余人”，即随从者千人，运送粮食、辎重者达万余人，自僰道来到夜郎，会见夜郎侯多同。唐蒙“厚赐，喻以威德”，双方达成协议，“约为置吏，使其子为令”。夜郎旁小邑且兰等，“皆贪汉缯帛，且以为汉道险，终不能有也”，均相率表示归附。唐蒙还报后，“乃以为犍为郡”，使夜郎地区纳入统一的行政建置。元朔三年（前126年），汉朝因急于应付北方匈奴威胁，公孙弘“数言西南夷害，可且罢，专力事匈奴”，武帝权衡利弊后，放弃对西夷地区的经营，只在南夷地区设置南夷、夜郎两县。

王莽“复古改制”，对周边少数民族从“内中夏，而外夷狄”的民族歧视观念出发，强迫少数民族改换名称，并强行降低其首领的封爵等级，借以显示新朝的声威。如将牂牁郡改为同亭郡，下令“贬句町王为侯”，引起句町王邯的不满，激起各族反抗。王莽先派冯茂为平蛮将军，“发巴、蜀、犍为吏士”，进攻益州郡。结果“出入三年，疾疫死者什七，巴、蜀骚动”，事态有进一步扩大的趋势。王莽的统治虽被震撼，但起义的胜利果实，却被刘秀所篡夺。刘秀称帝后不久迁都洛阳，史称东汉。刘秀建国称帝的同时，一些地主豪强也纷纷称王称帝，割据一方。

二、四大族系在夜郎交汇

早在距今2000多年以前的先秦时期，在中国的南方，生活着“百濮”“百越”“氐羌”和“南蛮”四大族系。按照历史学家和民族学家现在所掌握的资料来看，当时，在今天贵州大部分区域内，存在着一个多民族的部族联盟，就是公元前2世纪的中国史学家司马迁在《史记》中所记载的“西南夷君长以什数，夜郎最大”的那个夜郎。而夜郎——贵州最早的居民是濮人中的一部分。

濮人早在商周时期（前1600～前256年）就活跃在南方的广大地区，因为人口众多，支系复杂，被称为“百濮”。史书上记载，公元前11世纪中叶周武王推翻商王朝打会诸侯时，就有西南的濮人以特产朱砂前往朝贺。大约在春秋战国时期（前770～前221年），广西一带的部分“百越”人溯水北上西进，移入西南、贵州地区，后与濮人杂错而居。两个族系人群的生活习俗因此而相互影响渗透，逐渐发展成为一个新的族群“僚”。最迟到公元前3世纪时，僚人已是夜郎国的主体民族之一。此后，也由于长期与其他民族杂居，僚人中的大部分渐次融合到汉族、彝族、苗族之中；还有一部分则保留着较多古代濮人、僚人的特征，发展为仡佬、僰人、羿子、倈子、木佬等。20世纪50年代，仡佬族被认定为单一民族。

古代越人因为分布广泛、种姓繁多而被称为“百越”。考古发掘已经证实，早在新石器时期就有古越人在贵州高原南部生活。春秋时期（前770～前476年），越国曾一度雄霸东南；战国（前475～前331年）以后，自从楚灭吴、越，秦伐五岭，汉征东欧、闵越、南越之后，一部分越人逐渐与汉族融合，而另一部分越人则四散流落，因为向南过不了大海，只好沿着珠江溯流而上，寻找新的居所。其中一部分，就来到了广西、云南和贵州南部的崇山峻岭之中，发展成为后来的布依族、侗族、水族、毛南族、仫佬族、壮族等民族。布依族源自古越人的“西欧”一支；侗族、水族源自古越人的“雒越”一支。他们在贵州与濮僚人一起开发着贵州南部和西南部的大片地区。

最早进入贵州西部的氐羌族系移民，是“昆明”“叟”支系，他们是今天贵州彝族的先民。氐羌族系在战国、秦汉时期（前221～220年），已经有一部分南移到川、滇一代，他们“随畜迁徙，毋常处、毋君长”；秦汉时期，彝族先民的主体开始进入贵州西部，并分别建立了若干政权，对贵州历史进程产生过重大影响。氐羌族系的另一支“卢戎”，早在春秋时期就辗转来到今湘鄂川黔边境一代，与当地"蛮人"错杂而居，又与当地的濮人融合等，逐渐形成史书上所称的"土民""土人"，新中国成立后定名为土家族。

古代的"南蛮"，相传最早生活在黄淮平原，在长期的历史演变中，大部分融入了汉族中。其余部分一路往南，再向西迁徙，形成了史称的"盘瓠蛮""武陵蛮""五溪蛮"；以后又分成"苗人"和"莫徭"，则向南到达广西及黔桂边境。他们就是今天苗族、瑶族的先民。

汉族迁入贵州的现象不绝于史，从战国时期的楚将庄蹻"溯沅水，伐夜郎"灭且兰开始，秦朝常頞修"五尺道"、汉朝唐蒙率大军开"南夷道"等。伴随着中央王朝每一次开发西南的行动，都会有大批的汉人随军迁徙到贵州。不同的是，在明代（1368～1644年）以前移入贵州的汉人，大多数被"夷化"，被称为"宋家蛮""蔡家蛮"等。自明代起，汉族大量迁徙到贵州，并在驿道沿线形成了许多聚居点，并不断扩大，逐渐把前代"夷多汉少"的局面变成"汉多夷少"，彻底改变了贵州的民族构成。

就这样，从秦汉开始，一方面是各代王朝不断开发经营"西南夷"周边各地，一方面则是原先住在邻近地区的各民族因受到了各种挤压而被迫迁徙，向地广人稀、官府鞭长莫及的贵州山区流动，逐渐在贵州定居，并形成了各民族"大杂居，小聚居"的分布特点。直至近代，黔东南成为苗族、侗族错杂而居之地；黔南、黔西南及黔中地区成为布依族、苗族及水族、壮族、瑶族等错杂而居之地；黔西北及黔西为彝族、回族、苗族、仡佬族等错杂而居之地；而黔北、黔东北及交通要道附近则多汉族；黔东北部分地区多为土家族居住；而仡佬族则主要成点状分布于贵州各地。贵州民谚说"高山夷苗水仲家（布依族旧称），仡佬住在石旯旯"，"苗家住山头，夷家（指布依族）住水头，客家（少数民族对汉族的称呼）住街头"，形象地概括了贵州民族主体分布的大致格局。

三、青铜冶炼技术的成熟

在人类文明史上，生产工具的发展一般会经历石器时代、青铜器时代和铁器时代这三个阶段。三个阶段的发生，世界各地区时间先后不同，与之相应的社会发展阶段和文化水平高低也不一样。中国的青铜时代最迟从公元前21世纪开始，大约到前5世纪为止，贯穿了夏、商、西周以至春秋时期，伴随着中国奴隶制社会的产生、发展与消亡。

所谓青铜，包含有金、银、铝、镁、铜、锡、铅、锰、锌、铬、镍等元素，但主要是铜、锡、铅等元素的合金。

青铜器的使用与发展，是社会生产力发展到一个新阶段的标志。青铜的使用是从制作工具开始的。原始社会末期和夏代出现的少量青铜器中，主要是生产工具。商、周是我国青铜时代的鼎盛时期，当时的青铜制品已涉及社会生产与生活的各个方面。青铜农具种类和数量都增加了，从翻土、中耕除草到收割的农具都有用金属制造的，但木、石农具仍在农业生产中继续使用。青铜制的手工业工具使用也颇为广泛，种类有斧、斤、凿、钻、刀、削、锯、锥等。此时的奴隶主已控制了一支用青铜武器武装起来的军队，所以像戈、矛、钺、镞、剑等这类青铜武器出土数量很大。此外还有乐器、车马器、青铜礼器和生活用具等，它们铸造精美，有的小巧精致，有的大而富有气势，如商代晚期重达 875 公斤的司母戊鼎，称得上是重器。所以，商、周时期的青铜器，典型代表了奴隶制时代高度发展的文化艺术和科学技术水平，成为这一时代鲜明的标志。到战国时期，青铜冶铸工艺还继续向前发展。

青铜冶铸业从石器加工和制陶业中产生、发展而来。人们在寻找和加工石料的过程中，逐渐识别了自然铜和铜矿石。烧制陶器的丰富经验，又为青铜的冶铸提供了必要的高温、耐火材料和造型材料、造型技术等条件。人们在长期青铜冶铸的实践中，特别是在商、周时期冶铸基础上，逐渐直观地认识了合金成分、性能和用途之间的关系，并能人工地控制铜、锡、铅的配比，从而得到了性能各异、适于不同用途的合金的“六齐”（“齐”为剂之假借）规律。成书于春秋战国时期的《考工记》对此有详细记载：

> 金有六齐。六分其金而锡居一，谓之钟鼎之齐。五分其金而锡居一，谓之斧斤之齐。四分其金而锡居一，谓之戈戟之齐。三分其金而锡居一，谓之大刃之齐。五分其金而锡居二，谓之削杀矢之齐。金锡半，谓之鉴燧之齐。

这六种配比的青铜的含锡量有两种分析结果：一种为 16.7%、20%、25%、33.3%、40%、50%；另一种为 14.3%、16.7%、20%、25%、28.6%、33.3%。我们知道，含锡量为 17% 左右的青铜，呈橙黄色，很美观，声音也好，这正是铸钟鼎之类所需要的。大刃和削、杀、矢这一类兵器要求有较高的硬度，含锡量应较高。斧、斤、戈、戟需有一定韧性，含锡量比大刃、削、杀、矢为低。鉴燧之齐含锡较高，是因为铜镜需要磨出光亮的表面和银白色金属光泽，还需要有较好的铸造性能以保证花纹细致。《考工记》的记述，大体上正确地反映了合金配比规律，是世界上最早的合金配比的经验性科学总结。

《考工记》中还有关于观察冶铜时的火焰以判定冶炼进程的记载：

> 凡铸金之状，金与锡黑浊之气竭，黄白次之；黄白之气竭，青白次之；青白之气竭，青气次之，然后可铸也。

金属加热时，由于蒸发、分解、化合等作用而生成不同颜色的气体。开始加热时，铜料附着的碳氢化合物燃烧而产生黑浊气体。随着温度的升高，氧化物、硫化物和某些金属挥发出来形成不同颜色的烟气，亦即铜、锡中所含杂质大部分已跑掉了，就预示着精炼成功，可以浇铸了。现在还通用的“炉火纯青”这个成语正是指的这种情况，说明青铜冶铸在古代社会生活中的重要地位，并且很早就在日常语言中有了反映。这一记述大体上符合实际情况。今天，在某些冶炼过程中仍然采用观察火焰来判定炉内化学反应的进程，配合监测仪表进行操作。

青铜器制造工艺，铸造占有突出的地位。泥范铸造、失蜡铸造和金属型铸造为我国古代三大铸造技术。奴隶制社会时期，基本上都是泥范铸造。而且在没有采用砂型铸造以前，它一直是我国最主要的铸造型范。商代青铜器的铸造技术到小屯时期已臻成熟，技术上的精湛与独具匠心，至今令人赞叹不已。铸造一件器物，大体要经过如下工艺过程：制模、塑出花纹→翻制泥范→刮制泥芯→范芯自然干燥和高温焙烧，并经修整→范、芯的组装和糊泥→浇注铜液→出范，出芯，清理→加工，修整，打磨而后得到成品。[1] 铸造工艺在很大程度上要由铸件的几何形状所制约，因此，青铜器铸造工艺应按它们的形制来分类。

贵州地区出土青铜器的地点主要集中在贵州西部。从 20 世纪 50 年代开始，贵州西部的盘县、威宁中水、辅处、赫章可乐、普安铜鼓山、安龙、兴义、兴仁、册亨、望漠、晴隆、六枝、织金等地就不断有战国秦汉时期的青铜遗物发现。特别是威宁中水、赫章可乐和普安铜鼓山三地发现最丰。

处于战国到西汉中期的赫章可乐柳家沟遗址中约 10% 的墓葬（30 座左右）采用“套头葬”，即用铜（铁）釜或铜鼓（仅 1 例）小套头而葬，或用铜釜套头、铜（铁）釜套脚，或用铜洗垫脚而葬，少数墓葬用铜洗垫头或罩面。随葬品有陶器、青铜或铜铁合体器、铁器、玉（石）器、骨器和纺织品等，以青铜器为主。这些青铜器按用途可分为容器、装饰品、兵器和农具等。容器除用作“套头葬”的鼓、釜外，尚有洗、鍪等；装饰品数量较丰，

---

[1] 杜石然等：《中国科学技术史稿》，科学出版社 1982 年版，第 45 ~ 47 页。

种类有镯、钗、簪、戒指、铃、扣饰、带钩等；兵器有剑、戈、镞，剑有巴蜀式柳叶形剑、蛇头形剑和铜柄铜剑等，未见钺、矛；农具少见，仅有锄。❶红营盘墓地发现的铜器按用途可分兵器、工具和装饰品三类；兵器有剑、钺、镞；工具有刀、锛；装饰品有手镯、指环、帽饰等。❷ 银子坛墓地铜器有兵器、装饰品、生活用具和钱币等类；兵器有剑、矛、戈、镞、弩等；装饰品有手镯、指环、带钩、扣饰、刀、发钗、铃铛等；生活用具有釜、洗、碗、印章等。❸ 普安铜鼓山遗址出土文物达数百件，计有一字格青铜剑、凹銎铜钺、镞、叉、尖叶形锄以及玉块、石臼和陶罐等。一批铸造青铜器所用的陶模和石范是最为重要的发现，其种类有剑茎模（5 件，以下不再注明）、剑茎范（4）、剑身范（1）、戈范（2）、戈模（2）、刀范（1）、铃范（2）、鱼钩范（1）、凿范（2）、宽刃器范（4）、浇口和残范（18），表明该遗址曾是重要的青铜器铸造场所。❹ 同时出土了冶炼铜汁的坩埚及铜渣，说明夜郎地区的青铜冶铸不断扩大，具有相当的规模，冶铸技术已达到相当水平。

不仅仅在贵州西部，在黔东地区和黔东北地区亦发现了大量的青铜器。自 1989 年锦屏亮江发现 8 件青铜器以来，❺ 清水江及其支流河床中屡有青铜器发现。据不完全统计，迄今已逾 137 件，含剑 18 件、矛 39 件、钺 31 件、戈 1 件、斧 7 件、锨 25 件、铲 3 件、刮刀 2 件、凿 1 件、鱼钩 4 件、带钩 6 件，以兵器为主，有少量工具和装饰品等。❻ 黔东北地区的沿河、松桃、铜仁、正安、岑巩、台江一带，历史上曾不断有零星的青铜器出土。如 1962 年松桃木树一处窖藏出土錞于 5 件、钲 1 件、甬钟 1 件。❼ 1989 年台江空寨巴拉河中出土虎钮錞于 1 件。1996 年正安杨兴上湾出土甬钟 1 件，2001 年该县又出土虎钮錞于 1 件。❽ 1998 年岑巩新兴出土甬钟 1 件，沿河境内乌江流域 2005 ~ 2008 年先后发现巴蜀图语印章、带巴蜀图语的铜矛等遗物，❾ 器物属战国至西汉时期。

---

❶ 贵州省文物考古研究所：《赫章可乐 2000 年发掘报告》，文物出版社 2008 年版。

❷ 贵州省文物考古研究所等：《贵州威宁县红营盘东周墓地》，《考古》2007 年第 2 期。

❸ 李飞：《贵州威宁银子坛墓地分析》，四川大学硕士论文 2006 年。

❹ 刘恩元、熊水富：《普安铜鼓山遗址发掘报告》，《贵州田野考古四十年》，贵州民族出版社 1993 年版，第 65 页。

❺ 熊水富：《锦屏亮江出土的一批战国青铜器》，《贵州田野考古四十年》，贵州民族出版社 1993 年版，第 54 页。

❻ 参看程学忠：《贵州天柱出水青铜器调查征集报告》，《东亚古物 · B 卷》，文物出版社 2007 年版，第 295 页。

❼ 李衍垣：《贵州松桃出土的虎钮錞于》，《文物》1984 年第 8 期。

❽ 贵州省文化厅：《贵州文物精华》，贵州人民出版社 2005 年版。

❾ 现存贵州省文物考古研究所。

这些精美绝伦的青铜制品，反映了当时贵州冶炼、浇注工艺的高超水平。

图1-9　虎钮錞于

四、铁器加工制作技术的进步

贵州早期铁器的种类包括生产工具、兵器和生活用具。生产工具有铧口、镬、锸、锄、斧、斤、凿、锤、钻等；兵器有刀、剑、矛、镞；生活用具有刀、削、锥、釜、脚架、灯、剪、钎、锥、钩、钉、提柄架、管、带钩等。

贵州早期铁器皆出土于贵阳以西的地区，贵阳以东地区的务川、道真、沿河三县发现了少数汉墓，但未出土铁器。

在赫章、威宁发掘战国晚期墓葬30余座，出土铁器的墓葬有11座，总数为16件，种类有铜柄铁剑、剑、刀、削等兵器13件，钎、带钩等生活用具3件。上述统计数字表明，战国晚期，贵州地区已经使用铁器。不过，这一时期铁器并不多，出铁器的墓葬只占墓葬总数的30%左右，平均每墓出土铁器约为半件。

西汉前期墓葬也主要发现于赫章、威宁两地，共计140多座，出铁器的墓葬有60余座，共出铁器约80件。铁器种类有铜柄铁剑、剑、刀、削、镬、镭、釜、带钩、钎等。这一时期出铁器的墓葬占墓葬总数的40%左右，其铁器出土情况与战国晚期相近。

西汉晚期墓葬在赫章、威宁、安顺、清镇等县发掘了70余座，出土铁器的墓葬40多座（包括普安铜鼓山遗址），共计220余件。种类有剑、刀、矛、链等兵器，铧口、插、铲、斧、片、凿、锤、钻等生产工具，釜、脚架、灯、剪、夹、钎、削、锥、刀、钩等生活用具。这一时期出铁器的墓葬与墓葬总数之比为1∶1.7，平均每墓随葬铁器为3件之多，上述数字明显高于前一时期。为了说明这一问题，我们再以赫章可乐西汉晚期墓葬所出铁器为例。赫章可乐发掘了西汉晚期墓葬52座，这批墓葬多数未经盗扰，其中随葬铁器的墓葬近40座，占墓葬总数的80%左右。这批墓葬共出各类随葬品约900余件，铁器有130余件，占随葬品总数的14%左右，在随葬品中仅次于陶、铜器，这一现象与中原地区汉墓相类似。赫章8号墓是这批墓葬中随葬品最丰富的墓葬，出土各类器物120多件，铁器有17件，占随葬器物总数的17%左右，其数量多于陶器，仅次于铜器。赫章10号墓随葬各类器物70多件，铁器竟有20件之多，其数量也仅次于铜器。赫章200号墓是这批墓葬中较小者，出土器物仅有26件，铁器却有8件，铁器数量与铜器相当。

由于贵州东汉墓葬盗扰太甚，我们要全面论述这一时期出土铁器情况颇为困难。这里，我们只能选择断代比较确切，又未盗扰的清镇、平坝14座东汉墓葬进行剖析，以便了解其大概情况。这批墓葬中出铁器者7座，不出铁器者也是7座，所出随葬总数为73件，其中有陶器29件，铜器21件，铁器16件。出铁器的墓葬数与墓葬总数之比为1∶2，随葬的铁器数量占随葬品总数的21%左右，仍然仅次于陶、铜器。在随葬铁器的7座墓葬中，清镇54号墓出铁器最多，共6件，占该墓随葬品总数14件的42%左右。清镇100号墓出铁器最少，仅1件，但仍占该墓随葬品总数10件的10%。这些百分比数字，均与西汉晚期墓葬出土铁器数量类似。另外，就是严重盗扰的贵州东汉墓葬中，仍然出土了100余件铁器，种类与西汉晚期墓葬所出者类似，并新增加了锄、钉等。

五、农业生产技术

1. 农业技术的发展

汉魏之际，是贵州古代农业较为发展的第一个重要时期，它的发展是与中央王朝对“西南夷”地区的开发紧密相连的。

随着夜郎的归附，汉王朝正式在夜郎故地设置郡县，将贵州纳入中央王朝版图，加之整修的官道“南夷道”和其他道路的开通，为开发贵州、发展贵州农业提供了条件。郡县的设置，使汉王朝统治者不仅要派遣官吏管理这些地区，还“募徙死罪及奸豪实之气”，向贵州迁移了大批外地移民，这些移民掌握着先进的生产技术和生产经验，对开发贵州起到较大作用。再者汉王朝统治者出于政治上经济上的考虑，又鼓励在贵州发展农业生产，使粮食“入粟县官而入钱于都内”。这样贵州汉代农业迅速发展起来，这在考古资料上有较多反映。

在贵州汉文化遗址和墓葬中出土的农业生产工具大部分为铁器，铜质生产工具和石器已很少。在赫章可乐发掘的汉墓中，出土生产工具68件，全部都是铁器，掘土农具有铁锸1件、铁铲3件，砍伐工具有铁斧6件，凿2件，锤1件，削51件等。同时发掘的属当地土著民族墓葬的乙类墓中，时代在西汉中晚期的墓葬亦出土铁质农业生产工具3件。[1] 清镇平坝一带汉墓中出土的农业生产工具已全为铁器，计有铁锄2件，铁铲3件，铁铧1件，铁斧数件。[2] 作为农业生产工具，铁器比起铜器、石器来说要优越得多，它在砍伐荫蔽，扩大耕地面积，实行精耕细作等方面的优势是石器、铜器无法比拟的。铁器的大量使用，使大面积土地被开垦，扩大耕地面积，发展农业生产成为可能，使粮食产量大幅提高。特别是铁铧、铁犁的出土，表明贵州汉代已掌握和使用牛耕技术，牛力代替人力在生产中使用，大大促进了农业生产的发展。

贵州汉代农业得到较大发展，还反映在水稻的种植上已比较科学，掌握了灌溉技术。由于贵州多山，境内高低不平，常年有水的平地较少，因而要想扩大种植面积，就要掌握灌溉技术。1975年至1976年在兴义万屯汉墓发掘的8号墓中出土了一件水塘稻田模型，形象地再现了当时的农业生产状况。[3] 该模型呈圆盆状，口径约45厘米，高8.4厘米，盆内被分成两部分，一半为水塘，一半为稻田。水塘和稻田之间有一堤坝相隔，堤坝中部有一孔洞。由一座拱形顶的闸门控制，水塘内的水可由此流出灌溉稻田，塘里养有众多水生动植物，有鱼、泥鳅、田螺、菱角、荷叶数种，在堤坝上面，有一小鸟站立。象征稻田的半边，被分成四大块，每块田间有埂相隔，形状互异，但田与田之间均有缺口可互相通水灌溉，田中生长着一排排整齐的秧苗，在其四周还有几棵树木，环境优美，生动地再现了当时的田园风光。同样反映当时农业生产的水田模型在1987年发掘的兴仁交乐汉墓中又发现2件，[4] 1件为圆形，1件为方形。圆形模型出土于7号墓，形状与兴义8号墓出土者相似，盘底被分成池塘和水田两部分，一边为池塘，里面养有草鱼、鲤鱼、田螺等；另一半为水田，被分为六块，每块间均有缺口相连，田里长着成排整齐的稻秧，水池与稻田间有一堤坝相隔，并有一涵洞互通。方形模型出土于6号墓，同为水塘稻田，亦用堤坝分开，池塘面积较大，里面养鱼，堤坝上有闸门控

---

[1] 贵州省博物馆：《赫章可乐发掘报告》，《中国考古学报》1986年第2期。

[2] 贵州省博物馆：《清镇平坝汉墓发掘报告》，《考古学报》1959年第1期；贵州省博物馆：《贵州清镇平坝汉至宋墓发掘简报》，《考古》1961年第4期。

[3] 贵州省博物馆：《贵州兴义兴仁汉墓》，《文物》1979年第5期。

[4] 贵州省博物馆考古研究所：《贵州兴仁交乐汉墓发掘报告》，《贵州田野考古四十年》，贵州民族出版社1993年版，第236页。

制水位，闸外有一条宽敞的灌溉水渠，渠内有青蛙、田螺等物，渠道两侧各有平整的稻田块，还没有种植水稻。无独有偶，同样的水塘模型在黔西北乌蒙山区的赫章可乐亦发现1件。[1] 模型为长方形，水塘和稻田分开，灌溉方法与兴义、兴仁稻田模型相似。从这些模型的发现来看，当时的农业种植已比较科学，随着汉移民的进入，农业种植区域几乎遍布贵州全境，从黔西北乌蒙山区到黔中腹地以及低矮的南北盘江流域，都普遍种植水稻这一重要农作物，在水稻种植的同时，还带动了水产等副业的发展。

贵州汉代农业的发展还表现在先进的粮食加工工具上。在此之前，对稻谷脱壳加工一般用臼杵，只能加工少量粮食，且效率较低。汉代新出现了"臼雄"这一新型加工工具，这种工具从汉代出现以来，目前在贵州广大民族地区仍在使用。其模型在汉墓中不止一次出土，清镇汉墓出土的陶雄模型为单雄；而赫章可乐汉墓出土的陶雄则为双雄，且被巧妙地安置在干栏式房屋下面的干栏中，而且双雄并列。在赫章可乐汉代遗址中还出土一件石磨。这些先进加工工具表明农业生产有了较大发展，粮食产量不断增加。

图1－10　陶水塘稻田模型

2. 茶叶和畜牧业

在汉武帝建元六年（前135年），汉武帝遣中郎将唐蒙通夷，发现夜郎市场上除了僰僮、笮马、髦牛之外，还有枸酱、茶、雄黄、丹砂等商品，商业发达，市场相当繁荣。《华阳国志》（汉武帝元封元年，即公元前110年）载："平夷县……山出茶、蜜"，说明在汉代茶作为商品已出现在贵州的夜郎市场上。比起王褒《撞约》记述的"烹茶尽具"和"武阳买茶"，武阳（今四川彭山）被认为比我国最早的茶叶市场早76年。

由于粮食产量增加了，人们除了食用外还有剩余，就为饲养家畜、家禽提供了充足的饲料，在贵州发掘的汉墓中出土了数量众多的陶公鸡、陶母鸡、子母鸡、陶鸭等家禽和陶狗、陶猪、陶鸟、陶羊等家畜，也可从另一方面说明当时的农业生产已有了较大发展。

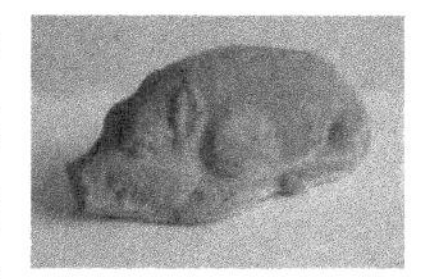

图1－11　陶猪

[1] 贵州省博物馆：《赫章可乐发掘报告》，《考古学报》1986年第2期。

六、手工业技术

1. *矿产开发和玉器*

除开采铜、锡、铅等矿产外，夜郎地区的矿产开采主要是丹砂。早在《逸周书》中就有濮人贡丹砂的记载，秦、汉时期，夜郎地区的濮人继承这一传统，《后汉书·郡国志》有牂牁郡“谈指出丹”和“夜郎出雄黄、雌黄”的记载。

玉器的加工大体有裁料、成形、做孔、雕刻花纹和抛光等工序。裁料的方法有两种：一种是在石器加工中常用的片锯切割；另一种是玉器加工中特有的线切割。这在一些玉料和玉器本身留下的痕迹上可以清楚地分辨出来。无论用哪种切割方法，都要有硬度高于玉的中间介质即玉砂。一般器物经过切割已大体成形，个别特殊器形还要辅以雕琢。贵州出土春秋战国秦汉时期玉制器共计三百余件，玉色有乳白、谷黄、酱红、黑白、黄、褐、灰黑、翠绿、绿及黑白间杂等颜色，器形有钏、管、手镯、玦、璜、环、璧、�、坠、耳饰、牌饰及珠等，此外也有少量玛瑙及绿松石等材料。玉器的加工制作工艺及玉器形制上存在着明显差异。春秋战国秦汉时期的玉器除少数加工琢磨工艺精细外，大多数琢磨工艺粗糙，形制简单而无纹饰。

2. 铜铃

铜铃的形体一般较小，通高多在10厘米以下，大体可分为平口铃和弧形凹口铃两种，上有半环形梁或半环形小钮，横截面多为椭圆形或叶形。钟类器与铃在形体上多相近，以至于《说文》将钟乐器释为“大铃也”，不同的是钟大而铃小，钟靠敲击外壁发音，而铃则是摇动铃体，使其与悬于腹内的小舌撞击发出声音。我国古代铜铃种类繁多，功用也多种多样，《周礼·春官·巾车》言：“大祭祀，鸣铃以应鸡人。”说明铃可作为乐器使用于宗庙祭祀。众多铜铃中，作为车马器使用的较常见。铃立置于车之上，称銮。銮铃从西周早期开始出现，一直流行到战国时期，《韩诗内传》云：“銮在衡，升车则马动，马动则銮鸣。”銮形状基本一致，即上部铃体扁球状，中含石丸，镂孔辐射；下部为方銮座，与车衡轭安接。据西周青铜器铭文记载，铜铃还可作为旗上饰物。如毛公鼎铭文“朱旂二铃”，旗端上有铃，故以铃称旗。此外西周青铜容器（食、酒器）也有在底座或圈足内带铃的。

贵州出土的铜铃就目前情况看，没有发现銮，也未发现明显作为祭祀乐器的铃，有确切依据可以肯定的是作为人身上的饰品。如1978年在威宁中水墓中，铜铃出土时放置于墓主人上身侧面，铃旁是铜手镯，可见在这里铜铃很可能是挂在人手上或其他部位的装饰品。[1]

值得注意的是1978年贵州考古工作者在赫章可乐发掘168座战国至西汉时期少数民族墓葬，发现葬式极为特殊的“套头葬”，即在墓底一端侧放一釜（铜、铁均有）或一铜鼓，头骨置于其中，躯体则放墓底中部。从墓中出土铜铃15枚位于墓主人颈部位置，很明显铜铃在此是作为项饰来使用，这在其他地区还未见。[2]

由于贵州秦汉时期青铜文化与四邻地区青铜文化有不少相似之处，尤其与“滇文化”中的器物风格相接近，其兵器、乐器、装饰品和饰用器物均颇为相似，因此一些同形器物，我们可借鉴“滇文化”已确定的材料来了解其性质和用途。

羊角钮钟，这一西南地区少数民族使用的独特的乐器，在云南有较完整的出土资料，出土7件，在贵州的安龙也相继发现两件。其形状似半个椭圆体，圆内壁光洁，圆底边平直，顶部有竖直长方形对穿孔，顶端歧出两羊角形鉴钮，全身青铜制造，两侧留有合范痕迹。两件形制一样，但大小不同，很可能是古代夜郎王族使用的乐器。总之，贵州出土的秦汉时期铜铃，基本上都属佩戴在人、动物身上或吊挂于其他物件上的装饰品，它与一般靠色泽与形体优美而被作为佩饰的器物不同，佩戴铃主要是取其能发出清脆悦耳的声响，这一点与乐器功能有相通之处，但它不属于乐器。

3. 早期的建筑技术成就

进入青铜时代，贵州建筑又有新的发展。1984年发掘的商周时期毕节青场遗址，发现房屋遗迹。考古学家认为，有半地穴式和地面式两种类型。半地穴式房屋平面呈方形圆角，当中有三个较集中的柱洞，表明屋顶是“两两坡”。地面式房屋呈不规则长方形，隔为两间，每间留有火塘。房屋四周有柱洞，当中还有两排柱洞，平面布局、空间组合渐趋复杂，青场遗址已显现出房屋建筑的多样性。近年发掘的威宁中水鸡公山遗址，发现大量土坑及少数房屋、沟等遗迹。坑多呈不规则长方形，还有圆形等不同形状，长宽一般不超过1米。不少土坑用青膏泥涂抹四壁。有的坑底发现人骨，可能与祭祀有关，表明建筑家族又增加了新成员。普安铜鼓山遗址，位于半山腰以上部位，面积3000多平方米，经两次发掘，发现房屋、窑址等遗迹。房屋形制尚不清楚，从柱洞分布看，可能原有窝棚式建筑。窑址的出现，说明至少可以烧制陶器，离烧制砖瓦不会很远了。

战国至西汉的赫章可乐遗址，虽然发掘面积很小，但其中的水营粮管所

[1] 《威宁中水汉墓》，《考古学报》1981年第1期。

[2] 《赫章可乐发掘报告》，《考古学报》1986年第2期。

遗址出土较多绳纹板瓦、筒瓦，以及装饰有牛车、人物图案及铭文的砖，表明曾有相当可观的大型房屋建筑存在。在赫章可乐和安顺宁谷发现东汉时期遗址。赫章可乐遗址出土大量几何纹砖、绳纹瓦片和瓦当，瓦当上有“建”“四年”等铭文；西汉有建元四年（前 137 年）、建昭四年（前 29 年）、建平四年（前 3 年），东汉有建武四年（28 年）、建初四年（79 年），建宁四年（170 年）、建安四年（199 年），上限最早可追溯到西汉建元四年（前 137 年），下限最晚当为东汉建安四年（199 年）。安顺宁谷遗址，出土大量绳纹瓦片和瓦当，瓦当上有“长乐未央”隶书铭文，说明曾有大规模、高规格、富丽堂皇的房屋建筑存在。遗址附近还有几座同一时代的砖瓦窑址。遗址规模及出土文物表明，至迟在东汉时期，宁谷一带是中央王朝在“南夷”地区设置的一个重要地方政权所在地。有人甚至认为，就是牂牁郡所在地。

图 1－12　陶干栏模型

汉代贵州，官式建筑富丽堂皇，民间房屋较为简朴，然其地方特点已初步形成，出现了干栏式民居。赫章可乐汉墓、仁怀大渡口墓群和兴仁交乐汉墓群等，都曾出土干栏式陶屋模型，从中可知汉代房屋形制。赫章可乐汉墓出土的干栏式建筑模型，以夹砂黄泥烧制，分上下两层，通面阔 39.5 厘米，通进深 31 厘米，通高 53 厘米。室内无梁架。房顶覆于墙壁上，上盖印拍“板瓦”，前后两坡各为 10 行。前坡中部近檐口处刻一隶书“前”字。上层为住房，有前廊、后室之分，中隔板壁，开单门户，前壁开窗。廊间方形立柱，下有柱础，上设“人”字形承托。廊三面有护栏，底层四面无壁。《华阳国志》《后汉书》虽有华南山区“卑湿多雨”“土人好楼居”的记载，但未涉及“楼居”的具体形制。汉代干栏式陶屋模型的发现，从结构、形制、空间组合、建筑装修、社会功能等方面提供了汉代贵州房屋建筑珍贵的实物资料。汉代干栏式建筑，对后世影响极大，时至今日，贵州山区，特别是苗岭山区，楼上住人、楼下安碓的干栏式吊脚楼，鳞次栉比，举目皆是。

七、初期的苗族医药学

追溯苗族医药的起源，十分久远。苗族民间素有“千年苗医，万年苗药”

图1－13　干栏式建筑

之说。西汉刘向在《说苑·辨物》中有这样的表述："吾闻古之为医者曰苗父。苗父之为医也，以营为席，以刍为狗，北面而祝，发十言耳。诸扶之而来者，举而来者，皆平复如故。""苗父"是谁？有的学者认为，刘向《说苑》说上古有人名苗父，……这个苗父就是黎、苗族的巫师（巫医），巫师治病主要是祈祷禁咒术，但也逐渐用些酒、草等药物。

有的学者认为，汉族文献所记的苗父，就是苗族传说中的"药王爷"。湘黔交界的苗族传说，药王爷是一个周身透明、状如玻璃、有翼能飞的神人，他不畏艰难险阻，披星戴月为人民"岔税岔嘎"（东部苗语即"寻找药方"）。这个传说流传很广，苗族东西部地区均有"一个药王，身在八方；三千苗药，八百单方"的歌谣。至今黔西南州安龙、贞丰、晴隆等地的苗医，还非常崇敬"药王"，在行医过程中治好病，就要以杀鸡祭祖的方式来敬祭"药王"。这个传说同《淮南子》记载的"神农尝百草"的传说非常类似，《山海经》云："黑水之北，有人有翼，名曰苗民。"其中"有翼"和"有翅""透明"的传说，均是神话时代苗族先民的特征，这说明苗族医药是起源于上古时代的。

由于苗族本身无本民族文字和史实的记载，故其医药的起源难于考证，但从众多的其他文献和传说、古歌中，仍可窥知其具体情况，其特点：一是起源较早，历史悠久；二是起源于苗族人民生产和生活实践。苗族由于生活于药物资源十分丰富的地区，较早地了解和掌握了植物的知识和药用价值。至今在苗族地区，几乎人人都能掌握几种甚至几十种药物治疗方法，有些地方家家户户门庭院落房前房后皆种植一些常用药物，形成人们应用草药极为普遍的特点，具有"百草皆药，人人会医"之称。史载楚国巫师经常用苗药作巫具，《楚辞》中有不少记有被称为"苗药"的"菖蒲"和"泽兰"，长沙马王堆一、二号汉墓把"泽兰"作为殉葬品，说明苗药历史悠久和应用广泛。《史记·西南夷列传》载汉武帝时唐蒙在南越吃到枸酱，问从何来，曰："道西北牂牁江"，即古夜郎境内。《兴仁县志》载："山产蒌蒻，花如流藤，叶如荜茇，子如桑葚。苗家沥其油，醢为酱，味亦辛香。取其叶，裹槟榔食之，谓可辟瘴，苗女持赠所欢，以为异品。"兴仁在古夜郎境内，从上述记载，可知苗族开发植物资源作为食品和药物的历史悠久。苗族古歌中关于远古发现药物的故事也很多，如黔东南一首叫《垫哈》的古歌，说的是哈哥小时不幸被虎背去，十年未返，后被父母找回时，野性不改，声音嘶哑不能说话，一次他跑出去到河边吃了很多浮萍，哈哥不但能说话了，还改掉了野性，苗家因此积累了浮萍能治嘶哑病的经验。

虽然苗族生活在植被繁茂、药物丰富的地区，但苗族早期迁徙频繁，所到之处大多是人迹罕至的荒僻山区和瘴疠之乡，自然条件十分恶劣，但这种环境反而锻炼了苗族生存斗争的能力。在这种特定的条件下，如果没有起源较早的医药活动，绝对不能保证民族得到生存和繁衍。苗族的许多有名的治疗方法和用药经验，正是来源于这种生存斗争。如苗医著名的糖药针疗法，是一种独特的外治法，此法广泛流传于贵州西南和西北大部分地区，贵州关岭镇宁、紫云等地的苗医，用此法几乎走遍了全国各地。糖药针疗法溯源于古老的弓弩上应用的弩药。从弩药的成分上看，主要是古代苗人将"见血封喉"的剧毒药汁敷涂于弩箭尖上，以猎取虎豹等凶猛动物。《宋史·蛮夷列传》载，蛮夷人（主要指苗瑶民族）"其保聚山险者，虽有畲田，收谷粟甚少，但以药箭射生，取鸟兽尽，即徙他处。善为药箭，中者大叫，信宿死，得药解之即"。至今苗族仍有狩猎习惯，古代苗族应用弩药是可以肯定的，但其他民族也有弩药，而苗族独能将它应用在治病上，可谓是一创造。苗族在应用弩药的漫长过程中，配制者为适应治病的需要，有意减去了其中的剧毒成分，加入蜂糖等降低药物毒性的成分，用特制的排针或三棱针沾药汁刺于患处，其操作简便，治疗迅速，副作用小。糖药针这种苗医独特的外治法，是起源于苗族古代狩猎活动而发明的弩药，也是苗族医药起源于古代生活和生产实践的有力佐证。

由于苗族没有本民族文字记载的医籍，苗族医药发展无法进行确切的分期。但苗医发展史上确实存在一段较长的"巫医合一"的时期，《说苑·辨物》上所说的"苗父"属于这种情况。《宋史·蛮夷列传》载："西南诸夷，汉牂牁地，……疾病无医药，但击铜鼓、铜沙锣以祀神。"苗族人民喜用铜鼓，用它祀鬼神以治病，是较早时期的常见情况。

我国汉族地区在春秋时期，巫与医已经完全分离，但科学文化落后的苗族，却比较完整地保存了"巫医合一"的特点。道光《凤凰厅志·风俗篇》载：苗族民间"疾病延医服药之外，惟祈祷是务，父母病则延老者，十八人牲牢为请命于神，谓之打十保护。童子病则延巫为之解煞，名曰杨关。"这种"巫医合一"的方式，用苗族的俗语来讲，叫做"巫医一家，神药两解"。

苗族的巫师，在湘西称“巴对雄”，在黔东南称“相孬嘎”，在川滇黔交界区称“笃能”，女巫又称“迷婆”或“迷那”。苗族在历史上由于苗巫文化的影响而笃信鬼神，日常生活中婚、丧、疾病、节日，都要请巫师主持祭祀仪式。许多村寨都有1~3名巫师，巫师必须熟习各种鬼神的名称、性质和祭祀的方法，会背诵咒语。人生病时，苗巫师对病人施行巫术，称“过阴术”或“望鬼术”，有一套完整的方法。单纯以巫术治病，除了有心理治疗作用外，一般与医学无关。但巫师是苗族早期社会的一种分工，同时他们又是本民族最早的知识分子。由于医药经验的积累，有一部分巫师掌握了一些医疗技术，施行巫术的同时，还兼用草药和其他方法治病。后来巫师由于社会地位的下降而衰落了，他们当中一部分人分化为职业苗医，但在行医过程中，不同程度地包含着巫术的内容和形式。

苗医外治法还有很大一部分起源于巫术，虽然它们已完全脱离了巫术的内容与形式，如苗医的滚蛋疗法，最早是巫师敲蛋占卜望鬼时，为加强其法术的神秘性，将煮热的蛋滚动全身而形成。滚蛋疗法在苗医中广为流传，操作简便，疗效较好。更为独特的是，苗医根据滚蛋后蛋壁和蛋黄的颜色变化以诊断并预测疾病，这同巫师敲蛋占卜有着某种联系，构成了苗医的诊法特点。其他如化水疗法、踩铧口疗法等，也有类似情况。

另外，在临床治疗中，一些苗医（或病人自己）主张神、药结合，一方面用药治疗，一方面求神请祖。由于对许多疾病的发生无法解释，对危重病的发生和死亡无法理解，只好求助于鬼神而与巫“合作”，既彼此利用，又互相对峙，形成“巫医一家，神药两解”的局面，据黔东南10个县的调查统计，巫与医并用的现象至今在某些地方仍然存在。

“巫医合一”是苗族医学发展史上的一种特殊的历史现象，是由于缺乏科学知识，社会发展缓慢而又极不平衡的历史原因造成的，说明了苗族医药的形成过程，脱离巫术的不彻底性和复杂性。但对“巫医合一”情况应作具体的分析，不可一概而论，虽然巫术阻碍了医学的发展，但并未吞噬医学的精华，阻止医学的破土而出。这是由于苗族医药扎根于山区的群众之中，又有几千年的实践经验作为基础的缘故，不能以此作为否定苗族医药存在的理由。今天，由于苗族文化知识的提高，这种“巫医一家”的状况已逐步消解。

八、交通与科技文化交流

秦汉时期各省交通贸易得到了较大的发展，我国各族人民的往来日趋频繁，这既增进了友谊，又加强了科技文化的交流。

贵州古代文明发展到青铜时代即古夜郎时期，这时出现的奴隶制文明与周围的滇、巴、蜀、楚、百越等都有交往和联系。在古夜郎文化遗址出土的器物中，陶器中的罐、釜、豆、杯、碗等器形是在吸收外来器物的基础上制造出来的。青铜器吸收许多外来文化因素，吸收滇文化的有铜鼓、铜釜、铜扣饰、铜带钩等。而铁器则多从巴蜀地区输入，如铁剑、铁刀、铁剑中的柳叶形剑，形制为巴蜀式。

图1－14 鲵鱼形铜带钩

但直到汉以前，这种交往多属民间性的，人们交往的道路是利用一些便利的自然通道，未经过人工修拓开通的道路。利用这种自然通道进行文化交流，带来了外地文化因素。到了汉王朝时期，随着中央王朝政治上对“西南夷”的控制，整修的官道开通，大批外地移民进入贵州，它们带来的先进文化、生产技术，才使贵州古代文化发生了极大的变化。因此，在汉王朝对西南及各地的开发中，交通极为重要，因为它不仅关系着王朝的行政权力、政权设置，还决定着迁入居民与原住居民的衣食住行。

贵州境内的古代居民，与中央王朝发生官道上的联系，最早可追溯到秦王朝时期，《史记·南夷列传》云：“秦时，常頞略通五尺道，诸此国颇置吏焉。”有学者考订这条“五尺道”为今四川南部之宜宾，经高县、箔连，入云南境过盐津、大关、彝良、昭通，又入贵州威宁，再入云南境走宣威、曲靖。汉武帝时期，中郎将唐蒙出使夜郎，“夜郎及旁小邑”归附，为了加强对“西南夷”的控制，又“发巴蜀卒治道，自僰道指牂牁江”修筑了一条叫“南夷道”的官道。这条官道，有学者指出其路线是从今“宜宾、溯南广河，经高县、绮连，走云南威信、镇雄，入贵州赫章、威宁，而达于六枝、普安”。[1]自秦汉以来，汉族人口陆续迁入贵州，带来了中原及巴蜀、湘楚的生产技术、生产工具和贵州过去没有的物品。但是这一时期，由于政治原因，中原科技的传播范围不大，而且影响不深。汉武帝开“西南夷”以后，在贵州设立郡县，

[1] 参见侯绍庄等：《贵州古代民族关系史》，贵州民族出版社1991年版。

开筑驿道，驻军屯田，以若干据点为中心，传播新的技术。从贵州汉墓的分布看，集中在贵阳以西及贵州北部，主要有四个地区：一是威宁、赫章等地，二是兴义、兴仁等地，三是清镇、平坝、黔西等地，四是务川、松桃等地。

图1－15　兴义铜车马

图1－16　赫章可乐遗址墓葬

图1－17　陶乐舞俑

图1－18　套头葬

图1－19　无胡铜戈

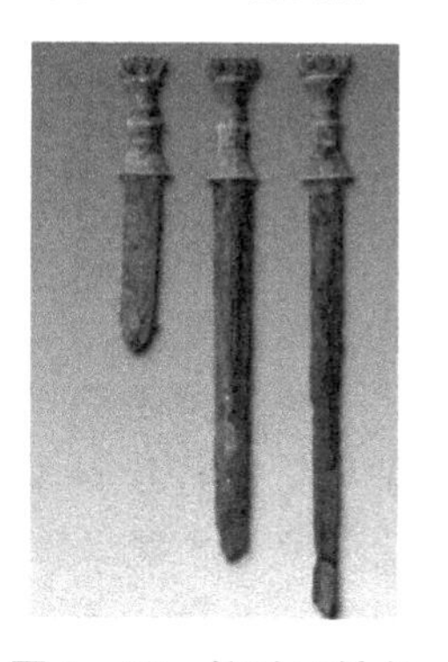

图1－20　柳叶形铁剑

图1－21　武阳传舍铁炉

赫章可乐的汉墓群最有典型意义。已清理的160多座古墓，可分为两种类型：有近20座是具有少数民族风格的“鼓釜葬”，墓室一端或两端置以铜鼓、铜釜或铁釜，出土物有无胡铜戈、云雷纹铜柄铁剑、柳叶形铁剑、长条形铜锄、鼓形铜釜、瓣纹立耳铜釜、团锥状铜发钗及敞口长颈小平底夹砂陶罐，风貌独特，国内尚无先例，当是本地特产。另一类是土坑、木撑、砖或砖石的汉墓，出土物有金、银、铜、铁、陶及木质生产工具、兵器、生活用品、殉葬品，珍贵的如铜鼎、错金银鹅头铜带钩、戳刺纹乳钉纹陶罐等，并出土了一件用生铁铸成的“武阳传舍铁炉”。在威宁中水，出土了具有民族特色的刻画符号陶艇和饕餮纹无胡铜戈。在兴义万屯汉墓出土了东汉铜车马、陶制水塘稻田模型。兴仁交乐汉墓出土了铜制的“摇钱树”。安龙境内出土了羊角钮铜钟和一字格曲刃铜剑。在黔中，在清镇琊陇坝出土了划纹陶壶，在清镇芦荻哨出土了轴护吊桶陶井，在清镇新桥出土了朱绘夔纹海潮纹饭盒，在黔西罗布夸出土了陶乐舞俑，还有平坝马场出土了永元十六年硬陶罐。在黔北，务川大坪汉墓出土了具有汉代工艺特色的铜提梁壶和铜葬头壶，松桃木树出土了一件五铢钱纹虎钮錞于。以上事实说明，中原文化传入以后，生产技术有了较大进步，并与少数民族文化融合，但地区分布不广。

九、学校教育的萌芽

我国古代学校教育体系主要分为私学、官学、书院三种形式。贵州古代学校教育是伴随着中央王朝对贵州统治不断深入而产生、兴起、发展的。它既是历代中央王朝不断加强对贵州统治的结果，又是历代中央王朝维护、巩固其在贵州统治的需要。

贵州古代学校教育萌芽于东汉时期。秦汉时期，随着中央王朝特别是汉武帝对“西南夷”的深度开发，郡县制在夜郎地区得以确立和发展。由于政治、经济上的需要，大量汉族迁入并世居贵州。

我国古代学校教育功能主要是教化万民，培养、选拔人才，充实官吏队伍，为维系、传承民族文化需要而服务的。“就整个汉代看，除太学较为经常，地方学校时兴时衰，郡国设学的只是个别地区。”[1] 具体到西汉夜郎地区来说，其境内郡县为“初郡”“边郡”，处于中央王朝“以故俗治”的统治之下，社会状况封闭落后。加之，郡县官吏为流官之属，常年更换，且大多汉族移民在陌生而落后的环境中为生存而挣扎。由此，夜郎地区产生学校的社

---

[1] 王炳照等：《简明中国教育史》，北京师范大学出版社1994年版，第77页。

会基础还未形成，夜郎地区未有学校及教育活动。即便如此，长期定居夜郎的汉民为维系、传承本民族文化，为加强与内地的交流联系，促进本民族的发展，有条件的一些汉民不惜跋山涉水，负笈远赴他乡求学，在他们当中出现了一些著名的大儒。他们著书立学，钻研学问，客观上不仅为当时贵州学术研究作出了贡献，而且为东汉时期贵州学校教育的出现奠定了一定的基础。汉武帝时期，曾任犍为郡文学卒史的鳖县人（遵义人），训诂学家舍人是最早为《尔雅》作注之人，著有《尔雅注》3卷，为“汉儒释经之始”。师从司马相如的辞赋家“牂牁名士”盛览，著有《合组歌》《列锦赋》。除此之外，盛览学成之后，“归以授乡人，文教始开”。[1] 盛览求学回乡之后，积极传播、推广所学的有关汉文化知识，此举也为后来东汉时期的尹珍于家乡就地设学施教起了铺垫作用，使更多的人能够接受到教育，扩大汉文化在贵州的影响。至东汉，迁入夜郎境内来自今川西、川南的龙、傅、尹、董等“三蜀”大姓汉族豪强，在中央王朝及地方官府的保护下，逐渐发展成为“牂牁大姓”，他们对贵州古代学校教育产生重大的影响。[2] 在雄厚的经济实力、强大的政治势力、深厚的汉文化渊源的支撑下，伴随着西南夷地区封闭状态的逐渐打破，与中原地区经济文化交流的逐渐加强，在贵州历史上“牂牁大姓”最先建立专门的教育机构——学校，并进行学校教育活动，将儒学引进贵州。相关记载最早见于晋朝常璩的《华阳国志·南中志·牂牁郡》，其次为南朝范晔的《后汉书·南蛮西南夷列传》。前者载：“明、章之世，毋敛人尹珍，字道真，以生遐裔，未渐庠序，乃远从汝南许叔重授五经。又师事应世叔学图纬，通三才，还以教授，于是南域始有学焉。”后者载：“桓帝时，郡人尹珍，自以生于荒裔，不知礼义，乃从汝南许慎、应奉受经书、图经。学成，还乡里教授，于是南域始有学焉。珍官至荆楚刺史。”

二史虽将尹珍所在年代分别记为“明、章”之时、“桓帝”之时，时间上相差八十年之久，但皆未超出东汉时期。二史皆记尹珍为牂牁毋敛人。据学者所考，毋敛一说为今贵州正安、绥阳等地，一说为今贵州都匀、独山、荔波等地。虽方位不一致，但都标明尹珍为贵州人士。同时明确指出，尹珍远赴他乡先后师从许叔重、应奉学习，求学成儒，回到故里教授。“于是南域始有学焉”，贵州古代学校教育萌芽以私学的形式而产生，开贵州古代学校教育之发端。[3]

---

[1] 周春元等：《贵州古代史》，贵州人民出版社1982年版，第68页。

[2] 翁泽红：《贵州古代学校教育从萌芽至初步兴起背景探究》，《教育文化论坛》2010年第5期。

[3] 翁泽红：《贵州古代学校教育从萌芽至初步兴起背景探究》，《教育文化论坛》2010年第5期。

第二章 中原王朝与边疆少数民族科学技术发展（220～1368年）

在各种制度、各项发明和发现当中所反映出来的人类心智史，可以认为是一个纯种的历史，这个纯种历史通过个体流传下来并依靠经验而得到发展。原始的思想胚胎对人类的心灵和人类的命运产生过最有力的影响。这些思想胚胎中，有的关系到政治，有的关系到家庭，有的关系到语言，有的关系到宗教，有的关系到财产，它们在遥远的蒙昧阶段曾有一个明确的起点，它们都合乎逻辑的发展，但是它们不可能有最后的终结，因为它们仍然在向前发展，并且必须永远不断地向前发展。

——摩尔根《古代社会》

第一节 三国至南北朝时期的技术停滞（220～581年）

一、三国两晋南北朝时期贵州的社会

黄巾起义后各地豪强地主官僚集团借镇压农民起义拥兵自重，割据一方，而远离中原的西南地区，则出现了南中大姓独霸西南的局面。当时所称的“南中”，大抵是原先的“南夷”地区。汉代在南夷地区设立牂牁、益州、越巂、永昌四郡，其地包括今四川大渡河以南、云南、贵州大部分及广西北部边缘地区。“南中大姓”是指汉、晋以来盘踞在“南中”地区的豪门大族，著名的就有三四十姓。南中大姓系由三蜀（广汉、蜀郡、犍为合称三蜀）大姓和原住南中地区的土酋结合而成，形成一股强大的地方势力。三蜀大姓是在“募豪民，田南夷”的过程中迁入，他们募有大量家兵佃户，招纳游民和罪徒，组成“私家部曲”，拥有较强的军事力量和经济实力。中原混乱以后，他们便与当地土酋结合，独霸一方，自成势力，控制“南中”地区。

公元221 年刘备称帝，改年号章武。章武三年（223 年）刘备病死白帝城，刘禅继位，改元建兴。当时的蜀汉“主少国疑”，内外矛盾十分突出。外部除吴、蜀之间因争夺荆州矛盾激烈外，还有魏的威胁；内部除益州地主集团和荆州地主集团之间的矛盾外，与南中“大姓”“夷帅”之间的矛盾也很突出。章武三年，南中夷帅乘蜀汉政权不稳之机，加紧反叛，雍闿、高定元等于此年合力反抗蜀汉，一时“南中诸郡，并皆叛乱”。同年，牂牁太守朱褒也在雍闿、高定元反蜀后，起兵响应。诸葛亮为了实现北伐中原、统一全国的理想，必须首先安定后方，平息南中的反叛，解除后顾之忧，同时可以得到物资、兵源的补充，于是诸葛亮决定南征。诸葛亮南征越巂、益州、牂牁三郡，马忠进军牂牁，战事进展十分顺利，很快便破牂牁，到达南盘江流域，即今黔西南一带。在汉阳又安抚济火部，封济济火为王。嘉靖《贵州图经》载：“先有慕济济、济济火者，与普里部仡佬氏争为长，迭有盛衰，其后济济火善抚其众，时闻诸葛武侯南征，通道积粮，以迎武侯。武侯大悦，封为罗甸国王。”平定南中后，诸葛亮坚持和抚方针，推行了有利于发展南中民族社会经济的宽缓政策。“即其渠率而用之”，依靠当地民族上层人物进行治理。蜀汉政权治理南中，对南中地区的社会经济文化都产生了积极的影响。首先，蜀汉政权鼓励南中大姓招徕部曲，改变奴隶制度，使一些部曲脱离大姓、夷帅的统治，实际上是由奴隶式的“僮仆”变为农奴式的“部曲”，这一转变毕竟是历史的进步。其次，为了进行北伐，积极开发南中，“出其金、银、丹、漆、耕牛、战马给军国之用”，“军资所出，国以富饶”。在平南中的过程中，诸葛亮将部分居住在山地的人民“徙居平地，建城邑，务农桑”，使各族人民进一步向定居农业发展。诸葛亮治理南中实行的恩威并用的民族政策，死后长期受到人们的尊崇。仅贵州在明朝建省以来就有武侯祠 16 个；而与他的名字相联系的传说遗迹如诸葛洞、诸葛寨、诸葛营、诸葛山等更多，说明诸葛亮南征以及在治理南中所实行的民族政策，对西南地区的社会进步起了重大的作用。

魏晋南北朝时期，地方行政制度基本沿袭秦汉，但因时局动荡，王朝更迭频繁，隶属关系时有改变，且多是遥领而已。与此同时，由于人口增多、经济发展，郡县明显增加。蜀汉在“南中”设立朱提、越巂、建宁、牂牁、永昌、兴古、云南七郡。两晋时，益州领蜀、犍为、汶山、汉嘉、江阳、朱提、越巂、牂牁八郡，宁州领建宁、兴古、云南、永昌四郡。

东晋将牂牁分为牂牁、平夷、夜郎三郡。刘宋时，牂牁、平蛮、夜郎、朱提、牂牁郡为东牂牁和南牂牁二郡。南齐时，郡县未有大的变动。南中地区虽在秦、汉以来就设置郡县，但因属于边郡，社会经济发展落后于中原地区及相邻的巴、蜀。

自魏、晋以来，由于中原战乱，南北纷争，南中各郡与割据、偏安的政权联系得到了加强。社会发展情况较为复杂，当黄河流域已发展到较为成熟的封建社会的时候，边郡及周边各少数民族仍有不少处于封建领主制阶段，有的甚至还在奴隶社会阶段。贵州高原在魏晋南北朝时正处在封建领主制经济发展的过程中，当时有封建领主的大土地所有制，有自耕农、半自耕农的小土地所有制，而以豪族大姓的大土地所有制为主。魏、晋时期贵州地广人稀，只要有权势、占有劳动人手，就可以广占土地。牂牁大姓对土地所有权的建立是通过对劳动者的占有和无偿劳动来实现的，这些劳动者在当时特定的历史条件下成为大姓的部曲。部曲长期被束缚于土地，人身依附于大姓。部曲世代为大姓所占有，不经自赎或主人的放遣，不能获得自由，实际上成了世袭农奴。

中原战乱，“南中大姓”称霸西南，贵州复归土酋统治，与中原交往时有中断，科学技术的发展又处于封闭状态，长期停滞。

二、铁器的普遍使用

这一时期，铁器普遍使用，改进了过去南中地区的落后生产工具，提高了社会生产力，促进了经济的发展。如果说秦、汉时期南中地区还靠外地输入铁器，只能是沿交通一线的人民才能使用铁器工具，那么到魏、晋时期情况就大不同了。南中地区也专门设置铁官来管理经营铁器工具了。《华阳国志·南中志》说：（建宁太守）杜俊，“夺大姓铁官令毛诜、中郎李叡部曲”。铁官令的设置反映了铁器的普及和社会的需要。新中国成立后，在今清镇、平坝交界的琊陇坝、马场等地发掘的六朝墓中，出土铁器多件，其中仅铁脚架就达11件之多，其种类分三角和四角两种。铁脚架是置于火上用以炊煮的器具，今贵州许多少数民族仍在使用，说明当时铁器已较普遍用于人们的日常生活。[1] 随着铁器的普遍使用，南中地区生产力向前大大发展了。如朱提地区的“穿龙池，灌稻田”，晋宁郡“郡土平敞，有原田”，以及滇池地区的农田水利开发，都是铁器工具普遍使用的结果。

---

[1] 贵州省博物馆考古组：《贵州平坝马场东晋南朝墓发掘简报》；贵州省博物馆：《贵州清镇平坝汉至宋墓发掘简报》。载于贵州省博物馆考古研究所：《贵州田野考古四十年》，贵州民族出版社1993年版，第336页、第208页。

三、手工业技术

1. 酿酒技术的进步

远古时期的“猿猴酿酒”，实为野果里含有糖和水分，放置于空气中，由于与空气中的细菌接触，丝状菌毛霉使野果中所含淀粉糖化，酵母菌促成糖酒化，这样野果就产生了酒精而有酒味，加之进一步醋化，于是有了酒香。随后的“谷物酿酒”，一是余下煮熟谷物，放置时间一长，产生酒味，其原理与“野果酿酒”相同；二是人们无意发现口嚼谷物有糖味，吐出发酵成酒。这都是因为空气里飘着的糖化霉和酵母细胞将谷物变成了酒，因此有“空桑委饭”之说。

那时成酒后，只知加水浸泡，连糟一块喝，并不知蒸馏出酒去糟之法。在《楚辞》的“渔父”里有“众人皆醉，何不哺其糟而啜其醨”的语句。那么我国蒸馏酒出现在何时，贵州蒸馏酒又是何时兴起的呢？

利用蒸馏所得的酒为蒸馏酒，又叫烧酒，也是今之白酒，这是我们的祖先为了提高酒精的度数，增加酒精之含量，在长期酿酒的基础上，利用酒精与水沸点不同，蒸馏取酒。大多数西方学者认为，中国是世界上第一个发明蒸馏技术和蒸馏酒的国家，这是因为中国最早发明了炼丹术，而蒸馏技术与中国炼丹术有密切的关系。

公元 640 年唐太宗时，我国新疆便会制作蒸馏酒了，故有“唐破高昌得其法”之说。敦煌的西夏酿酒蒸馏的壁画，说明十世纪前北宋时期，蒸馏取酒法已遍及西夏。1975 年河北承德青龙县出土的一套金代铜烧酒锅，它的年代最迟也不超过 1161 年。1163 年南宋吴悮的《丹房须知》上也记载了多种类型完善的蒸馏器。

从贵州发现的文献记载来看，贵州先民在东汉至晋这一时期已经掌握了蒸馏酒的技术，《西南彝志》中在“东汉”和“晋”两处都提到“烧酒”。《西南彝志》在论述隋末唐初一段中有“酿成醇未酒，如露水下降”，这与唐太宗破高昌时的“用器承取滴露”，《本草拾遗》和元代《饮膳正要》的“用好酒蒸熬取露”等记载，恰好相呼应。大约在晋朝，出现了“烧酒”的名称和“蒸馏酒”的制法的记载，从而把我国蒸馏酒的历史，提前了几百年。这不但再一次否定了“白酒外来说”的观点，而且证明西南地区古代少数民族，同样为我国悠久的酿酒史作出了卓越的贡献。

2. 建筑技术发展

三国时期，贵州多为蜀汉所控制，保存下来的一些遗址被人称为“孔明塘”“诸葛营”“孟获屯”，充分反映诸葛亮的“民族政策”颇得民心。“孟获屯”遗址位于关岭布依族苗族自治县境内的“孟获屯山”，占地面积约3000平方米，传为彝族酋长孟获“屯兵抗蜀”之地，尚存当年及后世修建的屯门、石墙、石臼、水井等。

四、交通与科技文化交流

1957年前后，贵州省考古工作者在安顺、清镇、平坝等地，发掘了一批魏、晋墓葬，出土的器物有铁器、玉珠、青瓷壶、铜铣、铜釜、铜镜、银手镯、金钗、银钗、琥珀、琉璃及漆器等。[1] 这些器物绝大多数贵州不生产，主要是通过各条道路从外地交换而来。如琉璃饰品，中国在北魏时方能制造，这之前在中国发现的琉璃均由印度输入。在牂牁地区出土魏、晋时墓葬中的琉璃饰品，很可能是经过南方丝绸之路，由永昌郡、朱提郡转运而来。道路的开拓和修复，使南中地区可以北上中原，东达荆楚，经巴、蜀而达关中，密切了南中与内地的联系，推动了南中经济的发展。

第二节　隋唐五代时期科学技术的持续发展（581~960年）

公元581年，即北周大定元年，杨坚篡夺北周王朝，建立了隋朝，年号开皇，定都长安。公元589年，隋灭陈，统一全国，结束了自西晋末年以来长达数百年的分裂战乱局面。虽然隋代仅存38年，但隋文帝创立的一些制度，为唐代所遵循，所以不能忽视其在历史上的作用。继隋之后的唐朝，堪称是我国封建社会的盛世，“盛唐”之誉驰名世界。隋、唐两代是在长江、黄河两大经济区相结合的基础上，在比前代广阔、深厚得多的经济基地上建立起来的，因此政治、经济、文化、科技和中外交通等方面都得到空前的发展，其繁荣程度远远超过两汉。唐中期以后，黄河流域战火连绵，朝廷主要依赖长江流域和江南财富来支撑，反映出这时经济重心进一步南移。唐晚期的藩镇割据和后来的五代十国，虽给经济和科学技术的发展带来了不良的影响，但在长江流域和江南地区，经济和科学技术的一些领域仍有所发展。

---

[1] 陈默溪：《贵州平坝尹关六朝墓》；贵州省博物馆考古组：《贵州平坝马场东晋南朝墓发掘简报》；贵州省博物馆：《贵州清镇平坝汉至宋墓发掘简报》。载于贵州省博物馆考古研究所：《贵州田野考古四十年》，贵州民族出版社1993年版。

一、隋唐五代时期贵州的社会

隋唐时期，政治影响所至，贵州分成三个不同区域。黔北及黔东北，地近川、湖，汉人大批进入，“土俗大变”，“渐染华风”，经济上有较大开发，从仁怀两盆河宋墓群、务川金银洞宋墓、德江煎茶溪宋墓、湄潭金桥宋墓、遵义皇坟咀杨粲墓、遵义高桥杨氏墓、遵义地瓜堡杨文墓及遵义普济桥、桐梓周市煤鱼堡宋代石棺等均可证明这一点。杨粲墓最具代表性，其规模之大，在国内仅次于河南的赵欲墓。乌江以南，地近广西，为王朝间接统治区域，汉人在黔中一带聚居，形成所谓“宋家”“蔡家”，他们带来了中原的生产技术，但在“夷多汉少”的情况下，往往被少数民族同化。至于贵州西部，此时多受南诏、大理控制，土官当政，经济上仍以少数民族传统的技术为主。

隋初的地方行政机构沿袭北周的州、郡、县三级制。隋炀帝时改州为郡，把东汉末年以来的三级制改为二级制。据《贵州通史》记载，在今贵州的设置有：

> 牂牁州牂牁郡，开皇元年（581年）置牂牁州，领牂牁、宾化二县，炀帝大业二年（606年）改称牂牁郡，地在黔中。辰州沅陵郡，领辰溪县、沅溪县、龙标县、大乡县、盐泉县。辰溪县辖有今贵州铜仁、江口、石阡等地。黔州黔安郡，涪川县包有今贵州德江、思南等地。阳明郡，领义泉、绥阳、明阳、信安、都上、宁夷、高富等县，治所在今凤冈西北，其外义泉、绥阳、信安、都上、宁夷五县辖及今遵义地区。泸川郡，领泸川、富世、江安、绵水、合江等县，其中合江县领有今贵州赤水、习水、仁怀部分地域。巴东郡，领有十五县，其中务川、扶阳二县辖有今沿河、德江地域。始安郡，领有十五县，其中义熙县辖有今贵州从江及黎平东南部地域。隋代在今贵州所领郡县，主要在乌江以北，而对乌江以南的大片土地还无力控制，为土著首领所据有。[1]

唐承隋制，但改郡为州，称为州、县二级制。州又有经制州（正州）和羁縻州之别，在经济发达地区设立经制州，“官不世袭，职不常任”，“编户齐民”，实行赋税之法和徭役制。这种由朝廷吏部委派刺史治理，直接控制地方政治、军事、赋税、盐铁等权力的州即称经制州（正州）。太宗贞观年间

[1] 何仁仲编：《贵州通史》第1卷，当代中国出版社2003年版，第288～289页。

（627～649 年），今贵州大部属江南道，一部分属剑南道和岭南道。玄宗改十道为十五道后，今贵州属黔中道。其隶属黔中道的经制州与今贵州地域有关的有黔州、思州、锦州、叙州、奖州、费州、夷州、播州、溱州、南州等，它们分布在乌江以北和黔东北一带。黔州黔中郡治今重庆彭水，辖及贵州沿河、务川的一部分。

唐代在乌江以北及黔东北地区设有正州，其他地区主要是羁縻州。《新唐书·地理志》载："唐兴，初未暇于四夷，自太宗平突厥，西北诸蕃及蛮夷稍稍内属，即其部落列置州县。其大者为都督府，以其首领为都督、刺史，皆得世袭。虽贡赋版籍，多不上户部，然声教所暨，皆边州都督、都护所领，著于令式。"总计在周边各族中共置羁縻州八百五十六，其中"蛮隶江南者，为州五十一"。这些羁縻州的地域多不可考，大抵在今贵州和广西境内。牂州、充州、矩州、庄州、应州、琰州、蛮州、盘州等曾一度设立经制州，但后来又改为羁縻州。唐朝对贵州高原的治理，除设置正州和羁縻州外，还有一些与王朝保持"藩属"关系的地方政权，主要是东爨乌蛮各部。

天宝八年（749 年）唐王朝命何履光率十道兵马，从安南进攻南诏，同时任命熟悉云南情况的鲜于仲通为剑南节度使，招募兵马，准备南下，由此开始了南诏与唐朝长达一百多年时战时和的局面。在唐朝与南诏的长期争战中，贵州成为双方争夺的地区之一，政局随双方力量的消长而变。唐初，黔中地方势力纷纷归附，王朝通过"招慰生僚""开山洞"建立州县，经制州范围不断扩大，武德四年（621 年）在黔州（今重庆彭水）设黔都督府进行管理。随着王朝势力不断往黔中腹地及黔、桂边境的推进，乃将都督府南移，于贞观十一年（637 年）设立庄州（今贵阳附近）都督府。高宗以后政局动荡，唐王朝已无力在黔中开拓经营，只好将统治势力逐步向内收缩。景龙四年（710 年），朝廷罢庄州都督府，改置播州都督府，将统治中心从今贵阳附近北撤到今黔北遵义。到玄宗先天二年（713 年），兵力进一步向内地收缩，遂罢播州都督府，仍复黔州为都督府。

从懿宗大中十三年（859 年）至僖宗乾符元年（874 年），南诏两次攻陷邕州，一入播州，一入黔中，四次攻打越嶲、成都等地，先后掳掠数十万人口和无数财物，对当地的社会经济造成了极大的破坏。南诏攻陷播州，唐朝无兵可派，只好招募勇士带兵讨伐。僖宗乾符初年，太原杨端应募攻取播州。杨端领兵出四川，败南诏，从此占有播土。杨端入播后，子孙繁衍，杨氏一族占据播州长达七百余年。与杨端入播的八姓，后来皆成为播州望族，他们是谢、令狐、成、赵、犹、娄、梁、韦八姓。

公元 907～960 年的 50 多年间，中原相继出现了梁、唐、晋、汉、周五个朝代，在全国各地还出现了吴、南唐、前蜀、后蜀、吴越、楚、闽、南平（或称荆南）、南汉、北汉十个地方割据政权，史称"五代十国"。五代时期云南建立大理政权，其势力伸入贵州。在前后40年中，云南先后经历了郑、赵、杨、段四姓更迭执政，到段氏局势才逐渐稳定下来。大理政权承继南诏的疆界，"其地东至普安路之横山"，抵达到了今贵州西南部，普安为"南诏东鄙"，统治这一地区的彝蛮于矢部为"黑爨三十七部"之一。总体说来，五代时期，贵州与中原王朝的关系时续时断，而与前蜀、楚、后蜀以及大理的关系则较为密切。大体情况是：黔北多附于蜀，黔东及黔南多附于楚，黔西与大理的关系较为密切。

二、农业生产技术

1. 农业生产技术的提高

经历了魏晋南北朝长达数百年的分裂割据状态，进入到一个统一和比较安定的环境，对农业生产的发展起到了积极的作用。隋、唐初期的土地政策、人口政策、减轻徭役等措施的实施，也为农业生产的勃兴创造了一定的社会条件。据《唐大诏令集·诫励风俗敕》记载，武则天时曾规定在州县境内，如"田铸垦辟，家有余粮"，则予升奖，如"为政苛滥，户口流移"，则加惩罚"。这也间接反映了隋唐统治者鼓励垦殖，把增加人口、发展农业生产作为考核地方官吏的标准。因此，尽管农民遭受着沉重的经济剥削，但仍有一定的生产积极性。在生产斗争中，农业经济已被推上了空前兴盛的阶段，从而创造了封建社会盛世的物质基础。隋朝通过实行均田制，改定赋役，发展农业生产，在其建立仅12年时，就已"库藏皆满"。[1]"西京太仓，东京含嘉仓、洛口仓，华州永丰仓，陕州太原仓，储米粟多者千万石，少者不减百万石。天下义仓，又皆充满。京都及并州（今山西太原）库布帛各数千万。"[2]唐朝建立20年后，隋朝所留库藏尚未用尽。唐时，农业生产继续得到发展，到开元、天宝盛世时，"耕者益力，四海之内，高山绝壑，耒耜亦满。人家粮储，皆及数岁。太仓委积，陈腐不可校量"。[3]天宝八年（749年），政府仓储粮食约达一万万石。唐政府因而不断修筑和扩大隋代所兴建的仓窖。

这一时期的贵州人口与前期相比，也有了显著的增加。据两《唐书》《元和郡县志》记载，天宝年间，锦州有户2872，口14374；奖州户1673，口

---

[1]《隋书·食货志》。
[2]《通典·食货典》。
[3]《元次山集·问进士第三》。

7284；夷州户 1284，口 7013；播州户 490，口 2168；思州户 1599，口 12021；费州户 429，口 2690；南州户 443，口 2043；溱州户 879，口 5045。以上计有户 9669，口 52638。《新唐书》载："龙羽有兵三万"，充州"胜兵二万"，明州"万余户内附"。

经过各族人民的开垦，许多地方变成良田。如思州城乐，"武德四年(621 年)，山南道大使赵郡王孝恭招慰生僚，始筑城。人歌舞之，故曰城乐"。❶ 多田县，"武德四年务州刺史奏置，以土地稍平，垦田盈畛，故以多田为名"。❷"（贞观）十四年（640 年）将播州属之柯盈县，更名带水，因县北有带水为名。"❸ 这些州县大都"寄洽山谷"，"随所种畬田处移转"。牂牁地区"土气郁热，多霖雨，稻粟再熟"。樊绰《蛮书》所记东爨乌蛮"从曲、靖州以南，滇池以西，土俗惟业水田。种麻、豆、菽、稷，不过町疃"。不过当时不少山区仍然是地广人稀，刀耕火种，虽然土宜五谷，但"多为畬田，岁一易之"，生产较为粗放。

贵州除黔中及黔北生产水平较高外，许多地方"寡畜牲，又无蚕桑"。唐代，遵义已开始兴修水塘库堰，围堵泉水自流灌溉，乌江以北出现稻田二熟制，其余地区为刀耕火种的畬田，❹ 休闲耕作。南宋时，黔南一带"土宜五谷多种粳稻，以木屋弩射獐鹿充食"。

2. 茶叶

唐代，陆羽《茶经》说："黔中生思州、播州、费州、夷州"，"往往得之，其味极佳"。唐代的黔中，今四川东南部，贵州北部，湖南西部和湖北西南部。据 741 年唐代道、州设置资料绘制的"黔中道地图"（中国历史地图集)，思州州治沿河，辖今沿河、务川、印江和四川酉阳、秀山；播州州治遵义，辖今遵义市红花岗区、遵义、桐梓；费州州治思南，辖今思南、德江；夷州州治凤冈，辖今凤冈、湄潭、绥阳，共计 13 个县区。说明 1200 年前，不但这些地区产茶，而且味道很好，较之汉、晋时代前进了一大步，贵州已成为全国八大茶区之一。由于此时在贵州东北部地区，汉族移民逐渐增多，带来并传播先进农业生产等技术，加之凿通水陆交通，即由戎州（今四川宜宾）经鲁望（今贵州威宁）而达云南；由牂牁（今贵州福泉）经西赵（今贵州贞丰）进入广西；由费州（今贵州思南）到思州（今贵州务川）通黔州（今四川彭水）的水陆要道，促进了商贸的发展。此时贵州茶叶也可由水陆运

---

❶ 《旧唐书·地理志》。

❷ 《旧唐书·地理志》。

❸ 《十道志》。

❹ 邹超亚等：《贵州农业历史发展与启示》，《耕作与栽培》2009 年第 4 期。

出。思、播、费、夷四州之茶，之所以能“往往得之，其味极佳”，这与凿通路道、商贸发展及茶叶采制技术的提高分不开。

3. 畜牧业

畜牧业方面，主要的牲畜是牛、马、羊。畜牧业在社会经济生活中有一定的地位，食其肉，衣皮革，披毛帔就是证明。《新唐书·南蛮传》载，东爨乌蛮“土多牛马，无布帛，男子发髻，女人被发，皆衣牛羊皮”。贞观三年（629年）谢元深朝拜唐太宗，头戴黑熊皮帽，上身披毛帔，下有皮行膝的束装。东谢、南谢、西赵人民皆以“犬羊皮为饰”的打扮，流行于牂牁地域。牛马的多少是财富的主要象征，人们以牛作为婚姻的聘金；用牛、马作为奖赏之用，“赏有功者以牛马、铜鼓”。还可以一定数量的牛、马作为犯罪的抵偿，《旧唐书·南蛮传》载，“盗者倍三而偿。杀人者出牛、马三十”。连犯杀人罪，只要三十头牛（或马）就可以抵命。这些也反映了畜牧已有一定规模，狩猎在经济生活中亦占有一定的比重。贵州山区茂密的森林分布很广，大山深处隐藏着无数的飞禽走兽，众多的河流潜游着各类水产。据两《唐书》记载，东谢、南谢、西赵各族人民，将其所猎取的野兽肉食，“以螺壳、虎豹、猿狖”之皮为衣着装饰品。现在贵州土地上已经很稀少或绝灭的熊、虎、豹及猿狄、犀牛等动物，在唐时却是各族人民猎取的自然资源，其中一些药用价值极高的文龟、犀角及麝香成了向朝廷进贡的贡品。

三、手工业技术

1. 纺织业

随着棉纺织技术的推广，在唐宋时期的文献史籍里，如《新唐书·南蛮传》等多记载有贵州少数民族的异样服装如“卉服鸟章”“锥结斑衣”“牂牁服”“五色衣”等。这是从衣着消费方面对棉纺织生产状况的反映。纺织品种类很多，著名的如“娘子布”“顺水斑”“洞锦”和“铁笛布”。妇女以细白苧麻为原料，旬月织成，谓之“娘子布”。以山丝为原料，五色间染，织布斜纹，谓之“顺水斑”。用“五色绒”或“黄棉纱”织成各种花纹，“冻之水下败，渍之油不污”，谓之“洞锦”。精纺细织的“铁笛布”，《续黔书》记载“其纤美似蜀之黄润，其精致似吴之白越，其柔软似波女之香茎，其缜密似金齿之缥叠”。

2. 蜡染

贵州少数民族长期居住在山区河谷，过着一种自给自足的农耕生活，蜡染原材料易于寻找，棉麻布料可以自己生产，因此，蜡染一直是他们不可或缺的生活所需，婚姻、生育、丧葬、礼仪、社交等活动都离不开蜡染。姑娘结婚时穿的“上轿衣”“百褶裙”，小孩生下来用的围片、背扇、口水兜，安葬死者用的“老被”“寿衣”“老鞋”，都用蜡染，节日“吃牯脏”时打的“幡”要用彩色蜡染制成等，蜡染制品广泛应用于人们生活的方方面面。贵州少数民族一般没有自己的文字，蜡染就成了一种历史文化的载体，借以倾吐自己的心声，因此，每一种图形符号几乎都蕴含着一个动人的传说或表达自己心愿的优美故事。螺旋纹是祖先留下来较早的图形，可能原出于彩陶的纹样，传说是苗族祖先祭祖仪式的祭品——牛头顶上的“毛旋”；铜鼓纹是取自铜鼓上的图形，铜鼓从先秦一直流传到现在，它在祭祀、婚丧、战争和报时等方面，发挥着一定的社会作用；鸟纹经常出现在《苗族古歌》中，鸟和蝴蝶一样，一直作为人类母亲的形象出现；鱼纹是因鱼多产子，表现了民族繁衍的生殖崇拜；龙纹与汉族的龙造型不一样，他不是一种权势的象征，其头如蚕或牛，形态温顺善良，传说他能驱雾降雨，使大地风调雨顺；石榴、葡萄纹样，则有着子孙繁茂的含义；至于各种动物、花果相互交织组合，则反映了“万物有灵”的原始宗教观念。[1] 在风格上因为各支系民族传承和环境条件不同的原因，蜡染风格各异。东南部的黄平、重安江一带的蜡染细密、工整，具有很高的艺术性和观赏性；西部大方、织金、六盘水的苗族蜡染精致华丽，有如银饰闪光般感觉；中部安顺、镇宁、普定、关岭的布依族、苗族蜡染清新明快；南部丹寨、荔波的苗族蜡染自由开放、手法多样、图形多变，创造性和艺术性较强。虽造型风格多样，除少量色彩或以色彩刺绣夹入其间外，大多为蓝白色，对比强烈，雅致古朴。这些蜡染具有很强的文化底蕴，可以说是各族劳动人民创造的精神财富，也是中华民族的文化瑰宝。贵州少数民族传统印染工艺是以家庭为中心的手工副业，长期处于自给自足的自然经济形态，并要由妇女承担，工艺技术靠口传心授世代相传。由于各民族文化背景不同，各地区间的经济发展亦不平衡，所受外界影响的程度也有差异。这些因素，使贵州民族民间传统印染工艺形成较强的区域性，即不同的民族或不同的地区都有不同的工艺特征。有的具有较为原始的工艺形态，如用动物血液、杨梅汁等直接填红，或用稻草灰混合锅烟煮染等。而有的工艺则比较先进，基本上保持了古代印染工艺中最高水平的工艺特征，如黄平、安顺等地区的彩色蜡染，黔南、黔西南地区布依族的扎染等，其色调之柔和，图案之精美，令人惊羡不已。这些各具特色的工艺特征，或许就是中国古代

---

[1] 周世英：《贵州蜡染回眸及未来发展的思考》，《贵州大学学报（艺术版）》2003 年第 4 期。

印染工艺发展历史中不同时期特征的孑遗。

图 2－1　蜡染

就工艺性质而言，贵州各民族民间印染工艺具有多重性。例如印染的季节性，蓝靛印染普遍在八九月间进行，也有的是在一二月间，有的又不选择季节，一年四季都可以进行。季节性染色就像许多社会习俗一样，外表上看，是由当时的社会礼仪制度所决定的，而实际上它们产生的根本原因，却取决于当时的生产方式和技术水平。在周代，少数植物色素的提纯和储存技术被发现，这种习俗作为一种生产活动的规范而被保留下来。到了秦汉之际，植物色素的提纯和储存技术逐渐广为人知，在此之后，有关染色工艺的记载中，就很少规定染色的季节性了。贵州民族民间印染对季节性的选择，或可作为研究古代不同时期生产水平的例证。

据文献记载，古代制靛水是不放添加剂的，即便在贵州，有的地区的少数民族也没有这种工艺，而且很多人根本就不知道这种方法。但是贵州西部的苗族，又确确实实在用，并且有多种形式：有的使用剂量很严格，有的却很随意；有的只放一种，有的放七八种；有的从山上采集回来洗净后便投放，有的要舂碎后才放，还有的要经过熬煮成汤汁后使用；有的是制靛水时一开始就与蓝靛、酒糟、草木灰水等原料一齐投放发酵，而有的要等靛水出现了染色不好或染不上色等问题时才投放。放药可能是为了防止靛水产生霉菌，它是在人们还没有完全掌握发酵工艺时所采用的一种非常古老的防止霉菌的方法。

3. 刺绣

隋唐时期，随着佛教的进一步传入，刺绣工艺在为丝绸服装“锦上添花”的同时，也广泛用于刺绣佛教中的佛经佛像。唐代刺绣呈现出从实用领域延伸到装饰领域的趋势，使刺绣工艺在功能上别开生面，从而与纺锦工艺渐渐分离，成为相对独立的艺术形式，刺绣技法也有了空前的发展，开创出许多大别于前人辫绣的刺绣针法，如戗针、擞和针、扎针、滚针、平金、盘金、钉金箔等。许多刺绣精品上人像的轮廓线用辫子股发展而来的切针绣出；人像衣帽则由直针、缠针绣出，再装饰以平金线的细绣；人像脸部、手部等以短套针绣出肉体上的晕染效果，再用戗针、套针等针法使色度推移，由深及浅地绣出渐变的色阶。以敦煌为代表，沿丝绸之路各地先后出土的绣件，如敦煌千佛洞的刺绣佛像、刺绣袈裟、刺绣牡丹鸳鸯香囊等，陕西法门寺的蹙金绣袈裟、蹙金绣案裙、蹙金绣拜垫、蹙金绣半夹臂、蹙金绣半夹裙以及各色精美花纹的绣袱残件、绣衣残件等，这些雍容而大气、华美而富丽的绣品，见证了唐代刺绣让人崇敬仰慕的艺术水平，睹之油然而生高山仰止之感。

唐代贵州少数民族刺绣的艺术与中原刺绣迥然不同。唐代贵州少数民族刺绣实物虽然尚未发现，但北宋初年李昉《太平广记·卷第二百第一十一·画二》记载了这样一个故事。

> 唐太宗贞观三年（629年），东蛮人谢元深到京城朝见皇上。他头戴黑熊皮做的帽子，用金丝络额，穿着用毛皮做的衣服，绑裹腿，穿鞋。中书侍郎颜师古上奏皇帝说：……来朝拜的使臣中，穿着用缔葛做的衣服，并且上面绣着鸟形花纹，都住在蛮馆，十分有必要将这些使臣的形象绘成图像留给后人，扬我朝恩施边远的德政。太宗皇帝批准了这一奏请，就让阎立德等人为这些蛮邦使臣绘图画像。

北宋郭若虚《图画见闻志》也有此记载："唐贞观三年，东蛮谢元深入朝……中书侍郎颜师古奏言：……今圣德所及，万国来朝，卉服鸟章，俱集蛮邸，实可图写贻于后，以彰怀远之德。上从之，乃命阎立德等图画之。"这里所说的"东蛮"就是现今黔东南和黔南一带。从这一记载我们得知：当时贵州少数民族刺绣的"卉服鸟章"图案丰富，色彩斑斓，其风格与中原地区完全不同，否则不会在当时引发新奇感。现在黔东南柳江流域以刺绣为主要装饰制作的苗族百鸟衣和侗族芦笙服，仍然保存着"卉服鸟章"的遗风。

4. 酿酒业

农业发展后，人们储存的粮食，因设备简陋受潮发酵，或吃剩的食物因搁置而发酵。淀粉受微生物的作用发酵，引起糖化和产生酒精，这就成了天然的酒。当人们有意识地让粮食发酵来获取酒浆时，酿酒技术便开始出现了。

北朝酿酒业发展较快，仅《齐民要术》就搜集记载了40余种酒，主要有冬酒、春酒、桑落酒、秫米酒、黍米酒、糯米酒、神曲酒、白醪酒、颐酒、酴酒、粱米酒、穄米酒、粟米酒、粟米炉酒、冬米明酒、夏米明酒、愈疟酒、和酒、夏鸡鸣酒、柯梅酒、黍米法酒、当粱法酒、秔米法酒、三九法酒等。当时已有了葡萄酒，太武帝拓跋焘留以此为礼物，馈赠给刘宋王朝。上述酒的酿造工序大致以酿造时间、配料、曲的不同而有区别。如酿白醪酒，首先必须把麦曲洗净、晒干、粉碎、过筛，淘净糯米，再用鱼眼沸汤浸泡、蒸煮、摊冷，其次再把两者装入瓮中，再进行搅拌、保温、过滤酒液、酘饭等十几道工序，最后才能酿制成酒。

这一时期的贵州粮食较为充裕，有条件酿酒，“婚姻以牛酒为聘”。这也说明牂牁地区的人们，习以饮酒为乐，酿酒也成了普遍的家庭手工业。

5. *丹砂*

呈液体状态的金属——水银，在先秦时代就已为人们所发现和使用。《史记·秦始皇本纪》记载，秦始皇在营建他的陵墓时，“以水银为百川、江河、大海”，可见当时水银的生产已有相当规模。汉代已经有用丹砂炼汞的记载。由于丹砂（HgS）有升华、还原等特殊的物理和化学性质，引起了炼丹家的极大重视，成为炼丹活动中的主要药物。在《周易参同契》中就总结前人经验，记载有“汞白为流珠”，说明汞不易黏附其他物质，会形成汞珠到处流转，并且知道了汞的挥发性能，“得火则飞，不见埃尘”。魏伯阳还利用汞能与铅组成铅汞齐，来固定水银这种不易控制的性能。可能是晋以前成书的《三十六水法》，记述有溶解 34 种矿物和 2 种非矿物的 54 个方子。《抱朴子内篇·金丹篇》中也有类似的记载，从这些方子中可以看到，当时已知利用消石（硝酸钾）和醋的混合液来溶解金属或矿物。其中尤其突出的是溶解黄金的方法。黄金是一种性质很不活泼的金属，熔点高，不易与其他元素化合，即使是现代溶解黄金的方法也不是很多。但在《抱朴子内篇·金丹篇》中已有“金液方”，其中主要的药物叫“玄明龙膏”，这一名称可代表水银，也可代表覆盆子，覆盆子未成熟的果实中含有氢氰酸，而水银和氢氰酸均可溶解黄金。

炼丹家在从丹砂中提取汞时，又发现了汞能与硫黄相化合而还原成丹砂的事实。对此，魏伯阳在《周易参同契》中曾描述了水银容易挥发，容易和硫黄化合的特性，以及其在丹鼎中升华后“赫然还为丹”的过程。而葛洪在《抱朴子内篇·金丹篇》中则用更概括的语言说：“丹砂烧之成水银，积变又还成丹砂。”丹砂即硫化汞，呈红色，经过煅烧，硫被氧化而成二氧化硫，分离出金属汞，再使汞与硫黄化合，生成黑色硫化汞，经升华即得红色硫化汞的结晶。这种人造的红色硫化汞可能是人类最早通过化学方法制成的产品之一。从贡品有麸金、丹砂等来看，唐代思州、溱州、奖州、锦州等地都是丹砂主要的产地，有的还提炼成水银以供皇室。

四、交通与科技文化交流

隋、唐时期，贵州交通得到进一步的开辟。隋开皇四年（584 年）益州法曹黄荣率领数千人整修石门道，自戎州（四川宜宾）经鲁望（贵州威宁境）到宁州。唐武德四年（621 年），由于行军需要，恢复了由黔州（今四川彭水）经今贵州黔东地区的辰州道。贞观十三年（639 年）渝州人侯弘仁开辟由牂牁入邕州的道路，即牂牁道。大中十三年（859 年）南诏攻播州，就是由这条道路从邕州经毋敛（今贵州独山、荔波一带），由牂牁地区，直取播州。唐设务州、费州以后，乌江航运可通过龚滩而达务州、费州，故以四川彭水为中心，设都督府于此。据《元和郡县志》卷三十载，黔州至各州的里程如下：黔州西北行至长安 3650 里（陆路）；西南至夷州 580 里（陆路）；东南至思州 280 里（水路）；西南至播州 800 里（陆路）；西南至溱州 1300 里（陆路）；另外载有南州至溱州 370 里（陆路）；费州至思州 400 里（水路）；费州至充州 190 里（陆路）。

随着道路的开辟，郡县的设置，官吏的派遣，兵丁的屯戍，各民族朝贡使节的往来，移民的增多，中原文化逐步向贵州腹地渗透。[1] 1965 年年底至 1966 年在平坝马场附近发掘唐墓 3 座，其中砖室墓 1 座“具有中原地区唐代穹庐顶砖室墓风格”，且出土唐代素面铜镜。另石室墓 2 座，墓顶被毁，虽无法判明其形制结构，但墓中出土唐代的海马葡萄镜和八弧花鸟铜镜。唐朝，朝中大员被贬到今贵州任职者前后达三四十人，上至宰相、皇亲国戚，下至刺史、县令乃至宦官。这批贬官，文化素养较高，不乏贤良之士，为中原文化的传播作出了自己的贡献，所以黔北、黔东北“土俗大变，渐染华风”。

五、学校教育的发展

唐朝时期中央集权高度集中，整个社会发展较快。继汉代之后，统治者重新重视对贵州地区的治理与开发。中央王朝除了在贵州大部分地区设置羁縻州，采取“来而不弃，去而不追”的统治政策外，还于少数部分地区建有经制州（正州），并允许小藩国地方民族政权独立的存在。贵州境内经制州与羁縻州、小藩国相比，其距内地最近，与中央王朝关系最为密切。但由于贵州地处边远，又为少数民族聚居区，较之内地仍较为落后，其境内经制州通常被称为边州、化外州。

唐朝于贵州境内最多时设有思、奖、费、夷、播、溱、珍、牂、充、琰、矩、庄、应等 13 个经制州。贵州境内经制州不仅数量少，而且行政设置极不稳定。终唐之时，所置经制州或降为羁縻州，或被省废，仅保有乌江以北的思、播、费、夷、溱、奖等六州。以上各州本身也废置频繁，加之，贵州境

---

[1] 彭福荣等：《隋唐五代时期的乌江流域各民族与中央王朝之经略》，《黑龙江民族丛刊》2011 年第 1 期。

内各经制州人口稀少“通黔省户口，不及中州一大县”，[1] 皆为下州。从社会经济基础来看，原被省废之各州，或“随畜牧迁徙亡常”，或“宜五谷，为畲田，岁一易之”。所存之六州，仍处于无城郭、无徭役、刻木为契的落后阶段。除此之外，唐代地方官学是委托地方官兼管，地方官学的发展还主要取决于地方官的积极性。贵州境内经制州废置无常，流官时有时无。即便有流官，却也“职不常守”。而且贵州地处蛮荒，官员多不到任，普遍缺员，或以土人补任。朝廷于总章二年（669 年），开始规定黔中、岭南、闽中等州县县官可以以土人担任，或由被贬之人充任。被贬官员其任职更不稳定，且皆为官场失意之人，来之荒服，难施政绩。如“遵义一带地域，在‘隋末唐初，开山峒、招豪长，始稍稍木刊棘剪矣；柳、刘有兴化才，而未果至其地’。虽然社会秩序稍为安定，经济也有所发展，终因缺乏柳宗元、刘禹锡这样的‘兴化才’来此作官，致使文教无由兴起”。[2] 又唐僖宗年间，杨端（一说太原人；一说四川泸州人）入播，抵抗南诏北上，保境有功，准领播州，予以世袭，开贵州经制州行政长官世袭之首。杨氏于播，除初期忙于抗击南诏，此外，长期与罗闽（水西）争斗。从杨来后，播州又分为上下两州，骨肉相残，至北宋结束仍未停止，社会极不安定。由于上述之原因，虽然唐开国不久，高祖曾下令各州、县、乡设置学校。后又规定，“天下州县，每乡之内，各里置一学，仍择师资，令其教授”，“许百姓任立私学”，[3] 然唐代贵州却未兴学。时有播州绥阳人赵练士，读书于距家二百余里的南州之治所四川綦江（按《遵义府志》所考，唐代绥阳为播州州治）。[4]

唐末五代之时，朝代更迭频繁，军阀混战与分裂割据不休。《宋史·蛮夷三》载，贵州于“唐季之乱，蛮酋分据其地，自署为刺史”。贵州境内经制州虽未废弃，却如同虚设。中央王朝对其控制仅为遥领，各州实际上处于土著地方势力的掌握之中。北宋太平兴国五年后，各州先后降为羁縻州。如《遵义府志·建置》曰：“《元丰志》所载化外州中，夔州路亦列思、费、播、夷、充、庄、琰及奖州所改之业州、珍州所改之西高州，凡十州。……朝廷亦仅知为唐之旧地，虚存隶黔（州）之籍，时时存问之耳，不可与各路州县论也。”大观以后，播、思二州及原唐之珍州大骆解上下族帅献土内附，复建为经制州。各州受中央王朝之约束，耗中央政府之费用。但由于各州实为“瘠卤不毛地”，置州费用转嫁于巴蜀。宣和年间，除珍州外，相继被废。

---

[1] 《遵义府志·户口》，第 361 页。

[2] 黄万机：《客籍文人与贵州文化》，贵州人民出版社 1992 年版，第 48 页。

[3] 万军杰：《试析唐代的乡里村学》，《史学月刊》2003 年第 5 期。

[4] 《遵义府志·方伎》，第 1170 页。

第三节　宋辽金元时期科学技术的高度发展（960～1368年）

公元960年，宋太祖赵匡胤推翻后周，建立宋朝，结束了五代十国历时几十年的封建割据局面。这是历史上的所谓北宋。1121年，汴京（又称东京城，今河南开封）被金人攻破，宋王室迁向东南，并建都临安（今浙江杭州），建立起了南宋王朝。宋朝统治时期，契丹、党项、女真等少数民族的统治者，曾分别在我国北方建立了辽、西夏和金政权。他们相互之间，以及与宋王朝之间虽然进行了频繁的战争，但在战争的间歇，不论南方或北方，也都出现过相对稳定的时期。因此社会生产得以恢复和发展，科学技术也随之进步。

一、宋辽金元时期贵州的社会

两宋时期，贵州仍沿袭唐代旧制，实行“经制州、羁縻州和藩国并存”。宋代对今贵州的控制比之唐代更为松弛，当时，贵州大部分地区属夔州路，正州甚少，绝大部分属羁縻州。夔州路辖地大体与唐代黔中道相当，治所在夔州（四川奉节），与今贵州有直接关系的仅思、播二州及绍庆府、南平军。在宋代，西南各民族都有较大进步，有一部分在封建化过程中逐步建立民族政权，当时被称为“藩国”。贵州西部，地近大理，彝族曾建立一些政权，著名的如罗氏鬼国、罗殿国、自杞国；此外，还有乌撒、毗那、石人九部落、西南七姓蕃等。由于北方边患不绝，北宋统治者始终抱定“北有大敌，不遑远略”的方针，对西南少数民族诸多防范，唯恐再生事端，采取羁縻政策，以求相安无事。宋王朝建立后，对贵州各族大姓采取招徕政策，只要纳土归附，即给予高官厚禄，重加赏赐。北宋时，贵州各族大姓中，以南宁州龙氏最为活跃。龙氏自太祖乾德以来即率先归附，屡受封赐。由于朝廷重视，南宁州龙氏盛极一时，成为黔南一大望族。与龙氏同时进奉的还有顺化等九部落。在今黔南又出现了“西南五姓蕃”，与宋王朝保持友好关系。“部族皆一姓，虽各有君长，而风俗略同”，大抵皆属布依族先民。有龙蕃、方蕃、张蕃、石蕃、罗蕃，号称“五姓蕃”。后程蕃、韦蕃皆比附五姓朝贡，号“西南七蕃”。

蒙古灭金以后，与南宋开始正面冲突。窝阔台汗感到攻灭南宋非短期所能实现，决定采取迂回包抄的战略方针，把进攻重点指向西南的大理，取其兵源给养，在南方建立根据地，然后对南宋进行南北夹击。端平三年（1236年）秋，蒙古军50万大举进攻四川。蒙军占领成都后分兵四出，全蜀五十四州俱陷，独夔州一路及泸、果、合数州仅存。理宗嘉熙四年（1240年），宋朝调孟珙为四川宣抚司兼知夔州，到任后立即遣使招谕思、播、施、黔等州，借助土官势力，结成抵抗蒙军的一道防线。淳祐十二年（1252年），蒙哥即大汗位，全力打通四川，进军云南。宝祐元年（1253年）忽必烈分兵三路以进，亲领大军过大渡河，渡过金沙江，直逼大理。军至姚州（今云南姚安）后，忽必烈即率亲兵北归，转战襄阳，而以兀良合台为主将，继续经略云南。忽必烈往复穿越四川，形成夹击之势。四川大为震恐，思州、播州土官田、杨二氏，皆出兵助蜀抗击蒙军。兀良合台主持云南军务，与段氏"同安辑大理"。宝祐四年（1256年），云南大部分为蒙军所占，形势危及贵州。中统四年（1263年），忽必烈再次统一蒙古，建都燕京，改年号为"至元"。至元八年（1271年），忽必烈改国号为"大元"，正式建立元朝，并将燕京改名"大都"。此时大理已经平定，成为元军略取西南的大本营，于是改变攻宋的战略重点，派大军直逼襄阳，取湖广以为前沿阵地，然后顺江东下，对南宋发起全面进攻。在此期间，云南行省积极扩大战果，出兵略取贵州、广西，而湖广方面则以潭州行省招谕西南番各部，贵州各土官见大势已定，纷纷归附于元。两宋时期，今贵州境内各地社会经济发展不平衡，加之受邻近地区影响不同，区域性差异明显。黔北的思州和播州，地近经济发达的四川、湖广，开发进程较快。当时的思、播"风俗同中"，生产状况与川东相近，地主经济有所发展，故列为经制州。

元统一天下以后，贵州为湖广、四川、云南三行省的毗连之地，遇有重大兵事，三省同时出兵，军事活动极其频繁。住在今贵州普安、盘县、兴仁一带的于矢部，原为黑爨三十七部之一，与南诏、大理有较深的历史渊源关系，故蒙古军进入曲靖地区以后，即随三十七部归附蒙古，建立了于矢万户府，成为贵州最早脱离南宋的一部分。自杞位于黔西南一隅，由于地理位置重要，蒙军平定大理后首先进占自杞，从而成为蒙古军进攻贵州、广西的前沿阵地。为了军事上的需要，蒙军在自杞一带修筑道路，在沿江一带操练兵马、缚筏准备渡江，一切准备就绪之后，即攻打罗殿和莫大王路（广西南丹）。罗殿国地控黔中，元军占领后改为普定路，隶云南行省。乌撒地控滇、黔及四川咽喉，且与东川、芒部、永宁、水西等彝族政权连成一片，蒙古军进入云南以后"累招不降"。及至元朝建立，四川的元军四出进攻，乌撒势孤，遂于至元十年（1273年）归附元朝，建立乌撒路，直接威胁罗氏鬼国。

罗氏鬼国是彝族阿者部所建立的政权，其地在鸭池河以西。大军压境，罗氏鬼国无法与元军抗衡，至元十六年（1279 年）七月“罗氏等国来附”。至元十七年（1280 年）初，罗氏举兵复反，致使“思、播道路不通”。至元十九年（1282 年），蒙古带征罗氏鬼国，罗氏鬼国主亲赴播州纳款，“立三路达鲁花赤，留军镇守”，二十年（1283 年）七月立亦溪不薛宣慰司。至元十四年（1277 年），元军大举入川，思州田景贤、播州杨邦宪两安抚使降，乌江以北一片为元军控制。元军占领襄阳之后，建立潭州行省，后改为湖广行省。至元十六年（1279 年），潭州行省遣两淮招讨司经历刘继昌招降西南诸番，建立大龙、小龙、卧龙、金石、程番、方番、卢番、罗番、洪番等九安抚司，并立八番宣慰司以镇之。至元十九年（1282 年），亦溪不薛降而复反，置顺元等路军民宣慰司，以速哥为宣慰使，经营诸蛮。次年，四川行省讨平九溪十八洞，遂有管番民总管府之设。至元二十九年（1292 年），合八番、顺元二宣慰司为一，并设都元帅府，改称八番顺元等处宣慰司都元帅府。至此，贵州基本纳入元的统治。

随蒙古军从云南进入贵州的有来自西北的“色目人”，他们是回族的先民，住在贵州西部，有的为官、为军，有的屯田、经商。随之而来的还有在大理征发的“寸白军”（白族），住在黔西北地区。元将贵州纳入行省并推行土司制度。元代实行中央集权政治，权力高度集中，其总理政务者为中书省。因地域辽阔，中书省难于处理各种政务，于是在各大片区设立行中书省，代行中书省职权，遂有“行省”的设置。行省的设置在中国政治制度史上具有重要意义，它标志着中央对地方控制的进一步加强。行省之下设路，路统府、州、县。为了协助行省统领路府、州、县，于行省与路之间增设各道，在边地则设宣慰司或宣抚司，掌军民之务。由于西南地区民族众多，社会经济状况复杂，不宜按内地方法治理，于是在行省的统辖之下，在少数民族聚居区推行土司制度。土司的特点是“以土官治土民”，在不妨碍封建社会秩序，不影响国家统一的前提下，允许土官因地制宜，通过土官管理本民族事务，并不改变原先的社会经济体系。土官被纳入封建官制后，按其地域广狭、人口多寡、势力强弱，分别设置宣慰司、宣抚司、安抚司、长官司及蛮夷长官司，因其以土人为官，故称“土司”。贵州为湖广、四川、云南三省边缘的结合部，土司特别密集，除上述宣慰司、安抚司外，尚有三百多处蛮夷长官司，是西南的一个重要土司区。

二、农业生产技术

1. 茶叶

到了宋代，贵州有了向封建王朝进贡茶叶的记载。据宋乐史（930～1007年）撰写的《太平寰宇记》江南西道载有："夷州、播州土产制的黄茶，思州土产茶。"这是贵州有贡茶的开始。据《全蜀艺文志》北宋文学家黄庭坚（1045～1105年）答从圣使君云："此邦茶乃可饮，但去城或数日，土人不善制造，焙多带烟耳，不然亦殊佳。今往黔州都濡在刘氏贡炮也，味殊厚。恨此方难得真好事者耳。"

到了南宋，朝廷急需用马，《宋史·食货志》记有："南渡以来，文、黎、珍、叙、南平、长宁、阶和凡八场……绍兴二十四年复黎州及雅州灵西岩马场。"珍即今贵州桐梓。以上说明，贵州在宋代已有饼茶进贡，且在桐梓、遵义等处设置茶马交易场。

元代九十年间，贵州为八番顺元之地。马端临《文献通考》："黔阳、源陵、后溪产都濡高株。"都濡即今贵州务川，高株就是现在的务川大树茶。

2. 养马

马在古代战争中是不可缺少的，历代封建王朝无不重视马政，宋与辽、西夏、金、元的长期战争必须大量用马。《宋史·兵志》说："然北方有事，而马政亦急矣！"北宋买马多在北方，专招吐蕃、回纥、党项之马，谓之"西马"。自赵明德踞河西以后，北方马市多废，马道梗阻，朝廷以乏马为忧，不得已而开南方马市。起初在四川买马，先后在黎、雅、嘉、茂、文、龙、威、泸、叙、夔等州及永康、长宁、南平军等地设置马场，以黎、雅、泸、叙为中心。

地处黔西北的罗氏鬼国，与泸州邻近，常于泸、叙售马。《续资治通鉴》载，罗氏鬼国主乞弟及其子阿永自北宋神宗元丰间即开始在泸州卖马，从者竟多达二千余人，换回大量银两、缯帛和食盐。播州地近南平军，其地所产马匹，多售予南平军。今贵州大部分地区均属夔州路绍庆府所管，思州等地的马大部分在夔州出售。宋室南渡后，北方马道断绝，"西马"罕至而"川马"不足，朝廷求马甚切，又开广西马市。高宗建炎末，在广西横山寨、宜州、宾州、邕州等处设场交易，时人谓之"广马"。其实，"广马"并非广西所产。周去非《岭外代答·经略司买马》说："产马之国，曰大理、自杞、特磨道、罗殿、毗那、罗孔、谢蕃、滕蕃等，每岁冬以马叩边。"《宋会要辑稿·买马》说："广西买发纲马，多是西南诸蕃、罗殿、自杞诸国。"上述各处，除大理、特磨道在云南外，其余各处均在今贵州境内。云南是西南最大的产马地，向来以名马著称，而宋代的“大理马”尤其著名。贵州也产马，如“乌蒙马”“水西马”等，但马不如大理多，也不如大理马精良，于是自杞等国从大理贩马转输到广西。《岭外代答》亦说：“南方诸蛮马，皆出自大理国，罗殿、自杞、特磨岁以马来，皆贩之于大理者。”南宋急需用马，而大理马多且精，但却苦于不能直接成交，必须通过罗殿、自杞、毗那诸国。山重水复、路途遥远固然是一个原因，但主要是因为宋朝鉴于南诏的历史教训，对大理尤其防范。影响大理马直接进入广西的另一原因是西南地区复杂的政治局面。当时，西南各地，部族林立，各自为政，互不相属，自杞、罗殿、毗那、特磨道等横亘在买马路上，自杞控其北，特磨扼其南，挡住大理门户。当时特殊的历史条件，使罗殿、自杞诸国成为买马路上的重要转运站。

与北方和西北买马不同，因南方盛产茶叶，故购买“川马”和“广马”不行“茶马贸易”，而是用金银、食盐、锦缯与之贸易。《玉海·马政》说：“横山寨博马场之利，以银、盐、缯、锦相兼而行。”南方的买马活动，是在当时的历史条件下，内地和边疆保持政治联系和经济、文化交流的一种特殊形式。首先，在南宋与金、元的抗衡中，北方马源全为金、元垄断，所需战马、驮马主要靠南方补给，倘若没有“川马”和“广马”，南宋的马源是很难解决的。其次，通过买马活动，加强了宋朝廷与西南各民族的友好合作关系，密切了内地与边疆的交往，始终保持着一个安定的后方。最后，在买马过程中，西南各地进行了广泛的经济、文化交流，成都的锦、缯，四川、广东的食盐以及内地的日用必需品源源进入少数民族地区，而少数民族地区的物资也不断流向内地，把西南各地连成一片。值得注意的是，每次卖马，都伴随着成群结队的人，携带着大批土特产而去，实际上是若干大队的马帮。卖马使贵州进入了全国市场，促进了贵州经济的发展。

由于自然条件及开发历史等因素的影响，贵州地区的农业经济在元代仍不甚发达。虽然乌撒路等地也有一些屯田区，但贵州境内其他地区因为“山菁险恶”，种植业仍处于“芟林布种”[1]的原始刀耕火种阶段，“俗以射猎山伐为业”，[2]农业不发达，畜牧经济占相当优势。这些地区的瑶、苗等少数民族善于畜牧，养畜的马匹在元代也颇享盛名。元朝政府曾经在贵州地区设置过亦奚不薛国家监牧区，与云南一起并为14道监牧区之一。[3]据考证，亦奚

---

[1] 《元一统志》卷10《思州军民宣抚司风俗形势》。
[2] 《元一统志》卷10《播州军民安抚司风俗形势》。
[3] 《元史》卷100《兵志·马政》。

不薛即水西之意，大致在鸭池河（乌江）之西今贵州大方一带。[1] 不过八番（今贵阳以南地区）、顺元（今贵阳以北地区）的畜牧经济也十分发达，估计元代所谓的“亦奚不薛”监牧区当包括八番、顺元两地在内。除了官牧以外，亦奚不薛等地的少数民族也畜养有大量的马匹，如元成宗大德五年（1301年）元军征讨八百媳妇地区时，曾经过八番、顺元地区，强令八番水西（今贵州黔西）土官蛇节出马3000匹，[2] 顺元雍真、葛蛮等部出马100匹，[3] 征调军马的数目也是十分可观的。这些事实均表明，贵州地区的畜牧经济相当兴盛、畜牧技术日益进步。

三、手工业技术

1. 纺织

贵州的少数民族，素以“男耕女织”著称，长于纺织。东汉以后，今黔东南州东部和铜仁地区东部都属于“五溪蛮”地区。魏晋以降，中原汉族人大量徙居于此，并且在唐宋之际建立了封建主义的大姓统治，从社会形态上首先突破了民族部落经济的藩篱。众多的外来人口必然按照他们的生活方式，首先为解决衣着问题而进行棉纺织的生产。黔东地区接壤川湘桂，拥有富饶的林木资源和便利的航运条件，其中一衣带水，经济关系最为密切的湖南，便是棉纺织的早期发达区。唐宋时期，省外商人已有以纱布换取木材者，黔东一带土质宜棉，如镇远、天柱、锦屏、施秉、铜仁、思南、印江、德江以及榕江、从江等县后来都是省内主要产棉县。

根据《溪蛮丛笑》的记述，唐宋时期，黔东一带的少数民族先民已学会以木本植物纤维纺纱织布，其木“桑味苦，叶小分三叉，蚕所不食，仡佬皮绩布，系之于腰”，“经纬回环，通不过丈余，名圈布”。其后以棉、麻织成的竹布、葛布、斑布等相继出现，随之而来的是“点蜡幔”技术的创新。点蜡幔的方法是：“溪洞爱铜鼓甚于金玉，模取鼓纹，以蜡刻板，印布入靛，浸渍染，名点蜡幔”，即“先用蜡绘于布而后染之，既染，去蜡则花现”。蜡染工艺的成就，标志着棉纺织品种质量的飞跃。如果说在此以后的宋元时期，其他地区始“能利用本地所产的葛麻、茅花等植物，编织成各种葛布、斑布、茅毛被以备自用”，则黔东地区先此一步是可以肯定的。

---

[1] 参见方国瑜：《中国西南历史地理考释》下册第六篇《元、明、清时期云南省地理考释》，中华书局1987年版。

[2] 《元史》卷136《哈剌哈孙传》。

[3] 《招捕录》宋隆济条。

由此发展到宋代中期，“安州岑氏有户三万二千，向封建王朝岁输布三千匹；元朝时期，八番韦氏有户二万余，向封建王朝岁输布二千五百匹为租入”。以土布为课实对象，足见此时的黔中地区已经是棉纺织的密集区域。

2. 刺绣

宋代的欣赏性画绣可以逼真地仿摹名人书画，尤其是工笔画，是宋代欣赏性画绣艺术的主流。当时许多刺绣艺人都以仿摹书画名家的作品为能事，惟妙惟肖，观赏性有的甚至超过原画作。董其昌《筠清轩秘录》载：“宋人之绣，针线细密，用绒止一二丝，用针如发细者为之，设色精妙，光彩射目，山水分远近之趣，楼阁得深邃之体，人物具瞻眺生动之情，花鸟极绰约嚵唼之态，佳者较画更胜。”高廉《燕间清赏笺》载：“宋人绣画山水人物楼台花鸟，针对细密不漏边缝，设色开染较画更佳。”宋代画绣的技艺达到了无与伦比的高峰。刺绣仿摹书画对刺绣工艺要求极高，极大地促进了刺绣技术向针法细密和用色多层次的方向发展，故而宋代刺绣在技法上已经拓展出明、清刺绣中的几乎所有针法。同时，“宋代以写实为基础的纹样造型，对明清两代的工艺美术具有重大的影响”。[1] 但由于其依附于书画艺术，主流宋绣的技艺虽高，却违背了刺绣的独立性和原创性，使中国主流刺绣的艺术价值产生了变异。由于宋绣对于明清刺绣影响深远，这种攀摹书画的风气使后世中国主流观赏刺绣的艺术风格与宋代以前迥然不同。这种现象的出现，是由于宋代尊儒厚文，儒家文人在很大程度上控制了整个社会的话语权，并把士大夫书画的审美观强加于其他各项艺术，使各种不同种类艺术的审美观单一化、中心化，从而削弱了多元性。中国主流刺绣艺术风格的演变，其实是中国古代封建社会中央集权化的一个侧影，更体现出贵州民间刺绣古朴斑斓的独特价值。

元代统治阶级大量使用刺绣，朝廷在大都人匠总管府设有绣局，所辖绣工数以千计，实行奴隶制生产方式，专造皇室百官所用刺绣，其官服分为九等，多用刺绣加工，连皇帝的部分诏书为表庄重也用刺绣绣成，这倒是“别有一新”。元代刺绣兼用于生活实用品、观赏品和宗教物件上，流行刺绣以用金用银为贵，但朝廷严禁民间刺绣使用金线，禁止民间使用红白闪紫、迎霜合、椎冠紫、柳芳绿、胭脂红等颜色，还禁止民间绣织日月凤凰、五爪龙、四爪龙等花纹图案。元至正二十六年（1366 年）刺绣的 10752 字《妙法莲华经》卷，首尾均绣有佛像和护法，不仅所用针法繁复，所用色彩多达 14 种，还大量使用了金线、金箔、泥金等，被公认为元绣之珍品。元代刺绣艺术风

[1] 详见黄能馥：《中国美术全集·工艺美术编·印染织绣》（上），文物出版社 1985 年版。

格粗犷沿袭宋代画绣合一，用色绝雅，但工艺水平却不及宋绣精湛。《清秘藏》有云："元人用绒稍粗，落针不密，间用墨描眉目，不复宋人精工矣！"究其原因有三：一是元代统治者穷兵黩武，使整个社会生产力大为倒退；二是元代朝廷对刺绣需求量极大，绣工日夜赶制也难以完成，从而影响了质量；三是元朝完全剥夺了包括绣工在内的所有手工艺匠人的人身自由，将他们变为工奴，关禁在官办匠局内强迫做工。这种做法既剥夺了绣工们的人身自由，也限制了他们艺术创作中的自由、愉悦和成就感，必然导致元绣技术和艺术水平难有发展，这是元绣不及宋绣技艺精湛的最重要原因。

元代刺绣艺术其实是中国古代封建社会高度等级化的侧影。元朝在现今贵州等少数民族地区册封了不少土司，这些土司的官服主要是用刺绣来装饰的。

3. 芦笙

芦笙，又称葫芦笙或瓢笙，是苗瑶民族的一大杰作。芦笙起源很早，并在苗瑶民族中广泛流传，北宋时曾赴京演出，轰动一时，故《宋史》载："至道元年，其王龙汉璓遣其使龙光进，率西南牂牁诸蛮来贡方物……上因令作本国歌舞。一人吹瓢笙如蚊蚋声；良久数十辈连袂宛转而舞，以足顿地为节。询其曲，则名曰'水曲'。"可见苗族擅长芦笙舞，已有长久的历史。苗族少年从七八岁起就开始学吹芦笙。年龄较长后，每年参加农闲季节各寨举行的歌舞盛会，如：旧历八月中旬"吃新"吹芦笙两天；旧历十月"牛打架"吹芦笙三天；旧历十一月"吃新米年"吹芦笙；旧历十一月中旬过"第二个年"吹芦笙三天三夜；旧历十二月底过"第三个年"吹芦笙到正月十五。其他如立房子、结婚、"吃牯脏"、老人过世，要吹芦笙一天到三天不等。节日到来时，远延数十里的芦笙队汇集，比芦笙、赛唱歌，通宵达旦，是苗族青年男女最欢乐的时刻。著名的芦笙手到处受人爱戴，被认为是有学问的、聪明的人，是本家族和本村寨的光荣。他们可以走到哪里吹到哪里，接受群众的款待。

芦笙的制作，《溪蛮丛笑》《岭外代答》及《黔书》皆有记载，笙由六根竹管组成，长短相配，插于圆匏之中，借以产生共鸣，簧片用铜片制作，恒用火炙，吹奏起来，"一呼一吸，声若驾鹅之嘹汉"。据目前收集到的资料，有五管、六管、八管芦笙三种，其中以六管芦笙较为普遍。芦笙主要是用来作舞蹈伴奏乐器，或用它谈情说爱。其次是在祭祖、结婚、立房送葬等情况下用来吹奏札乐或哀乐。芦笙音乐节奏自由，旋律变化较多，常带有杂技性技巧（如翻跟斗、立高桩、快速旋转等），多支合奏，以气势雄伟、旋律优美见长。

苗语叫芦笙为"给""嘎"或"杆"，其制作工艺十分考究。一般的芦笙，都有一个木制的音斗（笙身），在音斗内插有数根长短不一而粗细大体相同（有的不同）的竹管（一般有6管，多的有12管，甚至有24管的），好像一个特大的烟斗。竹管内装有铜簧片，靠近音斗的竹管外侧均开有小孔，吹奏时用手指按小孔，即可发出清脆悦耳的乐音。芦笙分大、中、小、特小4种样式，大的高达丈余，小的只有数寸。制成后的芦笙，用桐油或清漆涂抹，呈金黄色。

作为吹奏乐器，芦笙有着不同的演奏法，有时吹奏者边吹边舞，舞姿轻盈欢快；有时甚至头手倒立或翻着筋斗吹奏，动作惊险骇人；有时由两个吹笙者对跳，众人围成大圆圈相随起舞；有时芦笙只作伴奏用，众人围成大圆圈按照芦笙乐曲的变化和吹笙者的指挥，变换队形和动作，整个舞蹈和谐自然。

关于芦笙，苗族有这样一个美丽的传说：

从前有一个苗家村寨遇到老鹰的袭击，村子里的鸡、鸭一只只都被老鹰叼走了。猎手茂沙知道情况后，用箭射死了老鹰。全寨子的乡亲们欢天喜地，感谢这位英俊的青年猎手。寨子里最美丽的姑娘榜确，打扮起来比孔雀还美丽三分，她认识了青年猎手茂沙，并深深地爱上了他。不幸，美丽的榜确被一只白野鸡叼走了，白野鸡把榜确藏在一个山洞里，全寨子的人都找不到她。有一天，茂沙来到一片丛林中，伐木人告诉他森林里有白野鸡，每天夜里三更时分叫得可怕，同时，还隐隐约约地听到女人的哭声。茂沙听了以后，心里盘算着要除掉这个害人的精怪。他藏在森林里，到三更时分，果然飞来一只白野鸡，同时还传来一个姑娘的哭声。茂沙等到快天亮时，一箭射去，射死了白野鸡，他从白野鸡身上拔下一根羽毛来插在头上，就离开森林到别处去了。白野鸡被杀死以后，那个哭泣的姑娘获救了。原来，她正是美丽的榜确。榜确知道是茂沙救了他，更一心爱着茂沙。为了找寻茂沙，她想尽了一切办法，但终杳无音信。最后，榜确的父亲说："我们跳起舞，唱起歌，把四方寨子上的人都请来、引来，还怕茂沙不来吗？"他教人们采来竹子做成芦笙，把四面八方的人都引来唱歌、跳舞，跳了九天九夜，榜确终于在人丛里发现一个头上插着白野鸡毛的青年，他就是勇敢的茂沙。榜确的父亲把茂沙请到了家里，最后茂沙与榜确结成了夫妻。后来，每年这时候，苗族人民都吹起芦笙，跳起芦笙舞，以示纪念。

此外，苗族是我国最早种植水稻的民族之一，芦笙的起源和发展与水稻有着直接的和密切的关系。

苗族芦笙最初的雏形是禾秆笛，苗语叫做“东勾”，用一根较粗的生禾秆（一头有节）制作，在离节 2～3 厘米处开一个发音舌片，又在秆子的下半段开四个音孔，加上筒音共得五律，吹奏时用手指在音孔上一按一起，禾秆笛就能发出美妙、动听的音调（音孔开在笛秆的下半段才发出音，如开在离发音舌片近处就不会响，只有用手指按住才会响的这一原理，为后来制作芦笙时每条秆子上开个按孔打下基础）。每年秋收时节，面对金黄的田野，丰硕的果实，苗族人民在田间吹奏这种笛子来抒发他们内心的喜悦。苗族俗语云：“奈新劳呀堵，咧阿东勾超”，意译为：稻熟来养人，秆子做笛吹。

禾秆笛的发明给苗族人民带来欢乐。但它受季节限制，容易枯萎，不能长期使用，这就使苗族人民进行了新的探索。苗族居住周围是山川河岸，竹子成林，竹子的节与禾秆相似，而且比禾秆大而长，能保持较长的时间，制作时也不受季节的限制。于是用生竹子取代禾秆制成了竹秆笛即竹制苗笛，苗语：“动林都。”竹制苗笛较经耐用，音量比禾秆笛大，又保留了禾秆笛的音色，各方面都比禾秆笛前进了一步。至此，竹制苗笛形制已基本固定，后来换上铜片作簧，发展成今日的苗笛。在苗族民间中至今还流传着一首古老的歌谣：“山杭兜稿劳，温杭兜稿劳，咪骆构央咪，爸骆构央咪，怒呀唆奈党，动林呷东勾劳，东勾国哩哩，动林姆呀习。”意译为：千物有源，万物有根，奶奶也有妈，爷爷也有妈，禾把源于谷种，苗笛根于禾秆笛，禾秆笛响哩哩，苗笛用来伴苗歌。这首苗族歌谣已很充分地讲明了禾秆笛与苗笛密切的关系，苗族人民很早就用这种笛子来伴奏苗歌了。

在使用竹制苗笛的过程中，苗族人民经过不断的探索又发明了微型地筒，他们把只有一个单音（筒音）的竹制苗笛放入一个一头有节的竹筒里吹奏，由于竹筒引起的共鸣，产生同频共振，音量大增，声音的传送能力大大加强，在山这边吹奏，山那边都可听见，这种微型地筒苗语称为“动嘟哒哒”。它的缺点是，只有一个音，显得单调，不能制造热烈的气氛，难以满足苗族人民用于庆典隆重的热烈场面的需要。于是有人把半节竹筒当斗子，在上面开三五个眼，把音高不同的小“动嘟哒哒”插成一排，再在每条秆子上开个按孔，吹奏的时候手指一按即响。当把两个或两个以上的“切嘟哒哒”同时按上时，就有两个或两个以上的音同时发响，产生简单而洪亮的和音。效果比单把“动嘟哒哒”好，而且各音组合随心所欲，极为自由，灵活多变，可以奏出优美动听的曲调，这就是最早形成的简陋的竹制芦笙。直至现在，民间制作芦笙的工匠，每人必定备有一套音高不相同的单管芦笙笛（无按孔芦笙笛），少则十根，多则数十根，每根只发一音（筒音），按调排列，以绳联串，苗语称为“怒嘎”，意为芦笙种，用于制作芦笙尺寸式样的参考和音高的标准依据。这种单管的芦笙种，其实就是没有开音孔只有一个筒音的“苗笛”，若将其开四个音孔（共发五音）即成为现在的苗笛，若将数根只有一个单音（筒音）的“苗笛”插入芦笙斗内，每根开一个按孔，加上共鸣筒则成为芦笙。

微型地筒用的是封底共鸣筒，吹奏时筒口朝上，当把它插在斗子上形成芦笙后，筒口却朝下了，声音受地面阻隔，音色沉闷，传送不远。于是人们把共鸣筒的竹节打通，形成两头空通的共鸣筒，这种共鸣筒使芦笙的响声直接传入空中，并通过空筒的共鸣和扩展，使吹奏出来的声音明亮饱满，能传到很远的空间。至此竹制芦笙在音响上得到了更进一步的完善。直至今日，在民间芦笙群里仍然使用这两种共鸣筒，其中地筒和三管芦笙（两音芦笙）使用封底式共鸣筒，高、中、低芦笙一律使用两头空通的共鸣筒。

图2－2　芦笙

但是，用竹子为材料制作的芦笙有极大的缺陷，从形制到发音舌片的制作，工艺上都是粗糙的，很难得到精确的音高，更不可能制作出高、中、低三种不同类型的芦笙。因此，那时的芦笙只是单把吹奏，不成为群体。苗族芦笙的真正飞跃是从制铜工艺的引进和使用开始的。

随着铜工艺的发展和普及，苗族的“古桑骆”用铜片制作芦笙发音舌片，用干杉木制作笙斗，用干竹子制作笙管和共鸣筒，并科学地在斗子上排列了六个不同的音杆。这种新型的芦笙吹气和吸气均能发响，坚固耐用，音色优美响亮。同时铜舌片和竹管的长短厚薄可调音的高低，这些有利条件为后来制作统一音高的同类多把芦笙和群体芦笙的高、中、低多种类型芦笙奠定了基础。由于“古桑骆”的传艺，苗族地区开始有了一支制作芦笙的工匠队伍，在他们的不断试验和努力下，芦笙进入了一个新的发展阶段，由单支发展为群体，形成了芦笙乐队。

4. 擀毡

彝人习尚披毡，用羊皮淤制而成，既可防雨，又可御寒，且便于骑射，彝语称为“察尔瓦”。《岭外代答》记云：“西南蛮地产绵羊，固宜多毡毳……昼则披，夜则卧，雨晴寒暑，未始离身。其上有核桃纹，长大而轻者为妙。”这种披毡，元明以来一直是贵州彝族的主要贡品。擀毡子简而言之就是三样工具：帘子、弓、板子。整个擀毡的工艺流程大体而言就是弹、铺、蹬三道工序，细分有上百道工序，每一道工序必须精确到位，细致把握。擀毡要经过以下主要工序：展开竹帘子，从箱子里抓出一团羊毛，再戴上手套，随着梆梆的弦声响起，羊毛不断地在帘子上下飞舞，不多时，一团裹紧的羊毛变得越来越软，越来越白，松软地平铺在帘子上。接下来程序便是铺，在整个工艺流程中，铺是一道至关重要的程序，它涉及制品的薄厚、大小以及形状等。

“风吹马尾千条线，羊毛见水一片毡。”擀毡是一项古老的技艺，擀毡技艺的祖师爷是汉朝传说的苏武。当年，汉朝派大将苏武征战匈奴，后来兵败被抓获，被迫给匈奴放羊。在放牧过程中，苏武发现拣拾来的绵羊毛一见水就会结成块状，晒干后就成了毡子，可以披在身上取暖，可以当作床垫睡觉，可以遮风挡雨，且经久耐用。20 多年的流亡生活中，苏武不断摸索，不断地试验，渐渐将擀毡技艺完善。广袤的西南地区，彝族多有喂养绵羊的习惯，几乎家家户户都喂有绵羊，但在早一些时候，只是食其羊肉，皮毛只是用来简单地御寒，羊毛没有得到很好的利用。而毡子是一件好东西，不但可以御寒防雨，且经久耐用，成了苏武的随身宝贝。后来汉朝和匈奴和解，苏武得以回朝，这门技艺也随他来到中原。后来，他把这门手艺单独传给蔡家人。

5. 矿采业

宋代，对于万山汞矿的开发就有了明确记载，宋代朱辅的《溪蛮丛笑》有如下记载，“辰砂：辰、锦砂最良。麻阳，即古锦州，旧隶辰郡。砂自折二至折十，皆颗块。佳者为箭镞，结不实者为肺砂，碎则有�趄，末则有药砂。砂出万山之崖为最，仡佬以火攻取。”周去非在《岭外代答》一书里对比了沅州（宋代万山隶属于沅州）和广西的宜州所产的朱砂，有如下表述：“今辰砂乃出沅州，其色与广西宜州所产类似，色鲜红而微紫。”据《黔志》记载：“贵州土产则水银、辰砂。”“以丹朱大者箱柜，小者筐匣，足令苏杭却步……砂生有底如白玉台，名砂床，箭头为上，墙壁次之，虽曰辰砂实生贵竹。”据《元史》记载，元初期，“沅州五寨肖雷发等每年包纳朱砂一千五百两，罗管赛每年包纳水银二千二百四十两”。上述这些记载，充分说明宋元时期万山所在的区域已经盛产朱砂和水银，并且已经受到其他地方或朝廷的关注了。

6. 辉煌灿烂的建筑技术成就

元代贵州许多地方为各级土司所统治，分别建有宣抚司、安抚司、长官司等土司衙署。元代修建的土司衙门，今存都匀洞安抚司衙署遗址、玉屏野鸡坪长官司衙署遗址、德江龙泉坪长官司衙署遗址、普定西堡长官衙署遗址、花溪白纳长官司衙署遗址。遗址上仅存部分石柱础及石台阶。元代在今贵州建有普安路、思南府，今存普安路治所遗址、思南府衙署遗址。思南府衙署建于元末，原为思南宣慰使司衙署，明永乐十一年（1413 年）建立思南府，改为府署。正统年间毁于兵，现仅残存沿街影壁，高 2 米许。

宋元时代，随着中原文化的深入传播，陆续修建寺观和书院。南宋修建的寺观，今存安顺清凉洞遗址、思南家亲殿遗址；建于元代的寺观，今存铜仁正觉寺遗址、石阡伴云寺遗址、遵义正一宫遗址。遗址上残存若干石柱础，有的还保存有石碑。遵义“大报天正一宫记”残碑记载：播州土司杨价在南宋宝庆三年（1227 年）修建“大报天正一宫”，杨文、杨邦宪、杨汉英“奉祠惟谨”，杨嘉真、杨忠彦于元统元年（1333 年）至至正六年（1346 年）“赓建是宫”。南宋绍兴年间（1131～1162 年）修建的奏塘书院，又名胜塘书院，毁于清代中叶，今遗址上散落若干条石，为省内有史迹可考的最早书院。

在沟壑纵横、溪涧遍布的贵州高原，桥梁是绝对不可缺少的交通设施。宋元时期，贵州各存一座石拱桥，即南宋播州沿边安抚使杨粟修建的俗称“高桥”的遵义普济桥，和昔日称“下塌水桥”的遵义巨济桥。南宋景定元年（1260 年）修建有六枝“拦龙桥”，早年已毁，尚存建桥摩崖石刻，阴刻彝文 589 字，除记载当地彝族“家支”历史外，着重阐明彝族头人为何要在“拦龙河”上建桥。彝文大意是：“河上乃是运输租赋必经之路，如果不在上面建好一座桥梁，虽然有显赫的官爵，创造了大业，可受到交通的梗阻，所得到的享受仍然是很微薄的呀！”

随着生产力的提高，宋元时期兴修了许多水利、道路工程，迄今尚存始建于唐宋时代的遵义“大水田”、瓮安“九龙堰”和建于元代的桐梓“松坎水堰”、石阡“千工堰”等水利设施。松坎水堰引“爬抓溪”灌溉农田数百亩，渠旁崖壁上隐约可见“大元岁癸酉，张长官开修此堰，元统元年记”摩崖石刻。元代还建渡口，修纤道，开发水上交通资源。㵲阳河畔的施秉诸葛洞纤道，始凿于元大德十一年（1307 年），北岸崖壁上刻有记载修路浚滩文字。据乾隆《镇远府志》载，大德十一年四月八日，在北岸崖壁上刻“在山形势已仁威，何必趋车占水泥。为汝碍舟呼匠者，少顷一刻即平夷”，今已严重风化，剥蚀莫辨。宋元时代所建城墙，今存宋代望谟“蛮王城”城墙遗址、松桃平头司城城墙遗址和元代桐梓鼎山城城墙遗址、紫云和弘州城城墙遗址、都匀陈蒙州城城墙遗址。多为夯土墙，也有部分石墙，因山就势修建，今仅残存墙基。

四、彝历著作《宇宙人文论》

彝族人民长期观察自然，世代积累经验，运用朴素唯物主义观总结了天文、气象知识，创造了独特的“彝历”。据彝文《宇宙人文论》等书记载，彝历先定出清浊二气循环运行轨道八条，然后按一与九、二与八、三与七、四与六、五与十、十一与十二等不同月份，测定出日月出没的时间，进而确定年界、月界，分出大月、小月，推算闰年、闰月，以十一月为岁首。书中还载有日蚀、月蚀、风、云、雷、电等自然现象及个别节气。

五、贵州教育的初步兴起

从北宋贵州经制州的特点来看，各州皆为下州，社会经济发展水平落后，“盖郡名虽给，仍为蛮夷官”。“宋中叶间设州、军，未闻有流官及播、珍、溱者，其皆土人为之可知。”“遵义自宋以来，武备始稍稍可考，而杨氏世守其间，时复家自为制”,[1]“绍兴二年复置思州，以思氏为守”。[2]各州超越了经制州“官不世袭，职不常任”之规，具有羁縻州行政长官世袭之特点，实际上仍“统其部落”，实行自治。而且，除珍州外，各州所存时间短暂，从大观至宣和年间，仅十余年。又因北宋时期，中央王朝政局未稳，疏于应付北方辽、夏、金、蒙古等少数民族政权，难以顾及对中央政权威胁较弱的贵州地区，对贵州各经制州不求深治，只求稳定，采取“因其俗而抚驭之”的政策进行统治。[3]

正是由于北宋贵州各经制州所具有的特点，及中央王朝对各州所采取的统治政策，决定了贵州各经制州本身未有兴学的基础，以儒家思想为核心，教化万民和培养人才、选拔人才以充实官吏队伍双重作用的学校教育，不可能被中央王朝作为一种政治手段在贵州推行。因此，北宋时期贵州学校教育几近空白。《遵义府志·学校一》曰：“宋初但有书院，（北宋）仁宗始诏藩镇立学，继而诏天下郡县皆立学。杨氏时守遵义，文教盖蔑如也”。“蔑”，古

---

[1] 《遵义府志·兵防》，第765页。
[2] 马瑞林：《文献通考·舆地志五》，中华书局2006年版，第39页。
[3] 翁泽红：《贵州古代学校教育从萌芽至初步兴起背景探究》，《教育文化论坛》2010年第5期。

为“少”或“无”之意，即南渡前（北宋时期）全国学校教育虽较为普及，但播州却非如此。南渡后（南宋），始有播州统治者兴学之事。

南宋时期，贵州经制州虽仍为“化外州”。但较之唐及北宋来说，行政建置稳定，部分地区社会经济有了相当的发展，文化交流扩大。在此基础上，播州（遵义）地区出现私学、土官学。至元代，随着土司制度在贵州的确立，贵州部分地区有了由中央王朝统属的地方官学，甚至个别地区有了书院。贵州古代学校教育于南宋、元代初步兴起。南宋思、播二州复置为经制州。咸淳末年（南宋晚期），珍州废，隶属播州。南宋时期，贵州境内经制州仍为“化外州”，依旧实行土官世袭，内部自治，中央王朝对各州未行教化之策。从各州与中央王朝关系来看，珍州与中央土朝仅保持朝贡的松弛关系。思、播二州与中央王朝关系较为密切：平定叛乱，镇压农民起义，抵抗地方少数民族政权的攻扰“保境为宋”，成为中央土朝巩固贵州边远地区统治的强大支持力量。但这一密切的关系也仅表现在军事活动方面常与朝廷保持一致，学校教育的产生则主要取决于各州社会基础。[1] 二州之中，珍州所置在于其地理位置的重要性，于南宋仍处于“隋所舍种川处转移，不常厥所”，“刀耕火种”的原始生产方式下。至被省废，尚未有兴学之事。南宋思州社会经济有所发展，但总的来说发展仍较为缓慢。以至在明代“弘治以前，川民不入境，大率土广人稀，村木足于林薮，渔猎易于山泽，而商贾通其盐布，时有鸡犬之盗，人皆摈而不容于乡，官司亦得因而治之”。[2] 就其学校教育来看，有关文献除了对南宋时期未隶属思州而为四川绍庆府治彭水县组成部分的沿河地区的书院有所记录外，至今在相关文献中未见任何有关南宋时期思州本土有学校教育的记载。播州在长期参与中央王朝特许的市马活动中，至南宋时，与内地文化交流逐渐扩大。领主杨选开始关注和接受中原文化，开办私塾，聘专职教师教授子弟，播州出现了私学。其子杨轼结束了杨氏上下两州“日夜相戈”的混乱局面后更加重视文化教育，读书人增多。至杨氏十二代传人杨粲时，播州进入强盛时期。

两宋时期，地方官学办学经费皆由地方政府负责，中央政府仅处于协助地位。播州社会经济的发展，为学校的创办提供了坚实的物质基础。同时，随着与中央王朝的联系日益加强及与内地文化交流的深入，播州统治者产生了对主流社会认同的积极心态。在巴蜀学校教育繁荣昌盛局面的影响下，自幼受到儒家文化熏陶的杨粲，955 年创建了播州官学，这也是文献记载的贵州有史以来的第一所官学。然播州官学非中央王朝直接兴学的结果。自宋太祖

---

[1] 翁泽红：《贵州古代学校教育从萌芽至初步兴起背景探究》，《教育文化论坛》2010 年第 5 期。

[2] （嘉靖）《思南府志·拾遗志》，第 112 页。

始，宋朝历代皆以科举作为取士的唯一正式的途径。宋代科举无论与中央官学或地方官学都是紧密联系在一起的，地方官学与中央官学直接衔接。然《遵义府志》曰："先是，设科取士未及播，杨价请于朝，岁贡士三人，冉从、周始中、周坦榜进士。"杨价乃杨粲之孙，南宋理宗时期人，而设科取士、学校升贡之法还未及播州。可见，杨粲所建之学校仅为土官所建之学，未纳入全国官学范畴，故郭子章《黔记》曰：黔之学始于元代，而非"始于宋"。

元代在唐宋羁縻州制的基础上对贵州地区实行土司统治，贵州土司势力范围被纳入统一的行政建制，分隶湖广、云南、四川三行省，土司正式成为中央王朝的官职。土司地区多有流官参与管理，土官自治权较唐宋削弱。元代统治者重武功而轻文治，但统一中原地区后，面对占人口绝大多数的汉族，为加强、巩固其统治地位，采取了"因俗而治"的基本国策。在文教政策上"尊用汉法"、兴学校，提倡儒学。随着元代中央政权对贵州统治的进一步加强，贵州土司地区比同于内地，地方官学作为维护、巩固中央王朝统治的一种手段首次推行于贵州境内。其特点主要表现为中央王朝直接派有学官或通过流官办学。因而，明朝郭子章《黔记》曰："黔之学自元始。"皇庆二年（1313年），于今贵州中部的顺元路军民安抚司治所贵阳建顺元路儒学，教授何成禄"富文学，饬容止，训迪诚恳，郡中人才勃兴"。后"又尝迁建学舍，因以故址创书院"。[1] 延祐四年（1317年），于今贵州西南部的普定路军民府安顺，判官赵将仕"立学校，明礼义，通商贾"。[2] 与此同时，黔北地区的播州学校教育也在进一步发展，杨汉英统领播州时，急教化，大治泮宫，南北士来归者众，皆量材用之"，且有了一定数量的教职人员。

---

[1] 《贵州省志·教育志》，第9页。

[2] 《贵州省志·教育志》，第9页。

第三章 明朝贵州建制与科学技术发展（1368～1644年）

社会天生具有凌驾于人们之上的权利，它给我们永远的依赖感，独有一种和我们个体不同的本性并追求其独有的目标，而且在它以我们为媒介达到其目标时并不仅因为一种物质力量，更重要的是它激发出了尊崇——一种自动地引发或抑制我们的行为的任何利弊后果的情感（精神力量），虽然它使我们感觉到的（或者这是社会作用的表现形式）是不能不让步的物质力量。

——涂尔干《宗教生活的基本形式》

明代，贵州的历史发展进入一个新的里程碑，这就是明永乐十一年（1413年），中央王朝正式设立贵州布政使司。至此，贵州正式建省，结束了元末明初贵州分别隶属于湖广、四川、云南三个行省边隅之地的局面。

明朝初年，鉴于贵州在军事上的重要地位，明朝政府加强了对贵州的控制：洪武十五年（1382年）置贵州都指挥使司，永乐十一年（1413年）置贵州布政使司，永乐十四年（1416年）置贵州按察使司。贵州的三司齐备，完整的省级建置终于形成。贵州建省过程的一个重要历史现象，就是改土归流[1]始终贯彻在建省前后和整个明王朝统治的270余年中。建省之前，贵州境内土司林立，民族关系复杂，社会经济滞后。明初既完备土司制度，将其一律纳入国家统一的官制；又不断增设卫所，驻兵屯田，成为改土归流的肇端。贵州建省是在改土归流基础上创建的，建省之后又继续改土归流，扩建府州县治。在“军政分管，土流并治”的行政建制下，改土归流的矛盾斗争一直绵延不断，直致明王朝覆灭。[2]

贵州的建省对于贵州的发展具有重大意义，在政治上，贵州的事情作为省级事项提上了中央议事日程，加强了对西南的统治和边疆的巩固；在经济

---

[1] 改土归流：是指改土司制为流官制。土司即原民族的首领，流官由中央政府委派，加强中央对西南一些少数民族聚居地区的统治。

[2] 余宏模：《略论明代贵州建省与改土设流——纪念贵州建省590周年》，《贵州民族研究》2003年第4期。

上，使贵州和中原的联系更加密切，对贵州经济的发展起到了积极的作用；在文化上，中原文化和儒学教育在贵州勃然兴起，改善了贵州的风气，促进了教育发展和人才的培养。这些都对贵州后来的发展产生了深远的影响。

第一节　农业

一、改土归流

贵州的农业生产历史悠久，源远流长。据考古发掘，两次在兴义、兴仁汉墓出土的“水塘稻田模型”[1]，极好地反映出贵州各族人民在汉朝时期的农业耕作技术和池塘养鱼情况。到了唐宋时期，境内农业已发展到“稻粟两熟”，并饲养马、鹅，畜牧业得到一定发展。

明代在贵州农业开发史上具有划时代的意义。在此270余年中，汉族人民大量迁入贵州，中原地区的优良农作物和畜禽品种及先进的生产技术、生产工具也随之传入，并在贵州迅速推广，大大促进了贵州地区的农业畜牧业生产技术的传播和利用，缩小了与中原的差距，逐步改进并部分取代了少数民族原始的农业技术，使农村面貌发生了较大的变化。“如果说，在明代以前，贵州的主要开发者是少数民族的话，那么到了明代，则已进入汉族与少数民族联合开发贵州山区的时代。产生这一历史性变化的主要条件有三：第一，贵州列为行省，纳入职方，又多次进行改土归流，土司制度由盛而衰，流官统治日益扩大，封建领主制及奴隶制、原始公有制受到猛烈冲击，日渐土崩瓦解，为地主经济的发展提供了有利条件。第二，驿道开辟和航道疏通，使贵州山区的交通面貌大为改观，过去那种全封闭的状态不复存在，与省外的联系大为加强。省内中心地区农业经济与边远山区逐渐连成一体，为农业经济的发展打开了方便之门。第三，汉族以军屯、民屯、商屯及流寓、逃荒等方式成批地进入贵州。他们以卫所屯堡、府州县城、汉族村落为基地传播中原农业技术，推广牛耕和农具，引进新的农作物品种，兴修水利，改进耕作技术，在全省和民族地区形成若干较高层次的辐射中心，有力地推动了农业生产的发展。在这里，明代的卫所和改土归流是两个不可忽视的方面，同时也是两个重要的引爆点。它们通过政治措施而引起社会变革，打破了土司统

---

[1] 水塘稻田模型：用沙泥烧制而成，一半水塘，一半稻田，田中稻禾成行点窝，块块稻田开阡陌，稻田间隔长堤，留有进出水口，通水灌田。

治的壁垒，建立起地主经济发展的根据地，改变了民族成分和民族关系，并以人为载体传播中原文化科技，从而使明代贵州农业生产获得长足的发展，农业布局亦为之一新，农耕区迅速向旧日的荒芜区扩展，杂粮和经济作物种植业在贵州农业经济中的地位日益显赫。中国封建社会发展到明代已进入晚期，人口的高速增长和经济上的繁荣同时并存，商品经济的活跃和内地人满为患交织在一起，人口迁移和土地开发应运而生，所有这些因素都直接或间接地影响到贵州农业的发展。这不但表现在明代贵州农业地理面貌具有鲜明的时代风格，而且使它更富有强烈的地域特色，从而谱写了贵州农业历史地理的新篇章。追溯出当时贵州土地的开发状况，再现明代贵州农业地理的本来面目，对于今天贵州的农业发展仍有很好的借鉴意义。"[1]

二、粮食作物的种植

农作物是农业生产的主体，无论土地开垦，还是塘陂的修筑，都是为农作物栽培服务的。贵州位于云贵高原东部，是一个多民族聚居的山区，山稠岭复，绝少平原，皆涧泉山溪，缺乏巨川广泽；处于亚热带，无霜期长，四时多雨，雨则寒，晴则暖，由于山地丘陵占本省土地面积97%以上，地貌复杂，造成地区间气候差异大，植物的垂直分异十分明显，形成立体农业特色。贵州农作物种类繁多，据弘治《贵州图经新志》、嘉靖《贵州通志》和万历《贵州通志》等书记载，谷物之属有稻、黍、麦、稷、豆、稑、稗、荞、小米等。稻有早稻、晚稻、糯稻、香稻、匾稻等品种。麦有大麦、小麦、燕麦等品种。蔬菜品种最复杂，有芥、苋、茄、芋、笋、葱、韭（即萝卜）、青菜、薤、蒜、芹、姜、蕨、白菜；油菜、莴苣、菠接（菠菜）、黄瓜、冬瓜、丝瓜、菜瓜（南瓜）、薯蓣、甜菜、豇豆、扁豆、春不老、胡萝卜、红椒等，说明园圃日渐兴起。贵州这种立体农业生产条件颇为独特，属于一种天然稳定型农业，自然灾害危害较少，保险系数较大。只要垦民能稍微利用若干传统技术，农作物的产量就会翻番上涨。但是只有到了明代，由于社会经济条件的变化，才使得贵州省农业生产的地方特色表现得淋漓尽致。无论土地利用，还是部门结构都有很大创新。

明清之际，玉米、甘薯的传入，引起了农业技术上的一次变革。玉米和甘薯原产美洲，明代中叶始传入中国，传到贵州的时间大约是明末清初。玉米的种植，大多利用山地种植，因是"垦土为陇，列植相望"，"山家岁倚之，

---

[1] 陈国生：《明代云贵川农业地理研究》，西南师范大学出版社1997年版，第133～134页。

以供半年之粮”,❶ 所以有“山坡硗确之地，宜包谷”❷ 的认识。事实上，到18世纪后半叶和19世纪前半叶，玉米已成为贵州省山区最主要的粮食作物：“玉蜀黍，俗呼包谷。……岁视此为丰歉。此丰，稻不丰，亦无损。价视米贱而耐食，食之又省便，富人所唾弃，农家之性命也。”❸ 这一记载足以说明玉米在贵州农业生产上的支配地位。包谷的传入，对山地多而平地少的贵州具有特殊意义。因为包谷为“旱地之王”，宜旱作，耐粗放，而且产量比苦荞、高粱、小米、燕麦为高，它引进后很快就传播开来。这不仅扩大了耕地面积，且因产量高而养活更多的人口。至于甘薯，原先产于中美洲，传入我国的时间在万历年间，见于方志记载的四川为雍正十一年（1733年），广西为乾隆元年（1736年），湖南为乾隆十一年（1746年），贵州为乾隆十七年（1752年），传入贵州的时间不会比玉米早。甘薯的种植，对土地要求很低，一般沙质土壤都宜种植。贵州多山，主要旱地作物如小米、小麦、豪、蒿子、高粱、红稗等，产量很低。而玉米和甘薯均是高产作物，传入以后，人们迅速开发大片荒地，数十年后竟成为山区的主要作物。

三、经济作物的种植

在农业生产中，粮食作物是农作物的主体，经济作物则属于最发达的商品性农业部门。明代贵州省的经济作物以水果、麻类、木棉和茶树最为重要，这些作物的地域分布较前代有不同程度的扩展。

1. 棉、桑

贵州纺织业发展较缓，宋朝开始出现毛织，明代才开始棉纺和丝织，但都不发达。虽然明洪武年间强行推广植棉，命天下凡田5亩至10亩者，桑、麻、棉各半亩，10亩以上加倍。❶ 但是明政府这种硬性规定植棉的政策，对贵州影响不大。只是贵州各少数民族素有织土布的习惯，故全省各地都有土布的生产，万历《贵州通志》卷3亦将“土布”列为贵州通产。但是这种土棉栽培相当粗放，在陡坡烧山后撒播种子，不施肥，质低量少。产量较高的良种棉花推进贵州，是在明中叶以后才有的事情。嘉靖时，思南、石阡、铜仁、黎平、都匀、安顺、普安各府一些地方，始植良种棉和进行纺织，都匀

❶《辰州府志》。

❷《黔南识略》。

❸《遵义府志》卷17《物产》。

❶《明史》卷78《食货二》。

农民并用搬梭，织出了白、青、蓝各色布。[1] 其中以贵州东北地区发展最快。如弘治以后，大批川民流入思南，“土著大姓，将各空闲山地，招佃安插，据其为业，或以一家跨有百里之地者。流移之人，亲戚相招，缰属而至，日积月累，有来无去，因地产棉花，种之获利，土人且效其所为，弃菽粟而艺棉花，由是生之寡，食之众，饥馑荐臻，客既胜而主人弱，祸乱且起矣”[2]。同样棉花多作为货物出售。所有这些，反映出在汉族先进生产技术影响下，当地逐渐开发，以及先进生产力和落后土司农奴制度的矛盾；同时也反映出贵州东北地区植棉业有了长足进步，甚至与粮食作物之间存在着十分严重的争地矛盾。当然，大多数地区仍是以土棉生产为主，像瓮安县直到戊戌变法之时，才分别“购河南棉子、湖南棉子”试种开来。[3] 植棉业的发展在贵州受阻主要是由于贵州雨水多，六月如秋，昼热夜凉，虫害严重，而棉花贪光喜温，种于砂土地区，抗旱能力低，加之技术要求精细，致使贵州植棉业不如他省。因此户部左侍郎徐曦上奏：“朝廷兴兵征剿麓川，命臣沿途整理粮草。臣见湖广布政司积有官布八万匹，别无支销，而贵州布价甚贵，乞输五万匹于彼，变易食用，为便。上曰：此固可行，然尚途转运甚艰，且以二万匹与之。”[4]

种桑是为了养蚕，而养蚕则是为了生产蚕茧，以供缫丝织帛，解决衣被问题。明代贵州蚕丝业与棉花种植一样处于落后境况。虽然明代运用了税收这一法律手段来强制发展，也并没有因此而带来任何起色。不仅乌撒等地因山高气寒，阴雨连绵，而蚕性喜晴，不宜桑蚕，即便是其他温暖地区桑蚕业也不发达，如普市所即“不务耕桑，专事贸易”。[5] 只是在黔中区的南部、东部地区种桑养蚕才占有一席之地，如贵阳府自改土归流以来“渐渍文明之化，易兵戍为城郭，变刁斗为桑麻”，“以耕织为业”。[6] 但这些地区丝纺织业是明中叶之后才发展起来的。[7] 当时程番、贵阳、龙里、新添、平越、清平、威清、平坝、兴隆、普定、安顺、安庄、安南、永宁、镇宁、普安、毕节、乌撒、赤水、黄平都有土产丝，程番府还织出了“帛之属克度布”。[8]

---

[1] （嘉靖）《贵州通志》卷3《土产》。
[2] （嘉靖）《思南府志》卷7《拾遗志》。
[3] （民国）《瓮安县志》卷14《农桑》。
[4] 《明英宗实录》卷78，正统六年四月壬午。
[5] 《大明一统志》卷88《贵州布政使司》。
[6] （万历）《贵州通志》卷1《贵阳府》。
[7] 林兴黔：《贵州工业发展史略》，四川省社会科学院出版社1988年版，第39页。
[8] （嘉靖）《贵州通志》卷3《土产》。

2. 葛、麻

葛就是今天南方山区常见的葛藤，长达数十米。其皮坚韧，用沸水煮过，就会变软而分离出白而细的纤维来，用手拈搓，可成细线。葛为多年生草本植物，花紫红色，块根可入药，亦可制成葛粉供食用。茎可做绳，纤维可织。葛的地区适应极强，在本省各地都有分布。明代贵州很少有葛的栽培，但葛的利用却很普遍，绝大多数州县卫都有利用葛纤维来织布的习惯，所以万历《贵州通志》卷3便将“葛布”列为全省通产。明代贵州葛布生产最著名的地区有平越卫、新添卫、黎平府、铜仁府及思南府。[1] 其中以铜仁府生产最丰富，“各长官司均出”。[2] 葛多为野生，不占地，成本低，价格便宜，非常适合贵州这种耕地少而农业生产又较为落后的山区省份的农民穿着。也正因为如此，才使得明代贵州棉布业和桑蚕业迟迟得不到发展。明代贵州所种之麻主要有大麻、苎麻、黄麻、苘麻四种，其中以大麻、苎麻所占比重最大。苎麻或写作“苧麻”，纤维品质细长而有光泽，弹力强而耐热力大，优于大麻。苎麻为多年生荨麻植物，喜温喜光，要求水分高，适宜于热带和亚热带生长，所以主要分布在贵州南部，所织之布称为苎布。其具有省级规模的集中产区有两个，一是安南卫，一是黎平府。像黎平府的“洞被”是当时贵州省的名产，其制作便是“以苎布为质，以彩线挑刺而成”。[3] 同样，黎平府以苎布为质地所制成的“洞布”亦因制作精良、品质上乘而闻名当世。[4] 明代以前，贵州纺织业发展比较落后，其种类只有麻毛两类，而且品种单调，几乎看不出有多大发展的可能。明代贵州省纺织业则发展很快，不仅麻毛两业迅速发展，而且出现了棉丝二部门。[5] 毛纺织业是用羊毛纺织，史载“明太祖洪武十七年（1384 年），密定贡毡衣巾……二千五百领。复岁来贡……毡衣八百领。……二十九年乌蒙贡毡衫”[6]。嘉靖年间，毕节、乌撒、赤水、普安能制红毡。[7]

3. 茶叶的种植

茶树是贵州高原种植最盛且历史最悠久的大宗经济林木。历史上贵州是著名的茶叶之乡，为茶树的原产地中心之一。许多名茶历来列为贡品，传为佳话。贵州省有适宜茶叶生长的得天独厚的条件，南距海洋仅500多公里，

---

[1] （万历）《贵州通志》卷 12、卷 15、卷 16、卷 17。
[2] （万历）《贵州通志》卷 17。
[3] 《大明一统志》卷 88《贵州市政使司》。
[4] （万历）《贵州通志》卷 15。
[5] 林兴黔：《贵州工业发展史略》，四川省社会科学院出版社 1988 年版，第 59 页。
[6] （民国）《贵州通志・食货志》。
[7] （嘉靖）《贵州通志》卷 3。

而且地形又向海洋倾斜，来自海洋的暖湿气流极易深入，雨量充沛，山高雾重，土壤偏酸，昼热夜凉，极有利于茶叶的嫩绿鲜活。

早在唐代贵州茶叶就享有盛名，陆羽《茶经》将播州、思州列为全国六大产茶区之一。贵州茶树的种植虽古已有之，然以明清种植最广，贵阳、安顺、都匀、镇远、思州、铜仁、石阡各府都有出产，成为贵州的土贡之一。明代还在播州地区建立茶仓。一些少数民族地区“以茶为主业”，如独山州九名九姓长官司；有些“以贩茶为业”，如永宁州慕役司及水西等地“白倮锣”。明代贵州茶叶业的迅速发展，一方面是由于明代内地流民大量涌进高原山区，不得不在一些不能种植粮食作物的薄地上种植茶树，以获得经济效益；另一方面则与明代汉藏关系长期和平友好，茶马贸易十分兴旺有关。《大明一统志》卷88及万历《贵州通志》等对明代产茶区所记较详。当时茶叶不仅为各州、县、卫所常产、通产，而且产区面积广大。“据有关资料所述，明代江口县梵净山上、下周围一带，地处三角岩的竹岩塘，细山坪、鹅掌田、鱼塘、楼树坪和马曹河的河口，杨家湾、大河坪、龙塘河等地的农民都经营茶叶生产，在龙塘河、三角岩已出现成片的茶园。可见，在明代石阡、江口等地的茶叶生产已有一定规模，且朝廷派驻官员统管茶叶生产和收购。”❶ 明成化年间宣慰使杨辉有私人茶园26处，分别遣派其部属经营管理。

明万历《黔记》贡赋志记载：“贵阳军民府番州辖长官司并金筑司三年一贡朝觐，茶芽伍拾叁斤壹拾壹两陆钱伍厘。”可见，在明代贵阳府已有贡茶详细数量的记载。最著名的茶叶有贵阳府的云雾茶和贵州宣慰司的毛尖细茶。贵阳府云雾茶三年一贡，每次上贡“茶芽五十三斤十两六钱五厘”，❷ 贵州宣慰司亦“岁解本色茶十一斤贰两”。❸ 与贵阳府齐名的是安顺府。《武宗实录》卷185，正德十五年（1520年）四月辛未贵州养龙坑长官司（今息烽县养龙司），岁解茶课“十余斤”。《联宪宗实录》卷83，成化六年（1470年）九月戊寅，“贵州按察司佥事李述分巡安庄（治今镇宁县）诸卫私令子婿于属卫卖茶，巡抚御史戴缙发其事，吏部令其闲住”。产量最多的是兴隆、新添、平越三卫，其中兴隆、新添二卫的茶产量在当地土产中位居前茅，平越卫茶产量亦位居第二。此外思南府的务川县亦出名茶——高树茶。与之比肩的还有仁怀大茶以及凤冈一带的大叶茶、柳叶茶、鸡咀茶、兔耳茶，民间常种高树茶和苦丁茶。独山州苗民更是大规模植茶，“多以此为货”，形成商品性的植茶

---

❶ 张其生、王天宇、魏国雄、高登祥、龙明树：《贵州茶叶科技史研究》，《贵州茶叶》1999年第4期。

❷ （万历）《贵州通志》卷3。

❸ （万历）《贵州通志》卷4。

经营。

图 3－1　贵阳云雾茶

图 3－2　高山云雾茶茶园

图 3－3　贵州都匀毛尖茶

图 3－4　毛尖茶茶园

茶树在贵州全境范围内普遍种植，除唐宋的黔中茶区，遵义、铜仁、安顺、黔南、黔东南、黔西南等地也有茶叶产销流通的发展。明朝，中央政府始在贵州置榷茶法，征收茶课，增设茶马市。明《明会典》记载："茶课数贵州钞八十一贯三百七十一文。……洪武三十年（1397 年），令四川成都、重庆、保宁三府及播州宣慰司，各置茶仓贮茶，待客商纳米中买，及与西著易马，各设官掌管。"到成化八年（1473 年）才罢播州茶仓。说明在明代，官办播州茶仓在贵州设立 76 年。明朝政府为从贵州补充大量马匹，规定每年从乌撤（今贵州威宁）增设茶马市，换马 6500 匹，每匹给布 3 尺，茶 1 斤（或盐 1 斤），其后又在广西置庆远裕民司，专以广西茶、市八番（今贵州惠水）纳马匹。明洪武年间，中央政府还专门派驻官员在江口龙塘建立衙门统购茶叶运往西北换马，一直到清光绪年间，还派官员至此统管茶叶的生产与收购。[1]

---

[1] 张其生、王天宇、魏国雄、高登祥、龙明树：《贵州茶叶科技史研究（续一）》，《贵州茶叶》2000 年第 1 期。

4. 水果的种植

黔地是茶叶之乡，更是水果之乡。贵州高原多样性的气候和多种类型的土壤，给各种瓜果的生长提供了极为有利的自然环境，所以明代贵州水果、干果极为丰富。全国所产的品种大多可以在贵州生长，水果生产遍及贵州全省各地。种类多、分布广是其生产的主要特色。据地方志记载，果品之属有柑、桃、橙、李、杏、梨、柿、香橼、金橘、胶枣、莲、梅、栗、蕉、林檎、花红、石榴、枇杷、软枣、杨梅、银杏、核桃、葡萄、慈姑、木瓜、荸荠、樱桃、扁桃、地石榴等。普安一带产橄榄，安南卫产波罗蜜，普定卫产西瓜，乌撒卫产松子。贵州特产有鸡枞、刺藜、山楂、羊桃（猕猴桃）等，毛栗、板栗尤多。所以说“贵州土地虽狭，然山林竹木蔬食果实之饶略比川湖”，[1]反映了果类生产在贵州生活中的重要地位。特别是贵州宣慰司的桃，长势良好，品质殊为优良，品种有匾桃、黄桃两种。“匾桃大者如饼，味甘异于他产”；黄桃“实巨如拳，色黄味甘。”[2] 西瓜盛产于安顺府。这里地处黔地南缘，热量丰富，水分湿润，有瓜乡之称。所产西瓜质味均佳，硕大色红，含水分极多。橘，或作桔，芸香科，主要产区有平越军民指挥使司、普安州及思南府。柑，又名宽皮橘，古称“柑（甘）”，与橘、广柑（橙）同属不同种，特点是类橘而大，皮厚而不及橙，中心柱大，色黄，酸甜不一，主要产于普安、思南。此外橙的生产亦比较广泛，橙，树似橘而大，其形圆，大于橘而香，皮厚而皱，八月熟。其分布亦集中于普安州和安南卫。明代贵州的梨只有麻梨，又称白棠，蔷薇科，多为庭园果树。而成片的梨树栽培则主要集中在普安、思南。除上述主要水果外，威清卫的栗、普安州的榛、永宁州的菠萝蜜都是区域化的商品性水果，它们都在明代定型，其分布区域虽然不大，但其影响却至为深远。

图3-5 鸡枞

图3-6 刺梨花

[1] （康熙）《贵州通志》卷3。
[2] （万历）《贵州通志》卷40。

从现有资料看，贵州造糖业至迟明时已有。因嘉靖年间，普安、毕节、乌撒、赤水都有“砂糖”产制；镇宁“熬糯为饴，和以芝麻，而实以……胡桃，团以饼状，甘脆可口”的饽饽糖，[1]已在苗族王宫中生产。

四、耕作方式

贵州是一个典型的“山国”，平坦肥沃的耕地少，瘠薄的坡耕地比重大。王阳明在《重修月谭寺公馆记》中写道：“天下之山，萃于云贵；连亘万里，际天无极。”他以诗一般的语言，生动地描写了云贵高原的地理特征和磅礴气势。的确，整个云贵高原山连山，山叠山，山外还是山，到处峰峦叠嶂，起伏不平。贵州地处云贵高原东部，自然也是“开门见山”的地方，山地占据着全省总面积的87%，丘陵占了10%，而平地仅占3%，山地的特点，比云南更为显著。

图3-7　贵州山区道路

“靠山吃山”这句俗语，形象准确地表达了山地与人们生计的关系。住在山地上的人们，吃的、穿的、住的、用的都离不开山，大山也因此制约着人们的谋生手段。千百年来，贵州境内各族人民的生活，尽管有着不尽相同的经济、文化类型，但都无一例外地受着山地环境的制约，山地直接影响着各民族的生产方式和生活方式，显现出“山地经济”的共同特征。在贵州，尤其是在古代许多民族都以农业为生，因而这些经济特征，又必然以“山地农业”的形式表现出来，并占有十分突出的地位。

山地的环境，对于农业生产的发展，有着显而易见的利与弊。峰峦、河谷、丘陵、岩崖、洞窟等复杂多样的地形，为“立体农业”和包括农、林、牧在内的“大农业”发展提供了有利的条件。[2]但是平地少、坡度大、土质薄、水土易于流失、不便于灌溉等客观因素又给农耕带来了许多不利条件，不像一马平川的平原和“水乡泽园”的江南那样适宜于农业经济的发展。在这种特定的环境里，人们为了谋求生活，需要付出比平原地区更多的劳动，

---

[1]《镇宁县志·物产》，第7页。

[2] 刘磊：《关于贵州古代山地农业的思考》，《贵州民族研究》2001年第2期。

而且还必须以不同寻常的开发手段和农耕技术去克服自然条件带来的种种不利因素，变不利为有利。贵州山地农业也就因此呈现出两种不同的类型，一种是局部性的，即在坝子[1]中开垦农田种植水稻；另一种是极具代表性的，即在山区以类似“刀耕火种”方式种植旱地植物。

图3-8　贵州梯田

坝子可谓农业生产的精华之区，人们很早便聚居在这些地区开垦水田，种植产量较高的水稻。贵州的坝子分散，且坝子面积窄小，面积超过万亩的为数极少，所以扩大水田面积的唯一方法，就是将山地开垦为梯田。梯田是因地制宜扩大耕地的有效措施，是将水田向山地扩展的重要途径，既是对地形的充分利用，也是对水源的充分利用，在开发可耕之地的同时，又有效利用了水源。[2] 此外，向山地进军，还开创了各种山地农田。徐霞客路过贵州时，见到许多被开垦的山地，曾留有这样的记载：贵州不仅“有坞南北开洋，其底甚平”之地，“犁而为田”，而且，山坡地带也“环塍为田，直抵其底”，“两山夹道，其中稍平，开土成土丘，如阶而下”。《黔南识略》对此有更为详细的记载：“田分上、中、下三则，源水浸溢，终年不竭者，谓之滥田。滨河之区，编竹为轮，用以戽水者，谓之水车田。平原筑坝，可资蓄浅者，谓之堰田。地居洼下，溪涧可以引灌者，谓之冷水田。积水成池，旱则开放者，谓之塘田。山泉泌涌，井汲以资溉者，谓之井田。山高水乏，专恃雨泽者，谓之干田，又称望天田。坡陀层递者，谓之梯子田。斜长诘曲者，谓之腰带田。大约上田宜晚稻，中田宜早稻，下田宜旱粘……”说明了当时人们对山

---

[1] 坝子，即少数散处于山间的平缓地带。

[2] 刘磊：《关于贵州古代山地农业的思考》，《贵州民族研究》2001年第2期。

地的充分利用和对种植面积的有效扩充。

五、多样的水利灌溉技术

明代，贵州水利灌溉技术有了很大发展。灌溉之法，因地制宜，或修渠，或作塘，或筑堰，或用水车、连筒及龙骨车。作塘“先度地势，于田头之上当众流所归处，随地宽广开挖”。筑堰“略如作坝，但坝须留港，此则横截中游，较平田稍低数寸，水大则直过其上，水小则停蓄不泄”。“今黔南地区修建的水利工程大多为筑堤堰拦河水灌溉的引水工程，如明代都匀的胡公堰、清康熙年间广顺的刘公堤等，其设计与技术均较简单。”❶ 贵州随处皆山，田土多在高处，而水势就下不能灌田，故临河皆用水车挽水而上。又以大竹为取水器，随山势起伏，名为“连筒”。龙骨车多仿江浙、湘楚，在清乾隆年间自外地雇工制造，分发各地，大力推广。

不同类型的田地出现，大都与农业水利的兴修有关。“望天田”一般在地势较高的地方，主要水源靠天然的降雨；而“腰带田”是沿山修筑一道“拦山沟”，聚集天然雨水或山间泉水，再引入山田，充分利用了山腰的狭长地带；在有溪涧的山坡上筑坎，分层开垦的“梯子田”，则是利用溪水进行灌溉；“堰田”是为适应田在高处，水流其下这种田高水低的情况，拦河筑坝，提高水位，引水灌溉而形成；“水车田”则仅在筑坝的地方开一条水渠，并在水流湍急处安装“筒车”，利用水的冲力使水车自动旋转，带动系在车轮子上的竹筒，将水提升到高处的水槽，以达到灌田的目的。这种筒车引水方便易行，节省能源和人力，而且日夜不息。以水为动力，又以水进行灌溉，不失为一项有效利用自然资源的科学发明。“塘田”也是有效利用自然水源的结果，即在山间溪水汇集的地方开挖池塘蓄水，“水满而溢，节级而下，顺次可有头塘、腰塘、三塘……次第开启，以灌田亩”。塘田不仅可按需供水、蓄水救旱，而且还能利用积水种植。《黔南识略》这样记载：“塘中诸水草、菱、荷、鱼、虾之类，则水活亦可得利。”《塘法》也有“筑堤者堤脚布木桥，弗若堤上植柳，枝叶可荫塘水，盘根可堤脚”的记载，既能美化环境，又能发挥多种功能，应当说这是山地人民劳动智慧的充分体现。❷ 堰、塘、坝的益处和具体制法，《黔南识略》也对其有较为详细地记载。面对贵州山势起伏，峰高谷深，山地崎岖造成引水灌溉的诸多困难，于是便有了木见槽的发明；一种凌空架起的木（竹）槽，越过沟壑，把水源直接由此山引向彼山，甚至输

---

❶ 《黔南布依族、苗族自治州志·科学技术志·气象志》。

❷ 刘磊：《关于贵州古代山地农业的思考》，《贵州民族研究》2001 年第 2 期。

导到更远地方；同时也有了连筒的创造，即以大竹筒作导管，利用水的压力将水位提升，有如现代自来水的功效。[1]

图3-9 望天田

这些措施，在有限的自然经济条件下，有效地改善了人们的生存状况。山田的开垦与水资源的充分利用，既体现出“山地农业”的特点，也充分展示了贵州各族人民的生存智慧和劳动技术的积累和创新。在艰苦的生产条件下，他们因地制宜、利用自然、改造自然、创造出卓有成效的生产技能和方法，为后人留下了宝贵的物质遗产。以开垦山田的方式来扩大水田面积，既合理地充分利用了土地资源和水利资源，又为山区农业走向精耕细作开辟了一条发展的道路，[2] 同时还为利用水资源、发展多种经营提供了宝贵的经验，为当今我们倡导的山区“坡改梯，土改田”的发展方向提供借鉴。

六、农学的成就

明代，由于我国农业生产技术与前代相比在若干方面有不少发展，同时这时期政治经济剧烈变化，使得不少知识分子鄙视“八股”“仕途”，隐居田园。农学是封建时代实用意义最大的学问，因此他们就纷纷开始撰写农书，以致明末以后，农学著作激增。这一时期贵州的农业专著很多，如：明代杨如皋的《课农琐记》等。

---

[1] 刘磊：《关于贵州古代山地农业的思考》，《贵州民族研究》2001年第2期。

[2] 刘磊：《关于贵州古代山地农业的思考》，《贵州民族研究》2001年第2期。

七、林业的发展

贵州称“宜林山国”，由于多山，气候湿润，自古盛产木材。明代，在黔东南、黔南、黔北、黔西北一带林木繁茂，森林资源十分丰富，是明清时期朝廷修建宫室所需木材的主要供应省，以“贡大木”闻名，同时也是国内商品木材的主要产区。据明代万历年间曾任贵州巡抚的郭子章记载：“五溪之地，森沉繁茂，翼云承日，土无漏阴，栋梁弃桶之材，靡不具备。”（《黔记》）贵州木材不仅资源丰富，而且质量优良。各种珍稀木材如楠木、香樟、杉木、柏木应有尽有。特别是黔东南地区生长的杉木被称为“苗杉”，以其直径大，主干长直、耐腐蚀性强著称。“苗疆木植、杉木为最。产于清江南山者为更佳，质坚色紫，呼之曰油杉。”

朝廷向贵州征购的木材在明代被称为“皇木”，清代称为“贡木”。明代从永乐初年明成祖朱棣将明朝都城从南京迁到北京后，开始大规模采办皇木。采办的皇木主要用于大规模修建都城宫室，以及火灾后宫室的重新修建。如万历年间明三殿奉天殿、钦天殿等发生火灾，朝廷下诏在湖广、四川、贵州采办楠木和杉木。当时全国盛产木材的地方主要是东北和地处西南地区的云南、贵州、四川等省。因明代东北为后金所据，为明朝势力所不及；而云南相对较远，且不通江河，运输不便，因此重点在贵州、四川采伐，特别是贵州成为有明一代明王朝皇木的主要供应省。“采木之役自明成祖缮治北京宫殿始。”从朱棣修建北京城开始，到明万历的 200 多年间，采伐贡木从未间断过。

明朝廷在贵州采办贡木是通过三种途径：首先是贵州少数民族土司向朝廷进献贡木。如播州土司杨应龙就先后在明万历十三年（1585 年）、万历十四年（1586 年）、万历二十四年（1596 年）、万历二十七年（1599 年）曾四次向朝廷献优质木材，仅万历二十四年就向朝廷进献优质木材并得到朝廷的封赏。“贡大木七十，材美。赐飞鱼服，授指挥使衔。”❶ 二是通过朝廷下旨，由地方官员采办。从嘉靖五年（1526 年）到明万历四十五年（1617 年）明朝廷通过地方官吏在贵州采办皇木达 9 次，平均每 10 年一次。三是由朝廷委任大员到地方采办大木。如明武宗正德九年“工部以修建乾清、坤宁宫，任刘丙为工部侍郎兼右都御史，总督四川、湖广、贵州等处采办大木，…而以署郎中理…邓文壁于贵州分理之。”❷ 又如嘉靖二十年（1541 年），工部侍郎潘

---

❶ 《贵州通志·前事志》卷 2。

❷ 《明武宗实录》。

图3-10　贵州杉木林

鉴奉命到贵州采办皇木，有功提升为工部尚书。贵巡抚右都御史刘彭年因采办皇木有功由朝廷“赏赐银三十两、缎二表里”。[1] 当然也有因采办皇木没有如期完成任务，被朝廷下令追究处罚的。

八、发达的畜牧业

明代贵州畜牧技术有所提高，畜牧经济仍占有重要地位。明洪武十四年（1381年）朱元璋派兵征云南，令水西土司出马1000匹，播州土司出马3000匹，金竹（今广顺）土司和乌蒙土司各出马500匹相助。[2] 明天顺三年贵州中南部苗族首领干把珠起义，骑兵比步兵多，说明当地苗族养马不少。[3] 明朝在苗族分布地区设立的土司大小有数百个，其中较重要的有贵州宣慰司、水西宣慰司。明代，铜仁、石阡、思州、思南四府，仅“红苗”就有十万人以上。铜仁在万历年间设县时，城外四境多属苗地。在贵州少数民族地区，元、明时期，该地区的畜牧业很发达，特别是养马业在全国享有盛名。在元代，亦溪不薛是全国有名的十四个大牧马场之一，[4] 在这里牧养“国马”，年养马数以千计。到明代，贵州的畜牧业仍然很盛。《明洪武实录》载：洪武年间，贵州土司大量贡马，安、田、杨、宋四家大土司，每年都贡马，有时还一年贡

[1] 《明世宗实录》。
[2] 《明太祖实录》卷139。
[3] 《明英宗实录》卷291。
[4] 《元史·兵三·马政》。

二次。如普定土知府者额，洪武十八年“贡马三百余匹”。市易马数字更大。洪武十七年，户部以绵布往贵州，宣慰霭翠易“马一千三百匹”；洪武二十八年，“贵州、乌撒、宁州、毕节等卫市马六千七百二十九匹”，说明畜牧业是很兴盛的。但这并不能改变农业在贵州经济中的地位。据《明洪武实录》卷 187 载：洪武二十年古州十二处长官司“所统民九千二百一十七户，愿纳秋粮八千九百二十九石”；洪武二十一年都匀各处长官司“岁纳粮六百九十九石”；贵州宣慰使“以洪武十九年为始，霭翠岁输三万石，（金筑安抚使）密定岁输三千石”。[1] 这些足以说明贵州农业地位的重要。

由于贵州自然条件复杂多样，少数民族分布十分广泛，以至贵州农作物的地域分布特征十分明显。同时，由于永乐十一年（1413 年）贵州独立建省，从而结束了本省隶于云南、四川、湖广三行省的分散状况，成为直隶于中央政权的全国十三个布政使司之一，这对于加强贵州与封建中央王朝的联系，促进贵州经济文化的发展，推动少数民族与汉族间的交往起了积极作用。特别是伴随着大批军士、汉民涌进贵州，不仅带来了大批的劳动力，而且亦使内地先进的耕作制度和经验广为传播，农业生产落后的局面初步有了改善，个别地区甚至还出现了专门化的农业生产，这在贵州农业史上是前所未有的。

第二节　手工业

1413 年，明朝朱元璋建立了贵州省，自此，贵州经济得到了更快的发展。明代贵州农业耕作技术的提高，为手工业的发展创造了条件。经过元末农民战争，许多匠户重新获得了自由，手工业者的地位有了改善，生产积极性也有了提高。明初，外地的工匠不断进入贵州，省城及各府、卫皆有匠师及作坊，手工业逐渐发展起来。明朝中期，冶铁、制瓷、纺织等工业也都超过了前代水平，手工业技术有了明显提高。值得一提的有贵阳府、思州府、黎平府、石阡府、铜仁府、新添卫（今贵定）、平越卫（今福泉）的“葛布”，仡佬族的“纹布”，水族的“水家布”，彝族的“披毡”，苗、瑶、仡佬、布依等民族的蜡染、扎染等，黔北兴起的棉织业等。[2]

---

[1] 《明太宗实录》卷 188。

[2] 李金顺：《贵州企业实话》，贵州人民出版社 2005 年版，第 3 页。

一、少数民族民间刺绣

刺绣，是一种以针引线在纺织物上按照花纹、图案及色彩设计穿刺缝缀的传统手工艺。古人的刺绣概念与今天略有差异。《周礼·冬官考工记》曰："画缋之事杂五色……五彩备谓之绣。"东汉刘熙《释名·释彩帛》曰："绣，修也，文修修然也。"古人"往往绣画并用，只绣局部，绣后再用毛笔填彩"。刺绣的起源应略迟于纺织，沿着针、线、缝纫及纺织技术出现的轨迹，便能依稀看到刺绣出现的轨迹。

贵州民族民间刺绣具有重要的史料价值，部分种类的绣品如同活化石，保存了春秋战国时期楚绣的文化气质和艺术风格；一些年代久远的绣品与商、周及秦汉文物形式上可以找到明显的联系；更为重要的是，这些绣品作为有图无字的史书，展现了劳动妇女的智慧和当时社会的审美情趣，是彩线绣成的史诗，是穿在身上的图腾，记录了贵州少数民族的历史、宗教和文化，像族徽一样保持了这些民族的自我身份认同，彰显了少数民族妇女的自由精神和艺术才能，同时见证了中华文明的多样性和举世罕有的艺术成就。贵州少数民族制作、使用刺绣的普遍性和刺绣艺术成就的高低在地域分布上极不平衡，精品主要集中在几个少数民族聚居而历代中央统治者控制较弱的地区。

明代刺绣的技术和艺术又恢复到了宋代的水平并有所超越。其复兴原因有三："一是整个社会对于刺绣艺术十分重视，刺绣艺人的社会地位达到空前的高度；二是明代商品经济发达，官府不能垄断刺绣的制作和使用，民间对于刺绣的需求量极大，甚至超过官府，且民间刺绣受封建等级和审美集权的影响较小，为刺绣艺术的自由发展留出了较多的空间；三是明代日常服饰用品上的刺绣并不仿摹书画，比较尊重刺绣本身的材料特质和工艺特征，这使部分明代刺绣在一定程度上保留了原创性和独立性。"❶

据《明史·舆服志》载：明承元制，皇室和百官服饰上的刺绣花纹都按照等级而严格规定。除皇室专用的"丝绣伦"等机构外，"尚衣监""御马监""缄工局"等官营绣作中也雇佣了大批绣工轮班常驻。这些机构不但绣制龙袍官服，还要绣制专供观赏用的"绣画""绣字"，以名人手笔为蓝本。而明代日常服饰用品的花纹则依照刺绣处理素材的传统技法，由绣者自由描绘或剪样照绣，不取法名人书画。❷

明代贵州少数民族刺绣在文献中多有记载。比如，明包汝楫《南中纪闻》

---

❶ 参见《中国贵州民族民间美术全集·刺绣》，贵州人民出版社 2008 年版。

❷ 吴淑生、田自秉：《中国染织史》，上海人民出版社 1986 年版，第 261 页。

图3－11　安顺绣娘

图3－12　刺绣常见图案

载："苗民不冠不履，男妇俱左衽佩刀。男子头插雉尾，身穿短袄，胸背两臂俱绣花。妇女头髻偏挽右傍，顶上插一银牌为饰，上衣齐腰，亦俱花绣。"再如，明郭子章《黔记》载：黎平一带苗族女子"织绸如锦，为盖头。服短衫，系双带结于背胸，前刺绣一方，银线饰之。长绲短裙，或长裙数围，而无绔。加布一幅，刺绣垂之，名曰衣尾。"由此可知，明代贵州少数民族服饰中使用刺绣十分普遍。但由于明代垄断了话语权的汉族文人轻视少数民族民间艺术，致使有关贵州少数民族服饰的记载大多非常简略，往往仅以"花衣"代之，无从分辨是蜡染、织锦还是刺绣，与同时代关于汉族染织丝绣分门别类的详细记载无法相比，所以研究明代贵州少数民族刺绣必须倚重对实物的分析。

收藏者据所收藏的贵州少数民族服装实物分析：明代贵州少数民族服饰刺绣仍保持着“卉服鸟章”的传统，所绣图案花纹多为铜鼓、光芒、蝴蝶、龙、蛇、蜈蚣、枫村叶、花藤、几何纹样等，与明代汉族刺绣的日、月、云、水、龙、凤、麒麟、鹤、鸳鸯、蝙蝠、松树、牡丹、莲花、吉祥文字等图案花纹明显不同。明代贵州少数民族服饰刺绣的图案抽象概括，装饰味极浓，纹样造型古拙，具有非常强烈的原始图腾艺术风格。其绣法多为平绣和数纱绣，且与蜡染、织锦、布贴、挑花等配合使用。

二、蜡染技术

大约在秦汉时期，中华大地上出现了高超的花染工艺——蜡缬和绞缬：“花染是使用某种方法使丝线、纱线或布帛的某些局部发生排染作用而留出花纹。花染的最简便的方法是绞缬（亦称扎染或撮晕缬）……另一种花染方法是蜡染……”❶

到了明代，印染业兴旺发达，染料作物的种植和染色工艺技术都有所发展。例如，宋应星在《天工开物》中指出：“凡蓝五种（指茶蓝、蓼蓝、马蓝、吴蓝、苋蓝），皆可为淀”，并对蓝草的种植、造靛和染色工艺作了较全面的阐述。当时蓝草的种植很广，产量多且质量上乘者首推福建，如文献记载，“近来出产，闽人种山皆茶蓝，其数倍于诸蓝。山中结箬篓，输入舟航”，❷“利市四方，谓之福建青”，❸“福建而南，蓝甲天下”。❹其次如江西赣州，“种蓝作靛，西北大贾岁一至，泛舟而下，州人颇食其利”。❺安徽太平府产青靛，“圃人习以为业，贩者多收之”，❻浙江归安“北乡负廓东出蔬靛”。❼此外，洪武时，还“置蓝靛所于仪真、六合，种青蓝以供染事”，❽专门设立了官办的染色原料供应基地。其他如红色、黄色、绿色、黑色等植物染料，就印染工艺而言，也都有了不同程度的提高，而有些品种如染绿的荩草则因新品种的出现而逐渐被淘汰。

---

❶ 黄能馥、陈娟娟：《中国大百科全书·纺织卷·中国古代印染织物》，中国大百科全书出版社1991年版。

❷ 宋应星：《天工开物》卷上。

❸ 《闽大纪》卷11。

❹ 王世懋：《闽部疏》。

❺ （天启）《赣州府志》卷3。

❻ 《古今图书集成·职方典》卷1447。

❼ 《湖州府志》卷29。

❽ 《明史》卷82《食货志六》。

在贵州关于蜡染的起源，民间有着各种不同的传说，这些传说远比文人的记载神圣而浪漫。其中在黔东南流传的关于蜡染起源的故事这样说：一个美丽而贫穷的姑娘由于没有像样的衣裙不好意思参加社交活动。节日里姑娘们都穿上漂亮的服装去和小伙子跳月，她独自一人忧伤地留在家里织布。房梁上的蜂巢落到了白布上，白布沾上了蜂蜡。姑娘仍将布放进靛缸中浸染，蓝布上意外地现出了白花，姑娘得到启示，用蜂蜡在布上画花，染制成了美丽的花布。在又一个节日的芦笙场上，穿着蜡染服装的姑娘成为众人瞩目的对象，小伙子们纷纷来向她表示爱慕之情。姑娘们希望穿上美丽的服装，都来向她请教制作方法，于是蜡染的技艺在苗家女儿中流传开来。

中国这种古老的染缬工艺，在西南少数民族地区原模原样地保存至今。居住在西南地区大山深处的少数民族，特别是贵州的苗、水、瑶、布依、仡佬等民族，从古至今一直把蜡染作为美化生活、装扮自身的主要手段之一，代代相传。[1] 据初步统计，贵州省80%左右的县、市在历史上曾有制作、穿着、使用蜡染的传统；且各地区、各民族蜡染的艺术风格也不同，类型多种多样，其中最典型、最重要的有月亮山型、飞云山型、乌蒙山型、扁担山型及其他。月亮山型蜡染的产地分布在黔南州三都县（交黎、打渔、都江、普安、高硐、交梨、苗龙、三合、拉揽、阳基、尧麓、介赖）和黔东南州的丹寨县（排调、雅灰、扬武、复兴、金中、乌湾）、榕江县（企划、八开、乐里、平永、三江）、雷山县（永乐、达地）交界的广大地区。这些地区大部分属于月亮山区，故称这类蜡染为月亮山型蜡染。这一型蜡染分为丹都式和黑领苗式，艺术成就都很高，尤以丹都式蜡染为最。黑领苗式蜡染现存实物可上溯至明代。

图3－13 丹都式蜡染

---

[1] 详见吴淑生、田自秉：《中国染织史》，上海人民出版社1986年版。

在早期黑领苗的服饰艺术中，蜡染处于从属地位，祭祀仪式上男芦笙手穿着的牯脏服——百鸟衣，其次要部位才会有蜡染，如衣袖内侧、衣衫里子等，仅作为刺绣的补充。黑领苗牯脏节上用来祭祖的幡多为蜡染制品，但古代黑领苗祭祖时一般要将祭幡焚烧献祭，所以保存下来的早期蜡染幡十分稀少。早期黑领苗式蜡染也用于黑领苗妇女的便装局部，如肚兜、腰带、背扇等。早期黑领苗式蜡染的艺术风格极具宗教色彩，图案均为各种图腾物，如太阳、铜鼓、蜈蚣、鸟头龙、鱼、飞蛾等，其中鸟和鸟头龙所占的比例最大，其造型古拙而神秘，各种图案扭曲旋转，向观者传达一种强烈的躁动感。已知的早期黑领式蜡染中从未出现过人物或房屋图案。

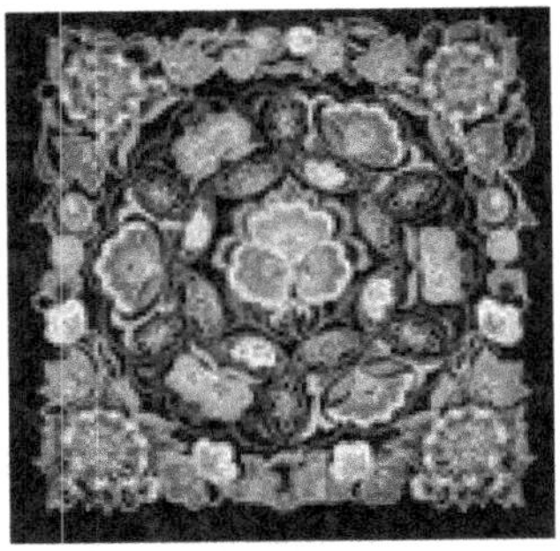
图3－14　飞云山型蜡染

飞云山型蜡染的产地分布在黔东南州的黄平县（重安、重兴、翁坪、黄飘、塘都、谷陇、代支、马场、崇仁、新洲、罗朗、浪河）和凯里市（黄猫、大风洞、冠英、对江、老虎井、洛棉、龙场）的交界地区。此地区围绕飞云山的飞云崖，故称这类蜡染为飞云山型蜡染。这一型蜡染现存实物可上溯至200年前左右，制作者和使用者都是“僅家”人。蜡染在僅家生活中应用很广，如衣、帽、围腰、背扇、枕套、包袱布、盖蓝帕、手帕、挎包、门帘等，都是用蜡染来装饰的。其图案有各种几何纹样和高度几何化、图案化了的动植物纹样，如鸟、蝴蝶、鱼、虫、蝙蝠、飞蛾、花果、草、铜鼓之类。有时一个画面里几何纹与动植物纹有机地结合在一起，天衣无缝。飞云山型蜡染风格细密工整，具有很高的艺术性和观赏性。

乌蒙山型蜡染的产地散布在六盘水市的六枝特区，黔西北的毕节县、织金县、黔西县、纳雍县、赫章县以及安顺市普定县等广大地区。此地区大部分属于乌蒙山区，故称这类蜡染为乌蒙山型蜡染。乌蒙山型蜡染的制作者和使用者大都是苗族西部方言区的一些支系，比如六枝特区梭嘎乡的长角苗，纳雍县化作乡的白苗、歪梳苗等。乌蒙山型蜡染的特点是图案极为细密，有的甚至远远超过以细密工整见长的僅家蜡染，其彩色蜡染色彩较为丰富。

扁担山型蜡染的产地分布在安顺市的镇宁县（扁担山、石头寨、六马、黄果树）、普定县（陇嘎、后寨、杨柳）、关岭县（顶营、永宁、沙营），六盘水市六枝特区（陇脚、落别）、盘县、水城的部分地区以及毕节地区的威宁县的部分地区。此类型的蜡染以扁担山地区的蜡染为典型，故称这类蜡染为扁担山型。扁担山型及其他型蜡染的制作者和使用者都是布依族第三土语区的布依人。据《宋史》记载，在宋代，布依族的先民已盛行制作蜡染。由于布依族长期傍水而居，以耕渔为生，自然他们的蜡染服装对这种生活也有所反映，比如在布依族蜡染衣袖上的纹样多以漩涡纹和水波纹为主，蜡染裙上的纹样多以网纹为主，种子纹也在布依族蜡染上频繁地出现。[1]

贵州民间传统蜡染还有其他一些类型，如安顺小屯、幺铺、大山哨一带的苗族蜡染，广泛应用于日常生活，如服装、背带等。其特点是彩色蜡染较多，色用红、黄、深蓝、浅蓝、白等；图案风格有花、鸟、鱼、虫及几何纹样；技法上点、线、面结合。

三、酿酒业

酿酒业是我国历史最悠久、最为普遍的一种手工业。自汉代以来，垄断于官府，代有禁榷。宋法独严，犯私曲多者罪至弃市。但明代弛其禁，有不少造酒起家的事例。如："吴小洲者，吾郡洞庭山人，久住南京，开糟房，有一二万金之产。"[2] "京市都城，旧日如……双塔寺赵家薏酒……皆著一时，起家巨万。"[3] 虽然在西方手工业工场中，酿酒是一个大行业，但在我国，还是以分散的小生产为多。这主要是因为我国的酒，基本上是粮食酒，南方多用糯米，北方主要用高粱，也有用包谷的，酒曲则用大麦或小麦。"明中叶以后，造酒者随城市人口增加也迅速增加，弘治以后甚至有人提出要禁限酿酒。特别是遇到灾荒后，这一呼声更加突出，但是，造酒者还是不断增加，到明后期，增至'不减万家'之多。"[4]

贵州诸业当中，酿酒业特别是"茅台烧"显得特别兴隆，其兴隆于"集灵泉于一身，汇秀水而东下"的赤水河畔茅台镇。茅台镇依山傍水，紫色沙页岩的地质结构，十分有利于水源的渗透过滤和溶解红土层中的有益成分，冬暖夏热雨量少，最适宜酿酒微生物生成与繁衍。奇水、温泉、瀑布，特别好的水资源质量给酿酒提供了良好的条件。

茅台酒留下了许多美丽的传说。传说很久以前，茅台村东头一间简陋的茅屋里，住着一个姓陈的年轻生意人，他为人正直，心胸坦荡，经常周济穷人。有一天他在暴雨中救了一只奇丽的蝴蝶，那只蝴蝶知恩图报，引导陈大哥来到一股清泉旁。清泉从石洞涌出，洞口周围绿草如茵，垂柳摇曳。陈大

---

[1] 张世申、刘雍：《中国贵州民族民间美术全集·蜡染》，贵州人民出版社2008年版。

[2] 沈瓒：《近事丛残》。

[3] 《古今图书集成·职方典》卷601。

[4] 李绍强、徐建青：《中国手工业经济通史·明清卷》，福建人民出版社2004年版，第49页。

哥捧起泉水，一股芳香沁人心脾，饮上一口，顿觉清甜润喉，脉络皆通，舒畅异常。这陈大哥是个遍尝醇酒的行家，灵机一动，就想到如用这泉水酿酒，一定是世间佳品，不如收起小本生意，改以酿酒为业。谁知念头一起，那引路的蝴蝶居然瞬间不知去向。陈大哥恍然大悟，从此就在这泉水边设酒房酿酒。新建的酒房边有几棵大杨柳树，人们就把这里称作杨柳湾，造出来的酒就是茅台酒。

图3－15　贵州茅台镇赤水河

图3－16　贵州茅台镇

据《史记》记载，在汉朝，仁怀已经有了“枸酱酒”，可以说是茅台酒的雏形。公元前135年（西汉建元六年），汉武帝刘彻使臣番阳令唐蒙出使南越，在番禺南越王的宴席上得饮“枸酱”。那枸酱为何物？乃是当时仁怀境内的濮人酿制的好酒。每年九月九日，濮人采摘拐枣（又名枸）参以粮食醢以为酱，装坛密封，为来年喜庆、宴客、送礼用酒，其味香美。为取悦汉武帝，唐蒙绕道习部，取枸酱酒献给汉武帝，汉武帝饮后，觉得甘美异常，大加赞赏。据茅台邬氏族谱记载，1599年以前，大和酒坊和偈盛酒号等酿酒作坊已经出现，回沙工艺形成，蒸馏酒技术日臻完善。明代万历二十七年平定杨应龙叛乱，遵义府、仁怀一带经济发展，赤水河两岸酒坊林立。[1]

四、造纸业

明代嘉靖年间，黔南各地已有手工造纸出现，清代和民国时期造纸技术又有较大的发展。手工造纸主要产品是皮纸，其次是竹纸、草纸、锦纸等，皮纸原料主要是野生构皮麻（构树枝条的皮）、壁杉根、石灰、纯碱等。其造纸的工艺为：先将构皮浸于河水中三五日，取出后再置于石灰乳池，经甑蒸、水洗，混以柴灰，再进行蒸煮，除去黑皮，榨去水分后打、舂、漂白，将纸浆洗去杂质后放入槽内，搅拌加黏液，用竹帘捞取，再将捞出之纸层榨干水分，置于熔室烘干，即成为构皮白纸。

五、银饰的发展与兴盛

明代以来，由于人口增加，农业、手工业、矿业相关技艺有较大的发展，加之官俸、军饷及赋税征收均要用钱，为适应市场的需要，货币在贵州渐行。明永乐十一年（1413年）二月，贵州正式建省，以白银为货币的交易方式逐渐进入大山深处交通阻隔的苗族聚居区，部分取代了他们“以物易物”的交易方式，白银作为苗族日常生活的流通中介进入到每家每户。[2]

由于当时贵州通行的货币，与全国钱法、钞法紧密相关，土官朝贡时，朝廷皆赏赐白银、钱、钞等，白银在贵州迅速集积与流行，成为了日后苗族银饰取材的重要来源。贵州非白银产区，历史上的银饰加工原料主要为银元、银锭。也就是说，苗族人经年累月积攒下的银质货币，几乎全都投入了炼银的炉子。有热爱白银的苗人直接把银币拿来作为衣饰，钉于两胸襟

---

[1] 李金顺：《贵州企业实话》，贵州人民出版社2005年版，第3页。

[2] 尹浩英：《苗族银饰制作工艺初探》，《广西民族大学学报（哲学社会科学版）》2007年第12期。

边上。更多的是将银币用来打制首饰。于是，苗族佩戴银饰之风便渐渐流行开来。

由于对银饰的大量需求，苗族银匠业极为兴旺发达。仅黔东南境内，以家庭为作坊的银匠户便成百上千，从事过银饰加工的人更是多达数千。家庭作坊多数为师徒传袭的父子组合，也有夫唱妇随的夫妻组合。而炼银制作银饰大都不会耽误农事活动，是在农闲时候才摆弄的“玩意”。分布在黔东南境内的苗族银匠可分为定点型和游走型两类。多数定点型的银匠在家承接加工银饰，一般服务于交通闭塞的一寨或数寨，用户为本村本寨，称为内部银匠。定点型银匠的分布和数量，则可依据区域环境及市场需求而自然调节。游走型银匠多以家庭为作坊，每每农闲则挑担外出招揽生意。通常每人都有自己的专门路线，他们的加工客户不只局限于本村本寨，对沿途数百里其他分支或民族的银饰款式都熟记于心。据调查，黔东南银匠游走足迹遍历贵州全省，并延及广西北部及湖南西部。[1]

民族银饰的相关记载首次出现于明郭子章《黔记》，自此以后，见载渐多。如“富者以金银耳珥，多者至五六如连环”。“妇人盘髻，贯以长簪，衣用土锦，无襟，当服中孔，以首纳而服之。”妇女“服短衫，系双带结于背，胸前刺绣一方，银钱饰之”。“未娶者以银环饰耳，号曰马郎，婚则脱之。妇人杂海铃、栾珠、结璎珞为饰。处子行歌于野，以诱马郎。”从这些记载中，我们可以清晰地看到，出现于明代的贵州民族银饰种类极其丰富，分为头饰和身饰两大类别，具体包括头饰、胸颈饰、手饰、衣饰、背饰、腰坠饰、脚饰等。而且，当时出现了以“银环饰耳”来作为“未娶者”的标识。也正是随着这种区分婚否的标识作用的产生，标志着民族银饰已经具备了最初的习俗功能。

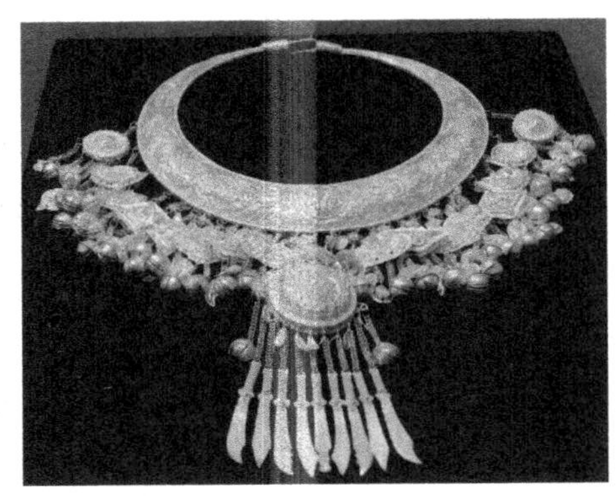

图 3－17　苗族胸颈饰

---

[1] 尹浩英：《苗族银饰制作工艺初探》，《广西民族大学学报（哲学社会科学版）》2007 年第 12 期。

图3－18　苗银头饰

图3－19　苗银耳饰

六、民族气息浓郁的傩戏与傩面

面具是一种世界性的、古老的文化现象，是一种具有特殊表意性质的象征符号。面具起源于原始先民的狩猎活动、部落战争、图腾崇拜和巫术仪式，其产生的确切时间学术界尚无定论，根据考古材料和史籍记载，当不晚于新石器时代。作为人类物质文化和精神文化相结合的产物，面具在历史上被广泛运用于狩猎、战争、祭祀、丧葬、乐舞、戏剧、镇宅、装饰……具有人类学、民族学、民俗学、历史学、宗教学以及雕刻、绘画、舞蹈、戏剧等多学科的研究价值。[1]

中国是世界上面具历史最悠久，面具遗存最丰富，面具流传最广泛的国家之一。与世界上其他国家和民族的面具相比较，中国面具品类繁多，造型生动，形制独特，具有鲜明的民族特色。毫不夸张地说，它在世界面具家族中名列前茅，占据着显赫的地位。在中国古代繁复多彩的面具品类中，傩戏面具——简称傩面，因角色众多、制作技艺高超、形制精美、内涵丰富、流布广泛而格外引人注目。傩面是在傩戏演出中使用的面具，而傩戏系从古代的驱傩活动衍变、发展而来。因此，在对贵州傩戏及傩面进行论述之前，有必要先对驱傩和傩戏的历史作简要回顾。

1. 从驱傩到傩戏

驱傩又叫“傩礼”和“傩仪”，是古人戴着面具驱鬼逐疫的一种仪式，其本质是借助巫术的力量同自然斗争，以求得自身的生存和发展。从表面看，

---

[1] 张昆：《中日面具艺术的审美比较》，《学理论》2010年第2期。

驱傩活动具有浓厚的迷信色彩，但透过包裹着它的迷信外衣，我们看到了古人不怕鬼、不信邪、敢于斗争、善于斗争的精神和智慧。驱傩之所以从古至今传承数千年而不衰，原因正在于此。关于驱傩产生的年代，学术界众见纷纭，一般认为其起源不晚于商周，甚至可以上溯到史前。据东汉卫宏《汉旧仪》载：黄帝之孙颛顼有三个儿子夭亡为疫鬼，其中一子居人宫室区隅，善惊人小儿。于是每年十二月，颛顼陡方相氏率百隶及童子行傩仪而驱疫鬼。另据北宋张君房《云笈七签》记载：黄帝执政时带着妻妾周游天下，元妃嫘祖不幸死于途中，黄帝遂令次妃嫫母担任“防丧”即方相氏，保护嫘祖尸体不受鬼魅伤害。这两则记载表明，早在父系氏族公社时期就已经有了驱傩活动。不过，以上两说具有浓厚的传说成分，故今人多以商周为驱傩之始。商代的驱傩称为“寇”，仅在甲骨文中有简略记载，今已难知其详。傩戏的成熟大约在元末明初，明代中期以后，傩戏的演出已相当普遍，上演的剧目也更加丰富多彩，成了民间流布最广最受百姓欢迎的戏剧品类之一。

2. 傩戏的特征

傩戏是中国戏剧家族中一个庞大的种群，它不仅分布极为广泛，而且品类十分繁富。傩戏的质的规定性，决定了它们具有以下特征。

（1）傩戏一般系从驱傩活动嬗变和脱胎而来，与民间宗教——主要是道教和巫教，其次是佛教——有着密切的联系；演出中大多穿插着祭祀仪式，目的在于驱鬼逐疫，祈福纳吉。个别傩戏品类与驱傩没有直接的渊源关系，但亦含有逐疫纳吉的内容。

（2）傩戏是一种面具戏，而面具戏不一定都是傩戏。早期傩戏的主要角色均需佩戴面具，近代以来虽有一些地区和品类的傩戏因种种原因，比如为节约经费和演唱方便等，改成了涂面或净面，但大部分傩戏仍以面具为其基本特征。

（3）傩戏演出时间和场合有着严格的规定，它或者在春节前后及某些特定的节日，比如中元节、重阳节演出，或者应冲傩还愿及举办喜事、丧事之家的邀请前往演出，平常一般不演出。

3. 傩戏的分类

由于傩戏研究起步较晚，调查发掘工作做得不够深入，因此我国究竟有多少种傩戏尚无定论。目前被学术界认定的傩戏品类约有二三十个，它们或以演出主体的称谓命名，如端公戏、师公戏、道公戏、僮子戏；或以演出场地命名，如傩堂戏、地戏；或以祭坛命名，如庆坛，其中又分为庆五显坛、庆赵侯坛、庆娘娘坛等；或以演出道具命名，如扇鼓傩戏、鬼脸壳戏；或以信奉的宗教命名，如儒坛戏、师道戏、佛坛戏；或以流行地域命名，如安徽贵池傩戏、河北武安傩戏；或以逐除对象命名，如斩旱魃、拉死鬼；或以地方保护神命名，如关索戏；或以戏中主人公命名，如姜女戏……2006年5月，经国务院批准，文化部公布了第一批国家级非物质文化遗产名录518项，贵州的威宁彝族撮泰吉、德江傩堂戏和安顺地戏皆名列其中。

撮泰吉是一种古老的戏，戏中积淀了许多远古时期遗存的文化信息，如模仿史前人类的装扮、走路、说话、交媾等，引起了研究者的浓厚兴趣。关于撮泰吉产生的年代，学术界有不同意见，或认为它"至少流传了三百年"，或认为它"是阶级社会初期的产物"，或认为撮泰吉并非产生于某一时期，而是在漫长的岁月中逐步形成的。具体地说，它大约在东汉初期便已具雏形，此后不断补充、完善，直到清代中叶才基本定型，成为今天我们所看到的样子。之所以把撮泰吉起源的年代定为东汉早期，是因为据《西南彝志》《爨文丛刻》等书记载：彝族先民领袖勿阿纳在东汉初，率众由云南东川迁入黔西北，建立了一个以今大方为中心，东抵贵阳、南达水城、北迄金沙、西至云南镇雄的奴隶制政权。这支彝族先民的生产、生活方式也由"逐水草而居"改成了定耕定牧。这段历史与撮泰吉正戏部分撮泰老人迁徙、农耕的内容应当有着某种内在的联系。而把撮泰吉基本定型的时间定为清代中叶，是因为正戏部分出现了撮泰老人吸烟的情节，并有"向粮食的毕摩包谷敬酒""向粮食的兄弟洋芋敬酒"的祝辞。众所周知，烟叶、包谷、洋芋这三种作物均原产于美洲，哥伦布发现新大陆后由美洲传入欧洲，明末清初才由欧洲传入中国。威宁地区交通闭塞，生产落后，大量种植烟叶、包谷和洋芋，绝不会早于18世纪，以此推断，撮泰吉的定型大约在清代中叶前后。

傩堂戏是巫师傩的重要品类，因演出多在傩堂——愿主家堂屋里进行，故得其名。它又有许多别称，如：因其系愿主为酬还傩愿而搬演，故名傩愿戏；因其以"傩坛"为单位进行演出，故名傩坛戏；因其演员都是专职或半专职的"端公"即巫师，故名端公戏；因主要演员都须佩戴"鬼脸壳"即面具，故名鬼脸壳戏；此外还有庆坛、喜傩神等别称，大多名异而实同，小异而大同。除贵州外，川、湘、鄂、滇、渝都有傩堂戏流传，但不如贵州普遍。贵州傩堂戏覆盖面极广，全省大部分县、市都有分布，其中尤以黔东的德江、思南、沿河、印江、松桃、江口、铜仁、石阡，黔北的道真、务川、湄潭，黔东南的岑巩、黄平，黔西北的织金、大方，黔南的荔波、罗甸等县最为丰富。据调查，20世纪40年代，贵州全省的傩堂戏约有两三千堂之多，20世纪末尚有近千堂，但不少戏班已不能独立进行演出。就民族而言，汉、苗、侗、白、土家、仡佬、布依、毛南等民族中都有傩堂戏流传，其中土家族、仡佬族、汉族、苗族中遗存尤多。据现有调查资料，土家族傩堂戏以德江县为代表，仡佬族傩堂戏以道真仡佬族苗族自治县为代表，汉族傩堂戏以湄潭县为代表，苗族傩堂戏以松桃苗族自治县为代表，侗族傩堂戏以岑巩县为代表，布依族傩堂戏以荔波县为代表，白族傩堂戏以织金县为代表，毛南族傩堂戏过去流传于平塘县一带，今已无存。贵州历史上受荆楚文化和巴蜀文化影响很深，追本溯源，贵州傩堂戏乃是从湖北、湖南、四川等省传入的，时间大约在明代中期以后。

地戏主要流传于贵州省安顺、平坝、长顺、普定、镇宁、紫云、六枝、水城、贵阳等县、市的广大农村，尤以安顺流传最广。据统计，安顺至今仍在演出的地戏多达180余堂，故人们往往把地戏称为“安顺地戏”。地戏的兴起与屯堡人紧密相关。屯堡人又叫“老汉人”，他们并非贵州的土著居民，而是明代从江南一带迁入的移民后裔。明洪武十四年（1381年），朱元璋为剿灭元朝的残余势力，安靖边疆，任命颍川侯傅友德为征南将军，率领30万大军远征云贵。战事结束后，傅友德奉朱元璋之命，派贵州卫指挥同知顾城父子在今安顺、普定、镇宁、平坝、清镇一带战略要地设置卫所、屯堡，推行屯军屯田制度。这些屯军屯田的移民及其后代在漫长的岁月中，逐渐形成一个既区别于周围少数民族，又不同于后来迁入该地区的汉族的社会群体——屯堡人。屯堡人一般按姓氏、家族聚村而居，一个村寨往往只有一两个姓氏。过去族长的权力很大，族内一切重大事务都由族长主持公断。屯堡人的宗教信仰多元而庞杂，儒、道、佛的神仙，无论孔子、老君、佛祖，还是关帝、阎君、灶王等，只要能为自己带来吉祥、平安，都在供奉之列，尤其盛行坛神崇拜和汪公崇拜。屯堡人最显著的特征是妇女的服饰和语言。妇女服饰保留着浓厚的明朝遗风：上身穿蓝、绿、黑等色镶边长袍，衣袖宽大，拴围腰，系绸带，打结于身后；头挽圆形发髻，戴白色包帕，耳上挂银耳坠。姑娘的打扮与已婚的女子不同，头梳独辫，不包帕；腰带以布制成，打结在身前。姑娘结婚时，要把脸上的汗毛绞掉，眉毛剃成细柳形。屯堡人的语言多颤音和卷舌音，因其祖先系从江南或四川迁入，故往往夹有一些外省方言。地戏产生于什么年代，它是从外省传入的，还是形成于贵州，历史文献没有明确记载。根据民间传说并证之以田野调查，地戏的源头应为江南傩戏，但今天我们看到的与江南傩戏已有很大的差异，它是江南傩戏与贵州土著文化碰撞、融汇、发展的结果，屯堡人的屯军生活对地戏的形成产生了关键的影响。

七、制陶业

成功地烧制红釉瓷器，是明代景德镇陶瓷工人的一项重大贡献。从实物资料看，明代从洪武到嘉靖年间，其生产从未间断过。其间又以永乐、宣德时期烧造的制品最为多见和成就突出，受到的评价也最高。王世懋《窥天外乘》载："永乐、宣德间内府烧造，迄今为贵。其时以鬃眼甜白为常，以苏麻离青为饰，以鲜红为宝。"永乐、宣德时期的鲜红釉瓷器的特点是釉层不流不裂，色调庄重肃穆，深沉安定。烧造的器型有盘、碗、高足碗、僧帽壶、莲瓣卤壶、梨形小执壶、凤首壶、梅瓶等。因高温熔融状态下釉层垂流，致使器物口边沿常有一道自然形成的圆润白边，即是俗称的"灯草口"，一红一白，相互映衬，更显出红釉的艳丽华贵；而足边亦多有红釉垂流现象，但垂流却不过足，在足边外截然整齐，积釉处红中显青灰色，俗称"青虾之背"色，釉内气泡聚集，独具时代特征。

图3－20　霁红盘

这种高温铜红釉瓷器是在生坯上挂釉后，入窑经1250°C～1280°C的温度一次烧成。铜的正常显色不仅与铜的含量和基础釉的成分有关，而且对窑内温度和气氛的变化十分敏感。要想烧制出颜色纯正的铜红釉瓷器，除制作、配方以外，最重要的还是"火候"。常常是以同一配方，以相同方法施釉却烧出不同的釉色，这就是"火候"不同的结果。此外，施釉方法，窑内通风状况的优劣，窑工掌握火候的熟练程度以及窑炉形状、朝向等，也都直接或间接地影响瓷器的釉色。正是由于烧成难度大，故当时为了烧制出高质量的作品而将红宝石、玛瑙等贵重物品配入釉中也在所不惜。据说一个经验丰富的老艺人，在一般情况下能够得到10%的合格率就算万幸了。经验稍差的人甚至一窑也挑不出一件合格品。物以稀为贵，正是这样，致使永乐、宣德时期的鲜红釉瓷器在人们眼中，显得十分的贵重。

宣德以后，鲜红釉瓷器就极少烧造，成功的作品更是罕见。主要原因是技术上难以达到，鲜红土也告断绝。到了嘉靖初期，就用矾红来代替鲜红了。矾红是一种以氧化铁呈色的，在氧化气氛中烧制的低温红釉。它的色泽往往带有一种砖红色，没有铜红那样纯正鲜丽，但烧成比较容易，呈色稳定。正由于此，明末御器厂就用矾红代替鲜红。据文献记载："嘉靖窑回青盛作，鲜红土断绝，烧法亦不如以前，惟可烧矾红色。”“嘉靖二年，令江西烧造瓷器，内鲜红改作深矾红。”明代烧造鲜红釉器的时期，从烧制成功到技术失传，为时不长，因此总的来看，鲜红器传世较少，这也是其更显珍贵的重要原因。

八、矿产的开采与冶炼

冶铁业自春秋战国开始到明代有了很大发展。自明以后，矿业开采更盛，冶炼、铸造技术也明显提高。明廷于洪武十八年（1385 年）罢官铁冶，开放民营，官府对民冶征收 1/15 的铁课。从洪武元年到宣德九年（1434 年），铁课由 8 万斤递增到 55 万斤。宣德十年诏：“各处山场、园林、湖池、坑冶及花果树木等件，原系官府采取。见有人看守及禁约者，自今听民采取，不许禁约，其看守内外官员人等，各回原职役。”❶

黔西南矿产资源丰富，人们很早就掌握了采矿技术。据《后汉书》载“牂牁郡谈指（贞丰）出丹”，丹即丹砂、砾砂。宋朝后开采砾砂地点渐多，《宋史》载“开宝八年（975 年）顺化王（望谟乐旺）子若发献丹砂千两”。明洪武三年（1370 年）开设回龙厂，用窖釜熔朱砂，以盐泥涂外，燃烧一昼夜成汞，用银脬（即猪尿包）盛装；在普安坛罐窑、安龙坡脚开设铁厂，引进铁矿开采技术，土法炼铁；在普安丁头山进行铅矿开采。明朝天启六年（1626 年），普安监军副使朱家明、参军许成名主持修架北盘江铁索桥，于崇祯三年（1630 年）建成，用铁亘 36 根，纽于铁柱，系在两岸，覆板其上，两岸建楼，筑城保护。

明代在思州府设有板场、木悠、岩前、任办四坑水银局，在铜仁府设有鳌寨、苏葛捧、大万山、大崖土、黄坑等水银朱砂局，又在石阡设水银局。采汞的方法，据明嘉靖《思南府志》载：“务川有板场、木悠、岩前等坑，砂产其中，坑深约十五六里。居人以皮为帽，悬灯于额，入而采之，经宿乃出。所得如芙蓉箭镞者为上，生白石者为砂床，碎小者为末砂，砂烧水银，可为银砂。”《黔书》载：“采砂者必验其影，见若匏壶者、见若竹节者尾之。掘地而下者曰井，平行而入者曰壁，直而高者曰天平，坠而斜者曰牛吸水，皆必支木幂版以为厢，而后可障土畚、锸、斧之用，靡不备焚膏而入，蛇行匍匐，如追亡子。”炼汞之法，“灶有大小，釜亦如之。大釜，差杀之，揉盐泥而涂其唇，筑之，乃煅之。凡一昼夜而汞成，滴滴悬殊，滉漾璀璨，皆升于覆釜之腹”。

---

❶ 《明英宗实录》卷 2。

明代在思州、播州、普安州、乌撒府等地采铅，有黑铅和白铅两种。清代产量剧增，年产四百余万斤，在国内占重要地位。关于铅锌的开采冶炼，《黔书》对凯里铅有详细记载。

铁的开采、冶炼，在明代已很普遍，冶铁业自春秋战国开始到明代有了很大发展。贵州宣慰司及思州、思南、石阡、铜仁、镇远、黎平各府，都以铁为土产。金、银开采亦有一定规模，故永乐间设有铜仁金场局、石阡落桥及葛容溪银场局、乌撒银厂。

煤是明代新兴的矿业，从马可·波罗的游记中我们可以发现在元代煤已经被广泛应用，几乎“到处都是”。古代的采煤业在明代有了大的发展，现今已探明的煤田，当时差不多都已进行了初步的开采。[1] 煤的开采，明以前不见记载。清康熙初年，许缵曾《滇行记程》载：“安南至新兴，沿途多煤山”，并开始用于冶炼。

此外，明代程番府开采石英，永宁、普安等州盛产雄黄，普安卫出产一种“色紫白相错，莹如水晶，可以制器”的紫石英。

铸铜技术已有相当水平。成化五年（1469年），贵阳铸造了一口高四尺余、口周一丈六尺、重三千斤的大铜钟，铜质斑斓，制作精雅，题为工匠洪飞所铸。成化十二年（1476年），水西土司安贵荣捐资在大定（今大方）铸钟一口，重千余斤，其上彝汉铭文，足见铸铜技术已传入少数民族地区。

第三节 建筑业

明朝前期处于社会秩序和生产的恢复阶段，整个社会有一种循礼、俭约、拘谨的风气，建筑技艺多承袭宋、元遗规。到了明朝中晚期，经过百年政治、经济、文化的孕育和建设实践的锤炼，逐步形成明朝特有的建筑风貌。建筑材料、结构、施工等方面有所发展。在建筑选址、造园艺术、室内陈设和家具等方面还出现了若干理论总结的著作。这是一个富有建筑成就和创新发展的时代，中国古代建筑的主要方面在明代都已达到成熟的高峰。

中原的建筑技术在明清传入贵州，广泛用于治河、筑路、架桥及石工、木结构建筑，侗族的鼓楼和风雨桥出在这一时期臻于完美。

---

[1] 李绍强、徐建青：《中国手工业经济史通史·明清卷》，福建人民出版社2004年版，第75页。

一、文庙

长期以来，儒学被视为中国文化的正统，在圣贤祠中，孔庙的地位特殊。自汉武帝“罢黜百家，独尊儒术”，孔子一直受到统治者的尊重，先后被谥为“先师”“先圣”“文宣王”“玄圣文宣王”。随着尊孔活动的升级，全国各地的孔庙也相应发展起来，唐太宗贞观四年（630 年），令州县皆立孔子庙，孔庙遂遍于全国各地，庙学相结合亦成定制。元朝尊孔子为“大成至圣文宣王”。忽必烈令州县各立孔子庙，大德十年（1306 年）创建大都孔庙。元朝全国孔庙均供奉孔子塑像。到了明代，尊孔达无以复加的地步，全国府州县三级孔庙，总数达 1560 所。明代各地还往往设有孔子弟子的祠所，如苏州有颜子庙，常熟有颜子祠等。

安顺文庙位于安顺市东北的黉学坝，是贵州省境内规模最大的文庙建筑群之一，占地 8750 平方米，建筑面积为 1302 平方米。根据《贵州通志》和《安顺府志》记载，安顺文庙始建于明代洪武初年（1368 年），经清康熙七年（1668 年）、康熙五十五年（1716 年）和道光十七年（1837 年）几次增建、修复，臻于完备。建筑群整体设计气势恢弘、布局严谨、庄严典雅。明洪武十四年（1381 年），为了稳定西南边陲，明太祖朱元璋发动了“太祖平滇”的战争，并采取“移风善俗，礼为本，敷训导民，教为之先”的军事哲学战略方针，以儒学思想教化广大民众。朱元璋先后调派安徽、江西、河南、湖北等省 50 万军队及其家属驻扎云贵高原，同时派木匠、石匠、砖瓦匠等一批手艺高超的工匠入黔安家落户，带来了当时中原地区先进的建筑技术和装饰工艺。安顺文庙就在这样的历史背景下修建起来，并最终成为首冠黔土的儒学圣殿。

图 3－21　安顺文庙

安顺文庙的石雕构件保存较为完整，被人喻为“石雕艺术的殿堂”。总体而言，这些石雕装饰运用精妙，既起到基本的装饰功能，又对环境氛围作了合理的烘托。石雕装饰的手法写实生动，娴熟而洗练，富于感染力，反映出明代初年中国统一以后所具备的博大坚实的气魄和明快朴素的艺术特色。

图3－22　安顺文庙石雕装饰

安顺文庙坐东向西，总体平面呈钟形，整个建筑群依古称“孔明观景台”的缓坡层层升高并依次排列各类建筑物。文庙共有四进，第一进分上下两院。除第四进不复存在外，其余三进基本保存完好。第一进上院有石影壁、“道冠坊”、“德配坊”、下马碑四个单体建筑。大额枋前后的上下枋楹上均刻有二龙戏珠的装饰浮雕，次额枋枋楹上部为荷花、菊花、牡丹、兰花等浮雕花卉纹样，其下部为镂空雕刻的《尧王访舜》《文王访贤》《颜回敬师》《孔融让梨》《威王纳谏》《三顾茅庐》《洪武访贤》等儒学经典故事和戏文内容。整个棂星门以这一部位的人物雕刻最为引人注目，小小的枋楹上雕刻了四十几个不同的人物形象，每个都具有不同动态和表情，疏密有致、构图严谨，雕工细腻娴熟、形态写实生动，有呼之欲出之感，是罕见的石雕上品。

第二进大院东西两端建有桂香阁和尊经阁。沿九级石阶而上，有一座面阔五间的悬山顶式建筑，名“大成门”。大成门明间有一对大可合抱、高3米多的巨大楹柱，是整石深浮雕式盘龙石柱。在龙的表现上，通体广雕浮云，龙身缠绕其中，龙头非常突出，目视前方，以圆雕为主。两龙似从远方游来，在近前处扭头对话。柱础石狮背驮巨龙，神态却并不威猛，动感自然，憨态可掬，充满生气。狮首相对，龙身腾跃，气势非凡。整个龙柱的刀法刚劲有力，造型简洁生动，显示了孔庙的威仪和尊严。

第三进大院是由正殿（大成殿）、两庑和大成门合围而成的一座四合院。

大成殿为面阔20米，长五间歇山顶式石木结构大殿，雄踞在1.4米高的石基上，是供奉孔子、“四配”“十二哲”牌位的地方。殿前有雕花石栏方形天子台，栏板装饰除了与泮池栏板相仿外，还有犀牛角、云板等器物组合造型，望柱头雕刻为莲瓣头、仙桃、香炉等。大成殿前明间檐下有两根檐柱，是用两块巨石透雕而成的盘龙大柱，柱础为石雕狮子，柱通高5米，柱径0.8米。整个龙柱由如意纹、云龙纹、吉祥鸟兽纹和石狮柱础组成，分内外两层，外形呈圆，内柱呈方，外虚内实，外为浮云游龙，内为浅刻云纹。石柱雕刻手法以镂雕为主，圆雕、半圆雕为辅，兼用浮雕、阴刻、打磨等多种技法。龙身的雕刻东西柱各不相同，东檐柱龙身主要采用镂空雕，西檐柱龙身主要采用高浮雕。镂空雕刻表现的龙身完全可见，弯曲如簧，柔比竹篾；高浮雕的龙身则有藏有露，变化无常。两条石龙宛如从天而降，龙身时隐时现，龙首遥相呼应，栩栩如生。龙柱的柱础石狮为雌雄二狮，雄狮足蹬绣球，雌狮怀哺幼狮，口含铜铃。狮身为圆雕，身上的饰物则以镂空雕和浅浮雕表现，既采用写实技法，又追求一定的写意效果。二狮背负万钧，昂首奋吼，形象骁猛异常，是贵州众多石柱础中年代最早、造型最美、工艺最精湛的一对。龙柱的造型生动，动感强烈，展现出高超的雕琢技巧，其构思之独特，造型之优美，技艺之精湛，令中外专家、艺术家惊叹不已，被誉为国宝，它们与大成门外的两根石龙柱同被称为“文庙四大石雕瑰宝”。

二、驿道

明代，由于驿道的逐渐开通，汉族移民以官兵屯田、商人经商、官员赴任、百姓种田等方式大规模来筑，为贵州带来了先进的农业技术和生产工具，极大地促进了贵州农业的发展，而且由于社会的需要，手工业也随之兴起。

“明清五百年中，贵州修筑驿道数千里，凿山劈石，蜿蜒上下，工程技术倍于他省，今存大方阁鸦驿道和‘千岁衢’，可见一斑。阁鸦驿道为明代彝族土司奢香所开，砌石蹬梯而上，盘旋山间。‘千岁衢’有如剑阁栈道，凿岩筑路，异常艰难。”[1]

阁鸦驿道系洪武十七年（1384年），奢香所开龙场九驿道的一段。在今大方城西北12公里处，响水和双山交界的落折河两岸。阁鸦驿道即九驿中段，东衔金鸡驿道，西接归化驿道，全长15公里。今仅存东起小阁鸦，西止双山一段。全长5公里，宽4米，驿道依山傍岭，逶迤蜿蜒。六百年来虽经

---

[1] 《贵州省志·科学技术志》，第7页。

沧桑变化，而今古驿道依然岿存。奢香所开的龙场九驿在西南交通史上享有盛名。这九驿是：龙场、六广（以上在修文），谷里、水西（以上在黔西），奢香、金鸡、阁鸦、归化（以上在大方）和毕节等九驿站。迢迢数百里，横贯水西境内，越山穿箐，东接贵州驿（贵阳境）而分通四川、湖广；西由毕节驿而达乌撒（今威宁县）、乌蒙（今云南昭通），沟通滇、湘、蜀与水西地区政治、经济和文化的联系，增强了各族人民的团结。特别在军事上，九驿紧密地连接了贵阳和“在滇为咽喉，于蜀为门户”的战略要地毕节、永宁、乌撒三卫。促使朱元璋放弃原“其水西霭翠地方，必汇十万之上军数踏尽”的计划，使贵州人民避免了一场残酷的战祸。明正德初，贵州宣慰使安贵荣骄功，请裁九驿，经龙场驿丞王阳明以书谕止。明隆庆中安氏之乱，连年战祸，六驿在安氏者皆不通。贵州宣慰使安国亨几经周折，尽悔所为，对久废六驿，整理修复。明天启年间，安奢事件，战乱七年，九驿又废。崇祯二年（1629年）事平，水西宣慰使安位如约，又复开九驿。1982年大方县人民政府将驿道列为县级文物保护单位。1981年贵州省人民政府核批为省级文物保护单位。

图3-23 阁鸦驿道

千岁衢系开山劈岭，削岩凿石而成，彝语称为“阿东钜”路，在大方县城西25公里，属该县马场区白布乡。千岁衢，起于小寨石围杆，止于鼠场大石板，计约2066米。据千岁衢碑载，其先，大定城西南路险，“曲折如羊肠，陡峻如悬梯，虽剑阁栈道不过如此”，行人攀援附壁，极其艰难。明昭勇将军摄贵州宣慰使安万铃字葵轩，为乡里交通便利计，捐白银三百余两，于嘉靖乙己岁（1545年）秋七月壬午，募工修凿，砌为石路，次年夏四月已未告成，变险道为通衢，来往行人相与称颂，愿公“千岁”，因名“千岁衢”。于道首岩壁摩勒碑刻志其事，至今四百多年，衢、碑仍基本完好，现列为文物保护单位。

三、桥梁

图 3-24　千岁衢驿道

贵州的河流，流行山间，高岸深谷，又多险滩，治河极为不易，明代疏浚永宁河，清代开通部泖江和清水江，工程都很艰巨。如永宁河在贵州至四川永宁一段，有滩 190 处，必须“疏浅滩，伐恶木，铲怪石”然后通航。清水江上的诸葛洞，地势紧逼，飞岩夹岸，巨石临危，非寻常技术所能开通，故有“若令三洞开，莫非诸葛来”的谚语。“黔南在明、清两代，载入地方志的桥梁有 300 多座。建筑最早为贵定瓮侣桥，建于明洪武二十五年（1392 年）；最晚的为独山上母鱼河桥，建于清光绪三十四年（1908 年）。”据载：贵州明清时期所建的桥梁，见于记载的约 1500 座。结构多样，有石梁桥、石拱桥、索桥、木梁桥、花桥、浮桥等。石拱桥最多，著名的如明代的济番桥、浮玉桥、蜈蚣桥等，逾数百年而不毁。铁索桥以盘江桥最著名，建于崇祯年间，比四川大渡河铁索桥早七十余年。此外，还有藤索桥和竹索桥。

济番桥现名花溪桥，其最早的文字记载是顾祖禹《方舆纪要》记下了明朝贵州宣慰使宋昂于成化初年在贵阳西南“济番河上”“叠石为桥”。此桥费时三年建成，到了明崇祯十一年（1638 年）孟春，大旅行家徐霞客来到贵阳，经花溪、青岩向广顺方向去。他在《徐霞客游记》中记述道：“南行土山峡中，又一里，出峡，稍折而东，则大溪自西南峡中来。至此东转，抵东峰下，乃折而北去。有九巩巨石梁，南北架溪上，是为花仡佬桥。”“九巩巨石梁”今译为“九拱大石桥”。[1] 民国二十五年（1936 年）9 月，贵州平越（今福泉市）人刘剑魂任贵阳县长后，

图 3-25　济番桥

[1] 谢红生主编：《贵阳地名故事》，贵州人民出版社 2009 年版，第 310 页。

开始大规模建设风景区。他于民国二十六年（1937年）改“花仡佬”名为“花溪”，亲书“花溪”二字刻碑立于济番桥侧，更“济番桥”为“花溪桥”；又修复麟、龟两山上旧有亭阁，在龟山下修筑“放鹤洲”，在麟山辟建“莘园”。❶

“贵阳浮玉桥在贵州贵阳市南明河上。河心甲秀楼由浮玉桥、霁虹桥连接两岸，统称南明河桥。浮玉桥建于明万历年间（1573～1619年）。原为8孔，因拓宽道路埋去了2孔，现为6孔石拱桥，长100米。浮玉桥风格古朴，横贯南明河，与形式新颖的霁虹桥相映成趣。”❷

图3－26　浮玉桥

蜈蚣桥又名龙源桥。它位于贵阳市修文县城西北10公里的花桥河上，北岸的蜈蚣坡与南岸的猫坡两山并峙，是龙场九驿中重要的通道、险关之一。蜈蚣桥建于洪武年间，后毁于兵燹。蜈蚣桥为三孔石拱桥，桥长40米，宽11米，高9米，桥孔为双心拱，单孔跨度8～9.5米不等，用青石砌就。桥面中部用尺寸统一的青石板铺成甬道，两侧则用不规则的石板铺面。桥的两边都设有抱鼓石、望柱、栏板。柱顶雕形态各异、栩栩如生

图3－27　蜈蚣桥

❶ 《贵阳市志·社会志》，第274页。

❷ 陈泽泓、陈若子编：《中国桥梁》，广东人民出版社1993年版，第82页。

的石狮。石栏板为镌刻如意云头的透雕，工艺精湛。蜈蚣桥是龙场九驿古驿路上所建成的十座桥之冠，历经近五百年的风雨，桥身仍能保持较好的状态，实是建桥史上的奇迹。1982 年蜈蚣桥被贵州省人民政府公布为文物保护单位。[1]

盘江桥，位于晴隆县城东 27 公里与关岭布依族苗族自治县交界的北盘江上。明崇祯元年（1628 年）朱家民倡修，历三年而成。北盘江是贵州西南境内的大江，习称“盘江”。盘江桥上下两岸，岩崖如削，挺立万仞。水如一线，涛声震耳，急流危涛万状。两岸河谷地区，多为布依族聚居山寨，气候炎热，绿树蓊郁。芭蕉林、甘蔗林和黄果林成片，形成绚丽多彩、民族风情浓厚的高山急流风光。昔人曾题刻“一派别境”于岩上，以志其胜。盘江桥入滇孔道。从前有“盘江万里滇黔界”“天险曾当百万兵”的说法，为历代兵家必争之地。盘江桥，原为北盘江上古老的铁索桥。《徐霞客游记》：“以大铁练维两岸，练数十条，铺板两重，其厚仅八寸，阔八尺余：望之飘渺，然践之则屹然不动，日过牛马千百群，皆负重而趋者。”清康熙年间陈鼎《黔游记》：“冶铁为组三十有六，长数百丈，贯两岸之石而悬之。”历经多次修复和改建，最大的一次是康熙五十年（1711 年）。1954 年滇黔公路进行改道时，又进行了一次更新，为今日的铁梁吊桥。“桥长四十二米，高约三十米，宽约四点二米。桥基分两级，第二级两边筲设有拱式排洪桥，高约五米，宽约四米。涸水季节，底下级露出水面约二十五米。桥基为明代所建，至今已有二百多年。虽经多次洪水冲击，多次兵燹，并遭日寇飞机轰炸，但仍十分坚固。现为贵阳至盘县公路所经，汽车来往不绝。两岸高山耸峙，壁立万丈。桥下急流奔腾，砰崖裂石。”[2]

四、砖石建筑

明代是我国砖石建筑发展的又一高潮，由于元代的开拓，地面上砖石建筑逐渐被人们所接受，并在实践中体会到这类建筑的优点，从而使砖石建筑在数量上大大增加。明初，统治者以恢复汉文化为标榜，对外来的东西有一定的排斥性。另外在明初的大量营建中，汉族工匠和军工在工程中是施工的主力，传统的砖石建筑技术和艺术被更多地使用，外来的技术逐步被融合。因此这时期砖石建筑以传统技术的筒拱为主。明初砖石建筑的发展首先是由造城而兴起的，各地城池、南北两京的建设，都是规模浩大的砖石建筑工程。

---

[1] 贵阳市文化局编：《贵阳文物景点》，贵州教育出版社 2007 年版，第 136 页。

[2] 《贵州省志・名胜志》，第 230 页。

其他砖石类建筑，又以运用传统技术的无梁殿所取得的成绩最为瞩目。明万历年间在砖石建筑技术上的突出成就是营建了一批砖拱结构、仿木建筑的无梁殿，现存实物计有五处八殿。

促使元明时期砖石建筑取得重大发展的原因主要是认识上的发展。中国人的传统习惯是：地面用木构造房，地下用砖砌墓。地上的砖塔建筑在佛教中本意为“坟”，故而可用砖。这或许是受古代阴阳之说的影响，认为树木生长于阳光雨露之中，故视木为阳性材料；而砖取土于地下，属阴性。阴阳不同材料对应于不同性质的建筑——阴宅（墓穴、塔坟）和阳宅（居住与使用建筑），在人们概念上已形成习惯定式。到明初，建筑又较多受到阴阳五行观念的影响。明太祖朱元璋曾说：“上至天子大臣，下至庶民，凡生天地能动作运用者，此之谓阳；天子郊祀天地祭岳镇海渎，诸侯祭境内山川，庶民祭祖宗，皆求其神，有名无形，有心无相，此之谓阴。”可见，在他看来无形之神谓之“阴”，延伸之，宗教崇拜中的佛、帝均可归为“阴”。考查一下明初的砖殿（包括厚砖墙包木构和无梁殿），都是用在祭祀一类的建筑。再后，由于这种观念有所淡化以及其特有的长处被不断认识，才逐渐普及诸如宫殿、住宅、城楼。

明代贵州石工技术，相当精湛。比较典型的为安顺文庙，其石雕龙柱最为精巧，可以代表这一时期的技艺水平。龙柱高丈余，大可合抱，全身镂空，玲珑剔透，龙身为祥云缭绕，攫拿于云浪之中，身下负一石狮，口中含弹丸一粒，形如巨卵，流动自如，不失为罕见珍品。

图3－28　安顺文庙石雕龙柱

五、木结构建筑

明代前期，为了开发因元末战乱而凋敝的人口稀少地区，组织了由北向南的大规模移民，这些移民带去了各自的营造技术，使得南方的大木技术得到进一步发展，并使黄河流域的建筑风格趋同。南方的明代建筑除了受时代风尚的影响之外，还更多地继承了宋元旧法，在结构与工艺方面显示了极高的水平，是我国建筑文化遗产中极富个性的一部分。❶

贵州木结构建筑亦有很高的技艺。贵阳甲秀楼、镇远青龙洞建筑群、关岭灵龟寺无粱殿、平坝天台山殿堂楼阁，织金财神庙等在我国古建筑史中都能别树一帜。贵阳文昌阁，平面为正方形，其上为三层三檐不等角九角攒楼顶，国内罕见。

贵阳甲秀楼屹立在贵州省贵阳市南明河中的鳌矶上。据历史文献记载，贵阳甲秀楼初建于明神宗万历二十五年（1597 年），是由当时的贵州巡抚、明代著名诗人江东之主持修建的。江东之修建此楼的目的是点缀风景，同时也为了提倡文风、鼓励学习，促进贵州地区多出人才、快出人才，遂取“科甲挺秀”“秀甲黔南”的意思，将这座楼阁定名为甲秀楼。贵阳甲秀楼是一座木结构楼阁建筑，三层三檐，翘角凌空，四角攒尖式屋顶，造型玲珑美观。黄墙绿瓦，色调和谐，门窗和石栏杆上雕刻着人物和花卉，图案精美。❷

“建于公元 14 世纪的镇远青龙洞建筑群，依崖傍洞，贴壁临空，依山就势，布局合理。青龙洞建筑群作为一种历史文化载体和一种建筑文化现象，其内涵十分丰富多彩。建筑单体和群体布置因地制宜，建筑合组分群，分中有合，合中有分，分合统一。建筑物的各层面之间，往往以石阶、梯磴、过廊、曲径、花栏、石拱桥等上下衔接，相互连通。建筑纵、横向空间层次丰富，比例尺度亲切宜人，而且藏露适中，疏密有度，有的该露则尽其所露，有的该藏则尽其所藏。建筑群中，有重檐庑殿项，重檐（或单檐）歇山顶、重檐（或单檐）六角（或八角）攒尖顶、四合院等造型，这显然是传统的中原建筑形态兼有民族和地域特色的贵州建筑。”❸

建于明万历十八年（1590 年）的平坝天台山五龙寺，沿山势灵活布局，

---

❶ 潘谷西主编：《中国古代建筑史》卷 4《元明建筑》，中国建筑工业出版社 2001 年版，第 438 页。

❷ 罗哲文等：《中国名楼》，百花文艺出版社 2007 年版，第 120 页。

❸ 杨永生、王莉慧编：《建筑百家谈古论今：地域编》，中国建筑工业出版社 2007 年版，第 200 页。

修建数十间楼、台、殿，堂，屋脊相连，阁檐交替，甚至伸出崖沿，悬空而建，极富山区建筑特色，给人以“匠心独运，巧夺天工”之感。大殿后为三层三重檐木结构玉皇阁，歇山青瓦顶，底层建于两岩间，仅建明间；中层左侧为岩，建明间、右次间和梢间；上层于岩上建左次间、梢间。主楼高过两侧屋顶，形成上宽下窄的整体建筑，既表现构思巧妙，又极富明代建筑风格。各殿檐口均有轩棚，出檐挑枋端部有金瓜垂柱，额枋、雀替太雕花饰精美，山顶最高处为望月台，登台远眺，如临天宇。[1]

现黔东南苗族侗族自治州境内的侗家鼓楼、花桥，被赞誉为“建筑艺术的精华，民族文化的瑰宝，传统建筑园地里的奇葩”，无愧是贵州建筑的杰作。贵州的侗族鼓楼主要集中于黎平、从江、榕江三县，据不完全统计存有300 多座，现存的多层鼓楼有 180 余座。侗寨本身因山就势而建，因水临溪而筑，构成多层次立体空间布局，在密集的民居建筑群中，仍辟出有限的空地建鼓楼，形成构图中心，如出水芙蓉亭亭玉立在吊脚楼群之上，宝塔式的造型拔地高耸，俯视全寨，更加丰富了总体轮廓，使人看到鼓楼就意味着进入侗乡。侗族鼓楼造型独特，已成为侗寨的标志。

侗族地区的鼓楼和风雨桥，举世瞩目。鼓楼是一种密檐式塔形楼，有三重、五重乃至十五重檐，其平面有四边形、六边形、八边形三种，高可数丈，全为木质穿榫结构，风雨桥亦称华侨，它是桥梁、楼亭与房屋建筑的巧妙结合。

贵阳文昌阁屹立在贵州省省会贵阳市东门的月城上。据清朝康熙年间刻立的《重修文昌阁碑记》记载：“于子城之上建阁三层，中祀文昌，上以祀魁星，下以祀武安王，而总名之曰文昌阁。”史书和文献资料记载，贵阳文昌阁初建于明代万历十七年（1589 年），清朝康熙八年（1669 年）由总督卞三元主持重修，康熙三十一年（1692 年）再度重修。这座明代古建筑设计巧妙，结构独特，工艺精湛。主楼高 20 米，是全木结构的三层宝塔式楼阁建筑物。整个阁楼用各类柱、梁、枋、桁等 410 余件木质构件榫接组合而成。每个榫头、斗口尺寸精确，合缝严实，无铁件加固。阁楼第一层为四方形四角，第二、第三层均为九边形九角。第一层 4 根边柱之间的距离为 11. 44 米，周围以直径 35 厘米～45 厘米的圆木 16 根为四面的檐柱，中间树立 4 根金柱直通二层，成为二层的檐柱；第二层在楼面上另竖金柱直通三层，成为三层的檐柱，仍不穿过楼板，而在楼面上另立金柱。在造型上，二三层九边形九角是不相等的。划分角的办法是，先将整个圆周作二等分，再将西面（正面）的

---

[1] 杨永生、王莉慧编：《建筑百家谈古论今：地域编》，中国建筑工业出版社 2007 年版，第 201 页。

一条弧作三等分，其余东、南、北面的三条弧作三等分，从而使二三层的边檐成为不等边的九角形，其艺术形象恰似一顶端庄美丽的皇冠。

图 3-29　甲秀楼

图 3-30　镇远青龙洞建筑群

图3－31　关岭灵龟无梁殿

图3－32　平坝天台山殿堂楼阁

图3－33　织金财神庙

图 3－34　侗族鼓楼

图 3－35　侗族风雨桥

六、陵墓建筑

奢香墓系明贵州宣慰使霭翠之妻奢香的坟墓，在县城北郊 1 公里处的洗马塘边。清道光十八年（1838 年），水城厅奢香后裔安淦辛因奢香墓年久倾圮，便以奢香代夫行职、开通九驿有功，“在国为功臣，于家为节妇”为由，申报大定府，为奢香整修坟墓，立碑、建祠。将原明朝建立的墓碑嵌于墓石上，新镌 3 米高，1.6 米宽的罩碑 1 方立于墓前的碑亭中。碑正中书“明顺德夫人摄贵州宣慰使奢香墓”14 个正楷大字。墓碑前、后、侧 3 方，阴镌安淦辛原禀和大定知府王绪昆、黔西知州吴嵩梁批准的原文，又建砖木结构的奢香祠于梅花墓田中，立“奢香夫人故里”石标于墓侧路旁。奢香墓地碑亭，故里石标和祠早毁，至 1949 年时只存清代石墓和罩碑。1964 年，贵州省人民政府将奢香墓列为省级文物保护单位，县人民政府竖了保护标志。1966 年，墓石、墓碑和保护石标被毁。1979 年，县文化馆初步将墓修复，并镌“明顺德夫人奢香墓”石碑，暂作坟墓标记。1985 年起进行再次修葺，墓园占地 2 万平方米，墓系围石封土，高 4.5 米，直径 6 米，圆围 18.84 米，分 9 盘围石，采用须弥座式，每盘选用 36 块白石安砌；第 6 圆围系 9 板 9 柱白石高浮雕，柱上为彝族虎头纹构成的图案，板上为 9 龙 9 虎变形图；第 9 圆围为瓦当，滴水，瓦当为 72 个虎面浮雕组成。墓前依地形为两道勒石平台，平台高各 1.5 米，第 1 平台长 46.8 米，中为 9 米宽 9 级踏跺，踏跺左右为栏板、立柱浮雕各 3 块，平台左右为白石双面浮雕的栏板 36 块、立柱 38 根镶嵌而成，立柱系虎头圆雕；第 2 平台长 23.4 米，中为 9 级踏跺，左右安栏板、立柱各 3 块，平台镶嵌栏板 18 块，立柱 20 根。1988 年 1 月，国务院公布奢香墓为全国重点文物保护单位。

图 3－36　奢香夫人墓

第四节　医学

贵州民族民间的中医、草药，以苗、侗、彝等少数民族最为出色，其诊法与用药均有独特之处，有些医术仍沿用至今。中医和中药大抵是明代传入。据有关史料记载，明末清初，有些外省籍的中医，如江西丰城的邓春华、四川万县的潘台臣、江西赣州的陈希潘与其弟陈希尧等十多人，纷至沓来，陆续迁居独山、贵定、福泉、瓮安龙里、惠水等县从事医疗活动。洪武二十七年（1394 年）置普定卫惠民药局，永乐十五年（1417 年）置镇远府医学，标志着中医、中药在贵州已有一定发展，自此以后，行医者渐多，著有医书二十余种。

一、苗族医学

苗族医药文化历史，大体经历了三个发展阶段，在不同时期形成了三种形态不一的医药文化现象。一是以神为象征的苗族原始医药文化形态，即氏族部落医药文化。如神话传说中的“神农尝百草”“蚩尤传神药”“祝融授按摩术”“药王传医方”等以神为主，神药两解的原始医药文化形态；二是以沟通鬼神的巫教为象征的巫医结合的巫医文化形态，如苗巫医的“过阴”“望鬼术”“驱鬼术”“占卜术”“神明术”“放蛊术”等巫术与医药相结合，祈求病愈的巫医文化形态；三是以医药治病为象征的苗族医药文化形态。[1] 苗族史学家认为，苗族在唐末宋初以前的发展过程，是属于原始社会。在苗族地区从宋代以来开始产生地主经济，到元、明和清初，又获得了进一步的发展。[2]

1. 苗族的医术

苗医在认识疾病及辨病立症等方面，有自己的特色。黔东南苗医把病分为症和疾，在辩证分类上有两纲（冷病、热病）、五经（冷经、热经、半边经、快经、慢经）三十六症、七十二疾等辨症原则和理论。这“一百单八症疾”中包括了人体消化、呼吸、神经、生殖、内分泌等十大系统；也包括了病症的分科，如内科、外科、妇科、儿科、皮肤科、五官科、传染科、精神科等。松桃苗医也有两纲（冷热二症）、两症（冷症热治，热症冷治）、三十三症、四十九翻、十丹毒、六疗六癀等诊治疾病的思路。苗族医理认为：气、血、水是构成人体的基本物质，人之所以生病，外以水毒、气毒、火毒所犯，内有情感、信念所动，亦因劳累损伤所致，许多苗医的观点是，人体内胃是最主要的器官，胃主宰一切，为人生之本。胃能纳，百病除；胃不纳，百病起，甚至会死。对疾病的诊断，苗医因方言土语不同，诊病手法不尽一致，但在主体上基本相同的。主要有望诊、听诊、摸诊、问诊、嗅诊几个方面。治疗方法上分内治和外治两大类。[3]

苗医把药分为冷药、热药两大类。用药原则是热病用冷药，冷病用热药。在黔东南除上述理论外，还根据药物性味归入五经，即味甜、麻、香、辣的药属扫热药，归冷经；香、辣的药同时归快经、半边经；凡酸、涩、苦属冷

---

[1] 杜江、田华咏、张景梅主编：《苗医药发展史》，中医古籍出版社 2007 年版，第 11 页。

[2] 贵州省民委文教处、贵州省卫生厅中医处等编：《苗族医药学》，贵州民族出版社 1992 年版，第 9 页。

[3] 周真刚：《贵州少数民族传统诊疗方法试探》，《贵州民族研究》2009 年第 6 期。

药，归热经。黔东北苗医还称药物有酸、辛、苦、涩、甘五味，而黔东南有部分苗医则按药物的功效将苗药分为清、消、汗、吐、下、补六类。其中补药又有热补、温补及清补之分。

2. 医药的发展

“改土归流”后，苗族医药技艺的发展，使得“药市”繁荣起来，苗族医师们渐渐感到行医过程中临时上山采药不便，可在药市补充所需药品，从而促进了药物市场的发展。有的苗族医师还发展了家庭引种苗药，克服了因季节影响及一时难以寻找的不便，于是苗家药园就相继发展起来。例如，湘西凤凰县禾库村老苗医吴忠玉家药园就有近两百年的历史。据云不少名贵稀少的药物是从贵州梵净山移植的药种。贵州安龙县酒垤村老苗医杨明珍、熊德芬，关岭县老苗医杨少堂家都有自己祖传几代的药园。由于行医经验之积累，药市及家种药园的发展，药物的加工炮制乃至于简单制剂也开始起步。苗医既可将药物鲜茎捣烂直接运用，亦可经炮制后，制成散剂、丸剂、水剂、酊剂运用。有的珍贵药物，则有特殊的用药方法。如麝香，苗医将糯米与麝香同包在一起密闭储藏，免其气味散发。运用时根据需要取糯米数粒即可。这一时期，苗医对疾病的认识也进了一步，这可以从黔东一些苗族谚语中得到印证。

“天黄必有雨，人黄必有病。”

“七月蜂子八月蛇，九月蚊子了不得。”

“人到老年疾病多，草到冬天干枯多。”

“山上常见千年树，世间难逢百岁人。”

由此可见，苗族地区群众已逐渐从“病为鬼生”的观念中解脱出来，能够通过观神色认识疾病，并能根据物候季节特征分析病因，对人生老病死的客观规律有所认识。

3. 卫生预防保健的进步

“改土归流”后，苗族医药在卫生预防保健方面也有了进步。如盛产辰砂的湘黔交界地区，由于开采辰砂的进展，掌握了辰砂酒防腐、消毒的作用，便以辰砂置住房周围，驱除虫害，并服用辰砂酒，行体内消毒。《凤凰厅志·风俗》记载：择吉日，用竿缠竹叶，扫除屋舍尘埃曰“打扬尘”。“惊蛰先一晚，各家用石灰画弓矢于门……复撒灰于阶以驱除毒虫”。有的苗乡苗寨的苗族还有约定俗成的“款规”，对倾倒脏物，带病串门殃及他人者，当处以罚款等。说明当时苗族地区的群众已经有注重环境卫生的习俗。黔东南凯里、黄平以及黔西南贞平、安龙的苗族地区，常有苗族妇女身揣菖蒲、蜘蛛香、八角风、青藤香等辛香药物，以辟秽气。关岭苗族地区人民上山劳动，常带山慈姑防肚痛，带独脚莲防蛇咬伤等；在厕所丢放槐柳叶、辣蓼叶、草乌等以防蚊蝇滋生；夏天用艾叶、黄荆叶、土荆芥烟熏以防蚊虫叮咬。另外还用八角风、地风藤等煎水洗澡防皮肤生疮、疖；用雄黄、大蒜捣烂兑酒服以防疫病。可见用民间草药防病治病的知识已为苗族群众逐步掌握。[1]

4. 苗族的医学专著

苗族医药历史从传说时期医药知识的原始实践积累开始，就萌芽了医药理论。在经过巫与医的结合，神与药的相互联姻，巫在这时期起到了孕育传播和发展苗族医药的作用，历史上这个时期的苗族医药形成了“巫医一家”和“神药两解”的文化形态。是巫这座桥梁将苗族医药文化传接到秦汉以来有文字记载的苗族医药的时代，从这个时期开始，有关苗族药草、疗法、临床资料见诸于史料中。明清以来的本草专著中记述苗族药物最多的，首推李时珍所著的《本草纲目》。据欧志安先生考证，在《本草纲目》中有同音同义记载的苗药名近40种。欧氏还认为，其他著作中有苗族药物二者同音同义的，有《饮膳正要》《尔雅》等著作。[2] 这些史料的出现，再现了苗族医药的历史。

图3－37　李时珍《本草纲目》

二、侗族医学

侗族在明、清时期被称为“峒家”“峒人”，新中国成立后明确定为侗族。侗族由于没有本民族文字，其历史、文化、医学都靠口传心授，或以古歌形式代代相传，有关医学的文字记载甚少。侗族冲傩（又称侗傩，亦称巫师或老师）认为，人之所以生病是因为鬼神作祟，病人失去灵魂才生病，必须进行“招魂”。在那里，他们根据病人的天干“八字”、患病时间测算是

---

[1] 贵州省民委文教处、贵州省卫生厅中医处等编：《苗族医药学》，贵州民族出版社1992年版，第12页。

[2] 田华咏、杜江：《中国苗医学》，中医古籍出版社2008年版，第4页。

"命病"还是"身病"来治疗。"身病"与"命病"学说起于何时，难以考证，但从"命歌"中，以天干"八字"作为测算的依据，可能是在明代以后。那时大量的外族人员进入侗族地区，带来了外族文化，促进了侗族医学的发展。❶

1. 侗族的医学思想

侗族古代文化包括医学在内，大部分是掌握在佼解使佬和佼解贺佬（意为本寨受尊敬的人和本寨的头领）及冲傩手中。冲傩有许多侗歌和巫祝词语，其中有些是讲述侗医侗药的，侗医的学术思想就是渊源于巫师及侗医的侗歌之中。

天、地、气、水、人"五位一体"思想，是侗医学术思想的核心。在民间流传的侗歌中有这样一些记载，"古闷冬目系韭梭，得地长庚系冷垠"，"索冷拱晕庚畏病，庚对董梭转变冷"，意为"天上生人是股气，地下养人是水和土"，"气多气少人遭病，人死断气转化水"。侗医及冲傩认为天是看不见顶的庞然大物，是股气；地是有形之物，即土和水；人是气所生的，由土和水所养。这就是侗家"天人"和"地人"之说。❷

2. 侗族医术

侗族人民为了生存繁衍，不断地进行摸索总结，发明创造，逐步形成具有本民族特色的传统医药。人们从长期的实践中，也积累了认识疾病、预防疾病，使用药物治疗疾病的丰富经验，并以各种方式流传民间。同时，侗族人民还创造了许多治疗常见病、多发病的简便易学、疗效较好的治病方法，如"刮痧""炸灯火""滚蛋法""挑刺法""化水法"等。尤其是"刮痧"，不仅办法多样，而且几乎家家都会应用，在任何场地都可诊治。

侗族医药师在清乾隆以前已全面掌握了望、问、号及"划诊"等方法诊断病症；并依据疾病的主要症状或临床特征，用形象比喻法，将疾病分为24大症、72小症进行辨病鉴别；采用刮痧、推拿、喷水、拔火罐、捏脊、滚蛋、背药包和草药内服、外敷及浸洗等方法治病。随着社会的进步和发展，在侗族地区信医药的人越来越多，为侗族医药的发展奠定了社会基础。

侗医的治疗文献有药物治疗、刮法、拔法、炸炒火法、放血法、针挑法、按摩推拿法、灸法、滚蛋法、含水咂法、手法疗法、拔毛、捏擦、化水（酒）止痛、药洗、药浴、药熨等方法。其中，掌握的手术疗法，主要有膀胱取石术、死骨摘除术、皮肤黏合术、骨折整复术等。而且，膀胱切开取石术有一整套医疗技术程序，包括肛门、腹壁双合诊，皮肤消毒，切口部位，切口黏合，换药等，表明侗医对膀胱结石的病理、生理、解剖、用药等方面已有相当高的水平。

❶ 陆科闵：《侗族医学》，贵州科技出版社1992年版，第2页。

❷ 洪荒：《思维的和谐　中国民族医药思想研究》，湖北科学技术出版社2013年版，第361页。

3. 侗族医药

侗族药物在命名、用法、炮制、性味、功用、主治等方面，都有着本民族的特点。侗药药名大多数分植物名与药用名，并参照植物器官进行命名。侗药有六味六性。六性为热、凉、收、散、退、补；六味为酸涩、苦、辣、香、淡、甜。味苦性凉，退热；味辣性热，除寒；味酸涩性收，提神、止泻；味香性散，消肿、止痛，祛邪；味淡性退、性平，退水、退气、止血。药物炮制，如“打刀烟”，是将有毒的药物如八角枫枝条，将其燃烧提取一种黏液，外擦治疗风湿性关节炎；又如外用药物药膏治疗颈淋巴结核的药物，都是使用一些古老方法制取药物。[1]

三、彝族医学

彝族是少数民族中历史悠久、支系及人口众多、分布地区较广的民族。彝族人民数千年来在开发边疆云南的生产劳动中，创造了本民族光辉灿烂的古代文明，无论是在科学技术还是文化、史学或艺术等方面，都有卓越的成就；在医学领域也有丰富的知识积累。由于狩猎生产的需要，彝医善于医治跌打损伤。名扬海内外的“云南白药”即是根据彝族民间医治外伤的丰富经验配制而成的。其民间医生对膀胱结石、疳病、麻风病等，都有一定的治疗方法。彝族人民很早就用火硝和硫磺治疗家畜和人体皮肤寄生虫病。这些都显示出彝族医学丰富的知识积累。”在支格阿龙时代，出现了彝族古代最早的医药知识，通过支格阿龙和雷神蒙直阿普的医药问答，当时已知道用头发、羊油、猪蹄、蟒蛇、花椒根、黄连等动植物来治病了。而且初具了火烧、热烙、捣烂、舂烂等简单的药物加工法。“石尔俄特时代”，彝族先民对麝香的作用有了认识，指出其辛香克窜之性，可使草木枯死，可救蛇毒之伤。据一些彝文文献记载，居木武午（即笃慕）派遣的“蛤蟆”医生为恩体谷兹治病的过程中就有“毒蛇咬伤的，麝香拿来敷”的记载。还认识了蜜蜂、水獭、“阿金”（即救军粮）、“列都”（乌头属植物）等动植物的药用价值，并认识到了动物口腔分泌物的药用价值。[2]

1. 彝族医学著作及医学思想

明代，彝医著作不断涌现，充分说明此时彝族医学理论确实取得了很大发展。成书于明嘉靖年间（1522～1566年）的占彝文书《献药经》明确记载64种动物药和5种植物药，并对其采集、加工、煎煮、配制、功效作了一定

---

[1] 张立群主编：《中国民族民间特异疗法大全》，山西科学技术出版社2006年版，第14页。

[2] 《中国彝族通史》编委会编：《中国彝族通史纲要》，云南民族出版社1993年版，第168页。

阐述。明朝时的《明代彝医书》集彝族医药之大成，共记载 252 种动植物药类，23 种矿物药及酿制药品。贵州毕节一带的《寻医找医》和云南禄劝一带的《齐书苏》（意译为《配药方的书籍》）也搜集了大量的药物和处方。

成书于清代的《西南彝志》总结了彝医对人体的形成和气血脏腑的认识，并有了五脏与五行的配属关系。其中记载："人生肾先生，肾与脾成对，肾属壬癸水，脾属戊己土，心属丙丁火，后长肺和肝，肺属庚辛金，肝属甲乙木。"成书早于《西南彝志》的《宇宙人文论》用"五行"来说明人体构造、人体组织之间的生理关系。并指出人的病因不外是人体内部气血不调，饮食不合等内伤，环境变化反常，冷热失适，气候不合等外感。

目前，根据彝医古籍整理出来的基础理论，主要有元气（元始祖气）理论、清气和浊气理论、清浊二路六气学说、彝医的毒邪病因学说；彝医的临床辩证体系，有二气六性辩证、毒邪辩证、脏器系统辩证、寒瘟疫毒病辩证。上述内容构成了彝族医学基础理论的体系。

这些医学著作以本民族文字记录本民族医学内容，丰富了祖国传统医学宝库，亦充分体现出中华灿烂的医药文化，是多民族共同创造的结果。

2. 彝族医药

运用植物、矿物和动物制成各种土方治病，是彝族医药的一大特点。明清时期产生了一些彝医古籍，临床应用的彝药数量逐渐扩大，据当时彝医古籍记载，已有 400 余种彝药，仅《明代彝医书》就收入彝药 231 种。[1] 彝族医药中最富成就的是云南白药，由彝族民间医生曲焕章研制而成。传说他是位擅长猎虎的猎手。有几次他射伤了虎，请人去抬时却不见了虎的踪影。曲焕章颇为疑惑，在一次射伤虎后跟踪观察方知，虎找到了一种草嚼吃，立即止住了伤口的血。曲焕章采回这种草用于治疗跌打损伤，效果显著。后经不断研究配制，制成了"白药"。这种药能治疗创伤出血，止血消炎以及妇科、慢性胃病等，既可外敷，又可内服，深受患者欢迎。1916 年经当面检验，许可立案，正式挂牌生产，当时定名为"百宝丹"。

第五节　历法

明永乐十九年（1421 年），在思州等八府及贵州宣慰司设官管理阴阳学，推演历法，今贵州省博物馆尚存万历《大明统一历》和康熙九年《时宪历》

---

[1] 杨本雷主编、饶文举副主编：《中国彝族医学基础理论》，云南民族出版社 2004 年版，第 5 页。

各一本，说明夏历在这一时期广为传播。自此以后，许多民族都改用夏历，以正月为岁首，按二十四节气安排农事，以干支计算年月和确定场期。

一、彝族的历法

现在的彝历平年有 12 个月，闰年有 13 个月，属于阴阳历，置闰法也与汉历没有区别，但它以十二生肖纪年、纪月、纪日、纪时。

经多次的实地调查，发现在彝族地区曾经普遍使用过一年分为 10 个阳历月的纯太阳历，并获得了几部用彝文写成的专著，其中出于滇南弥勒县的《天文历法史》誊抄于 1895 年，记叙了远古的彝族首领创立十月历的经过。研究表明，彝族十月历非常古老，现已证实它与《夏小正》同出一源。彝族自古以来一直使用十月历，直到明清改土归流以后才改用农历，但某些偏僻地区甚至到 1949 年仍在使用这种历法。

古彝历一年 10 个月，每月 36 天，共 360 天。以十二生肖循环纪日，即每月有三个生肖周，每年有 36 个生肖周。余下的五天或六天单独作为过年日。古彝历一年有两个新年，大年称为星回节，大致在汉历的十二月份；小年叫火把节，大致在汉历的六月份，大年与小年固定相差 185 天，整整半年。无大小月之分，整齐划一，是古彝历的重要特征。

在彝族古籍中，还记载了一年中日月行星的出没方位和日月食规律。彝族对星空的划分基本上按照二十八宿体系，已经命名过的星有 148 颗。在彝语支的纳西族地区还流行着奇特的二十八宿、二十七宿轮流纪日的制度，即 28 天为大月，27 天为小月，循环交替。彝族地区稍有不同，以两个 27 天接一个 28 天作循环周期，平均月长 27.33 日，从天文学的角度看，这个月长相当于一个恒星月。恒星月纪日制度虽然在其他民族中不曾听说过，但在彝族和纳西族中的影响非常大。这种纪日制度一般仅用于宗教祭祀或占卜吉凶。至于恒星月纪日的起源和流传情况，还有待于进一步研究。

二、苗族的历法

传说苗族古历原称子历，后改称苗历。实地调查发现，在 200 多年前，湖南西部的苗族居住区不用汉历而用自己的苗历。

古苗历以冬至为岁首，平年含 12 个月，其中头两个月有专门的名称，分别叫做动月和偏月。第三个月开始，从一到十排序，比如第三个月叫一月，第四个月叫二月，……第十二个月叫十月。每个月有确定的日数：动月和偏月各 28 天，其余 10 个月均为 30 天。古苗历每三年设置一个闰月，用置闰的办法来调整与季节的关系。这样平年日数为 356 天，闰年日数 384 天，平均年长为 365.3 天，所以苗历基本上属于阴阳历。

苗族还另有一套以月亮朔望为周期的简易纪日方法，主要用于年轻人的社交活动。[1]

第六节　交通运输与邮政电信

贵州地处云贵高原东部，全境多山，北有大娄山脉，东北有武陵山脉，西北有乌蒙山脉，西南有老王山脉，苗岭山脉蜿蜒于中部，河流湍急，高山深谷，道路险阻，明谪居贵州的王阳明曾有“连峰际天兮，飞鸟不通”。贵州地区在西南的战略地位甚为重要，东接湖南，西连云南，南界广西，北邻四川，为东来西去、南下北上的必经之地。战国以来有道路与邻近地区相通，庄蹻入滇，贯通东西大道，秦修五尺道，汉开夜郎道，唐代整修牂牁至粤桂道路，宋辟买马之路，使南北干道略具规模，但与中原联系仍感不便。

一、交通运输

早在秦汉时期，贵州即有省际间的运输。元代在贵州开设驿站，主要运输军用物资和过往官员。明、清两代，驿运除供军旅及接送官员而外，主要是运粮、盐、铜、铅，大抵皆以官运为主。到了清末，随着商业的发展，出现了民间运输组织“麻乡约”。驿道运输一直沿用到民国十六年（1927 年），贵州公路开通后才逐渐为汽车运输所代替，但在山区仍利用驿道、大道运输。

贵州古代的运输方式与山区地形有很大关系，或用马驮，或用人力背挑，平地用箩筐扁担，山地用高挑或背篓，背盐时增加一根木杵，以便中途停留休息。明代引入轿子作为运输旅客的工具，明人王士性《黔志》载：“辰州以西，轿无大小，舆者皆八人。其步行山中，又多蛇行……化，改为‘滑竿’，形状如同担架，人坐其上，两人抬竿前行。”清乾隆年间，在乌撒、叙永间运铜，将道路修平，使用牛车，清末在威宁一带也用牛车运铅，但因贵州山路崎岖，使用车辆运输的地方极少，长途运输多用马驮。

1. 粮运

元、明以来，贵州战事频仍，境内所产粮食不敷军用民食，每遇战争必

---

[1] 参见陈久金、杨怡：《中国古代天文与历法》，国际广播出版社 2010 年版，第 150 页。

须从省外调粮，以此粮运所占的比重很大。明朝指定四川、湖广两省每年“额解”粮秣“协济”贵州，战乱期间更大量运输粮饷。如洪武六年（1373年）二月，贵州卫称岁计军粮7万余石，本州及普定、播州等处发征粮12000石，军食不敷。永乐十年（1412年）五月，四川按察副使周南称贵州都司各卫所俱于重庆民仓支给粮米。弘治十二年（1499年）五月，四川布政司运米8万石济贵州。隆庆六年（1572年）六月，巡抚贵州都御史蔡文条奏催解四川、湖广粮饷，因本省夏税秋粮屯科粮米，每岁所入不足供一二月之费。万历二十八年（1600年）“平播”之役，调兵30万，运夫30万，用饷800余万，明朝官军的俸禄，皆以粮米计算，需粮甚多，如景泰元年（1450年），贵州奏请朝廷济粮17万石。

明代粮食运量极大，运输路线有以下8条：一是贵州四川驿道，由重庆经遵义至贵阳丰济仓；二是贵州湖广驿道，由湖广沅辰船行经沅江，溯水至镇远仓转陆行至兴隆卫仓；三是泸州永宁毕节乌撒交水驿道，从四川各地沿长江、永宁河至永宁卫仓，转陆行沿毕节、乌撒驿道，供应西北部各卫所；四是贵州云南驿道，从云南经交水至普安州（今盘县近）普济仓，并沿贵州云南驿道转运沿途各卫所；五是重庆兴隆卫驿道，由重庆经遵义、湄潭、白泥（今余庆）、黄平州（今黄平县旧州）至兴隆卫仓，转运附近卫所；六是（湖广）沅辰铜仁水道；由湖广沅州、辰州溯沅江、辰水至铜仁府；七是（湖广）沅辰铜鼓水道，由湖广溯沅江、清水江达铜鼓卫仓；八是靖州铜鼓驿道，从湖广靖州经永坪，石家、西楼、三星、江团、铁炉驿至铜鼓驿（今锦屏县近），设有铜鼓卫仓。

明朝在贵州等地施行由粮户将赋粮运赴指定地点交纳的办法，运力都由地主转嫁给贫苦人民。熹宗时四川巡按御史张伦奏：“肩挑背负之众，山路阻绝，日行不过三十里，一人所负不过三斗余”，“攀山缘崖，霪霖弥月，河水之泛滥，或夫去而米存，或米去而夫存……，僵仆盈壑，非饥死则疲死，非溺死则毒死，酸目伤心……”

2. 盐运

贵州素不产盐，人民所需食盐，皆仰赖于四川、广东、云南及两淮，所以食盐运量甚大。

明初，普安、普定、乌撒、乌蒙杂给淮、浙、四川、安宁等盐，并未划定销区。永乐年间（1403～1424年），镇远等六府改隶贵州，食用川盐。正统二年（1437年）五月，贵州按察使应履平建言奏称“所辖镇远等六府，洪武年间（1368～1398年）俱隶湖广，食用淮盐，永乐中改隶四川，食用川盐。且诸府去四川陆路月余，盐商素所不至，士民经年不知盐味，乞许其仍食淮盐”。朝廷令两淮官盐听各盐商于贵州地方货卖盐引于镇远销售，镇远以西各地则食邻近之川、滇盐。万历年间改行“纲法”，规定只有名列“纲册”的盐商才有营业运销的权利。据郭子章《题征路苗善后疏》记载：“贵州镇远、铜仁等府，原近湖广，向食淮盐；思南以至永宁等卫原近四川，向食川盐。”可知万历年间，贵州各地已划分了食盐销区。其运销量各年不同，如：景泰元年（1450 年），由云南、四川等地运销贵州的井盐 13 万余引。弘治四年（1491 年）两淮、浙江、四川、云南运销贵州盐 20 万余引。弘治十二年（1499 年）四川等地运销贵州盐 17 万余引。故每年从省外输入贵州的淮、浙、川、滇盐约 20 万引。

盐运路线各地有所不同，万历三十四年（1606 年）六月，郭子章《题征路苗善后疏》称：“食盐一在富顺自流井等处收买，内分运于永宁发卖；一在射洪、胡才、清平渡，杨滔溪、古井口等处收买，内一半运于綦江发卖，一半运于思南发卖。楚中盐于辰常收买，一在镇远、偏桥发卖，一在铜仁发卖。”明代川盐运黔的集散地为永宁（今四川叙永）、綦江、涪陵三地，由永宁走驿道销运贵州西部及西北部，由綦江走驿道销运贵州北部及贵阳、都匀，由涪陵沿乌江运销思南及黔东北，淮盐运黔的集散地为镇远、铜仁。据清《柳州府志卷九·摧税》记载：“怀远分两江通湖（广）、贵（州），商民往来，贩盐贸易，立镇抽收。”故怀远为粤盐销黔的集散地，从怀远（今三江）经古州江（今都柳江）达古州、三脚屯（今三都县境），为粤盐入黔的路径。❶

3. 铜铅运输

云南是我国著名的铜产地，清廷户部《钱法堂掌圜法》记，每年额定滇铜进贡及各省采购数量达 120 万斤，如计私商贩运数，其量更大。运输线分两路：一由东川入川至泸州；一由寻甸经威宁，毕节至永宁，船运泸州转运北京。陆路以马驮为主，划定路段由沿途州、县价雇夫马包运，武装护送。其中黔境可渡河至赤水河一段，历经改修平直，省行一站（原为 15 站）。据《铜政便览·陆运》载，寻甸一路铜斤，由贵州威宁运至四川永宁而止，寻甸店系寻甸州管理。乾隆十年（1745 年），镇雄州罗星渡河道开通，将寻甸由威宁发运永宁铜斤改由罗星水运泸店。自威宁至罗星渡陆路 10 站，每站 100 公斤给运脚银 0. 1292 两，驮银马脚盘费照旧给。三十五年（1770 年），改归镇雄州管理。四十年（1775 年），将寻甸店发运威宁铜斤改归寻甸、宣威二处分运。四十四年（1779 年），改归威宁州管理。自威宁至镇雄州陆路五站，每站百斤给运脚银 0. 11292 两，每 168 斤给筐篓木牌 1 付，银 0. 015 两，每

❶ 《贵州省志·交通志》，第 29 页。

300 斤准折耗铜 3 两，赴省请领运脚。自威宁至省 10 站，应需马脚盘费，照例按站支销。四十六年（1781 年），改归曲靖州承运。道光二十年（1840 年）二月，派平夷知县黎询运一起京铜，于七月二十日起程，次年八月二十日铜运抵京。自滇城至永宁陆路共 1422 里，永宁至泸州水路 410 里。由黔滇交界的倘塘驿入黔境，经可渡河、箐口铺、威宁、清水塘，齐家弯、牛滚塘、白岩至川黔交界的赤水河，计 675 里。黎询本次运铜 1104450 斤。又据《滇南旷厂图纪》记载，寻甸至威宁计十五店，皆系牛车挽运。贵州产铅锌矿，清廷规定黔铅（锌）进贡及各省采购量岁额 470 余万斤。凯里永兴寨产铝沿湘黔驿道陆运至镇远换水运至京师；威宁州属莲花、马街、妈姑、可乐、黑泥、三家弯、羊角、新发、白岩及水城厅属福集，大定府属水峒帕、兴发等地所产的铅，集运于威宁、毕节两地。循运铜道路以驮运至四川永宁，水运泸州转北京。以上铜铅两项运量，以滇铜定额每年 120 万斤计，清代运铜约 3 亿斤，铅的数量更多，都由驿道和水道运往北京等地，用于造币、军工以及民用工业。[1]

二、邮政通信

贵州的邮政通信可追溯到西汉初年，据《史记·将相名臣表》载，汉武帝远光六年（前 129 年）贵州境内即开始设置邮亭，以后各个朝代在贵州设置的邮驿有兴有废，直至元代方成日渐发展的态势，到明代全省驿站已达 93 处，其中马驿 57 处，水马驿 1 处，站 34 处，设置站夫 4677 人，拥有马驴 545 匹，黔西南的邮政事业开始于明末，没有任何设备，全用铺兵传送公文。

第七节　宗教文化

贵州有佛教、道教、伊斯兰教、天主教、基督教 5 种宗教。佛教于唐代传入贵州，主要有禅宗、净土宗、密宗、唯识宗、天台宗、华严宗等派别。道教于宋初传入贵州，有全真道、正一道两派。伊斯兰教于宋宝祐二年（1254 年）传入贵州，教派为格底木、哲赫林耶和伊赫瓦尼。天主教于清初传入贵州。基督教于清光绪三年（1877 年）传入贵州。截至 2000 年 12 月，佛教有信徒 22 万余人，僧、尼 860 余人，开放寺庙 363 座；道教有信徒 1 万余人，

---

[1] 《贵州省志·交通志》，第 31 页。

道士、道姑 3750 人，开放道观 7 座；伊斯兰教有穆斯林 17 万余人，阿訇 680 人，开放清真寺 144 座；天主教有教徒 9 万余人，教职人员 46 人，开放教堂 67 座；基督教有信徒 23 万余人，教职人员 685 人，开放教堂 532 座。[1]

一、佛教

佛教自东汉明帝时始传入中国。魏晋南北朝时期，佛教与玄学结合，得以广泛传播；至隋唐时期，才走上独立发展的道路，形成众多宗派，并深入到中国的社会、政治、文化、生活中。宋代以降，佛教逐步丧失活力，与民间世俗文化混迹。佛教传入贵州在明初。明王朝于永乐十一年（1413 年）建贵州省，佛教自此在贵州省传播。自建省至清中叶，是贵州佛教发展的兴盛时期。

这一时期贵州佛教有如下特点：其一，在明王朝倡教政策的支持下，贵州土司流官多崇佛兴寺，这使佛教迅速在全省传播、繁衍。在当时贵州兴建的著名寺院有："贵阳的大兴寺、永祥寺，安顺的圆通寺，兴仁的护国寺，普安（今盘县）的大威寺，安南（今晴隆）的涌泉寺，毕节的普慧寺，威宁的涌珠寺、能仁寺，遵义的大士阁（万寿寺）、湘山寺、瓦厂寺，都匀的观音寺，麻哈（今麻江）的静晖寺，镇远青龙洞的中河山寺，黄平的月潭寺，平越（今福泉）的三教寺，思南的中和山观音阁，铜仁的东山寺、观音阁等，皆与教化边民有极大的关系。"[2] 我们可以从节录的陈汶忠为铜仁观音阁所作的《记》，来窥探贵州土司流官兴建寺庙的缘由。

陈汶忠《重修木桶观音阁记》云：铜于贱方隶贵阳，而治界楚蜀，邻苗僚，盖岩邑也。而木桶一道阻山面河，结栈而渡，实铜郡之襟供，等厄之外户焉。先是度支郎陈君登陟其地，谓此道为黔楚走集、冠盖往来、士民登临之区，宾客饮饯之地也。谋之先督府石公，稍为增辑辟拓，而建梵宇其上。俾舆而行、骑而驰者如履康庄。……岁久而圮，基址崩塌，栋宇摧朽，……因捐俸，余并主僧募化以济不足，未几旧制复归从前，宏敞壮丽。……登斯阁也，……念疆场之靡宁，思借构以筹边，祈折冲于尊俎，苗顽夷僚，思所以驾驭之策，比望京邑，思所以报称之心……铜素苦苗矣，苗喜劫夺，好杀戮。彼大士者，西方上人也，恶争禁杀，一以无争为教，吾从而事之，焉知彼苗僚者不闻大士之风而变于汉乎，未必于岩邑无补也。[3]

---

[1] 《贵州省志·宗教志》，第 7 页。

[2] 王路平：《贵州佛教史》，贵州人民出版社 2001 年版，第 46 页。

[3] （万历）《铜仁府志》。

其二，配合朝廷的宗教政策，引入僧官制度，大量度化僧人。僧官制度与官学、道官制度相辅相成。其三，密教僧人也流入境内。

贵州省的佛教，属于汉地大乘佛教，信教群众分布在全省各地。省内有全国重点寺庙两座——贵阳黔灵山弘福寺，贵阳阳明路黔明寺；省重点寺庙两座——遵义市湘山寺和安顺市东林寺。

图 3－38　黔灵山弘福寺

图 3－39　安顺东林寺

二、道教

宋朝初年，道教传入贵州。到明代，贵州道教迅速传播，土官、流官、乡绅多奉道教，广建神祠、宫观，尤其是土官奉道教，对长期处于其统治下的民众影响很大。播州宣慰使杨斌，随道士白飞霞学道，在高坪紫霞山建先天观，凿石室为修炼场所。道教传入少数民族地区，遵义、铜仁仡佬族“还傩愿”、黔西北白族神主牌、榕江瑶族“还盘王愿”中，都有道教的影响。

明代，贵州道观有近300座，其中，初具规模的有：贵阳南岳山道观、文昌阁、神武祠（关帝庙）、乌当祖师观、来仙阁、息烽玄天洞、安顺关岳庙、镇宁真武庙、普定关王庙、盘县南极观、遵义先天观、威宁真武观（凤山寺）、黔西玉皇阁、石阡万寿宫、福泉高真观、龙里冠山紫虚观、凯里紫霞宫、香炉山玉皇庙、镇远青龙洞、四宫殿、施秉万寿宫、晴隆关帝庙、玉皇阁、兴义水晶观、安龙三清观等。道观多为道士募化修建，也有官吏捐建的。福泉高真观，为洪武二十二年（1389年）指挥张信建；龙里冠山紫虚观，是永乐七年（1409年）指挥贾禄建；施秉玉皇阁、万寿宫，贵阳神武祠（关帝庙）为万历年间贵州巡抚郭子章建。宫观所供神灵，见于地方志和碑刻等史料的有：三清（玉清、上清、太清）、三官（天官、地官、水官）、玉皇大帝、真武大帝，以及文昌、城隍、灵官、财神、雷神、天后（斗姆）、关帝、吕祖等。

明代贵州道教全真、正一两派广为传播，全真派须出家住观修炼，正一派多居家。两派均有众多信众，影响遍及全省。因道教创立于中国本土，所奉星君仙真，以及众多俗神，容易与少数民族自然崇拜、图腾崇拜、祖先崇拜结合。道教的神诞节会、消灾祈祥、岁时民俗等，也多能与少数民族中普遍存在的巫术、占卜结合，故道教得以在少数民族中迅速传播，范围逐步扩大。遵义、铜仁仡佬族“还傩愿”、黔西北白族神主牌、黔东南榕江瑶族“还盘王愿”，都明显渗入了道教信仰的内容。铜仁傩文化博物馆收藏的明清傩面具，即有灵官、土地、关帝圣君、杨泗、庞氏、牛头、马面、开路将军等；据《盘王大歌》（瑶族道书）载，瑶族所奉道教尊神有三清、玉帝等。

明正统年间（1436～1449年），朝廷组织撰《正统道藏》。明正统十三年（1448年），敕颁贵州一部，藏于贵阳大道观。同时核准贵州置道纪司（省级道教管理机构，设于贵阳大道观），贵州宣慰使荐道士戴雪隐为都纪。天顺元年（1457年），戴雪隐进京领得印篆归来，出任第一任都纪。明清时省内各地所建道教组织有：永宁卫道纪司、黎平府道纪司、永从县（今属从江县）道会司。明嘉靖《贵州通志》载：“永宁卫文昌宫，在卫治宝真山上……即道纪司，正德间土官同知王风仪重修。”《黎平府志》载：明代黎平府和永从县所设之官员，有“道纪司都纪”和“道会司道会”职。另据清道光《遵义府志》载，道纪司在玉皇观。遵义县道会司在永安会馆，桐梓县道会司在城东门内，正安州有道正司，绥阳、仁怀均有道会司。

三、伊斯兰教

宋末元初，一批穆斯林随蒙古军进入今贵州境内，他们所信仰的伊斯兰教亦随之被带入。明初，有不少江南、西北及中原各地的穆斯林，随明军征伐和屯戍各地。洪武十四年（1381 年），随颍川侯傅友德率 30 万大军征云南的永昌侯蓝玉（左副将军）、西平侯沐英（右副将军）均为穆斯林。后沐英率军数万镇守云南。洪武二十年（1387 年），沐英奉诏，自永宁至大理 60 里设 1 堡，皆留兵屯戍。当时乌撒卫辖 48 屯，屯田约 8.5 万亩。其中马家屯、海子屯、卯官屯、尚家电、邓家屯等，不仅名称相沿未变，而且至今仍为回族聚居地。此间，还常有穆斯林将领、官员入黔。洪武二十三年（1390 年），蓝玉督师讨都匀；弘治十二年（1499 年），沐昆（沐英后裔）率部征普安（今盘县）；云南右卫穆斯林孙继鲁，在黎平府任过职。这些将领、官员的部属有不少留居当地。威宁《李氏家乘》载："我族先祖公国安……于洪武年随傅友德、蓝玉、沐英等率领大军南下征服乌蒙，落业于海子屯。"《松林马姓家谱》也载："洪武十四年……我祖马能、马俊二公，随傅、沐、蓝三将转战滇黔，屡建战功，直抵威郡，得守乌撒卫之职，世居威宁城内。"此外，黔西南穆斯林亦有增加。盘县普田大木桥《张姓家谱》载：其先祖于洪武二十三年率回民约 200 人驻普安州瞿黄，保护黔滇驿站，明弘治年间（1488～1505 年）迁至大坡铺（今沙坡）居住。《桂氏家谱》载：其先祖明洪武年间随军征南，得授三源都督，告职后定居云南曲靖，其后居普安州。此外，明永乐前，普安青山就有回族瓦钦、常智及其子孙居此。新城（今兴仁）屯田军中的穆斯林，也有落籍当地者。安顺明初已有穆斯林居住。

明代还有一些外省穆斯林因入黔经商而定居黔中。明王朝因军事需要和发展经济，重视边地驿道建设和河道治理。当时贵州通往湖广、四川、云南、广西的驿道有 5 条。河道治理成效显著，水路交通也较前朝更畅达，为贵州农业、手工业、商业的发展提供了重要保证，吸引了不少外省人（包括穆斯林）来此务农、经商或定居。明朝政府要求各地为回族商人提供方便，洪武二十五年（1392 年），诏谕各地，对回族商人要"与他住坐，恁往来府州县布政司买卖，如遇关津渡口，不许阻滞"。这对回族商业的发展十分有利。据《蔡家地马氏家谱序》载，其先祖便是假贸易之名客游于黔的。云南回族马帮也常往来于贵州，从事商业运输。

随着定居穆斯林人口的增多和经济实力的增长，各穆斯林聚居地开始兴建清真寺。其中建于明洪武年间（1368～1398 年）的有威宁下坝清真寺、马家屯清真寺和马撒营清真寺，建于明万历年间（1573～1620 年）的有威宁杨湾桥清真寺、盘县大坡铺清真寺，明末（约 1640 年）建遵义清真寺。清真寺的建立，使散居的穆斯林之间的联系得以加强，以清真寺为中心的各类宗教、文化活动增多，对伊斯兰教教义及相关技艺的传播有积极作用。

四、天主教

天主教于 1575 年传入贵州。信仰天主教的主要是一部分汉族和布依族。教堂主要分布在贵阳、黔西南自治州、黔南自治州以及铜仁、遵义、安顺等地区。

天主教亦称“公教”“罗马公教”，明末传入贵州。明万历三年（1575 年），罗马教皇额我略十三世将中国列入传教区域时，将贵州划归澳门教区管辖。在西方传教士进入贵州之前，贵州已有天主教活动。清初，南明永历帝的太后、太子、重臣、婢女中信教者数十人。传教士瞿纱微等曾在永历朝廷任职，永历朝廷还与罗马教廷有交往。清初，永历朝廷退至安龙，天主教亦被带入该地。

图 3－40 贵阳北天主教教堂

第四章　清代贵州科学技术发展（1644～1912年）

科学史是片段的、不完整的，它虽然在不断进步，却很缓慢，而且永无止境，可是生活却等不及了，注定要用来维持人类生存和行动的理论总是要超出科学，过早地完成——只要我们模糊地感受到迫切的现实和紧要的生活，便有可能将思维向前推进一步，超出科学所能确定的范围。

——涂尔干《宗教生活的基本形式》

清代贵州与外地的联系加强，汉族大量迁入贵州，中原文化得以全面、持续地在贵州传播，引进生产工具、生产技术并加以推广，使农业、矿业、手工业、建筑及医药、历法等各方面的科学技术得到进一步的提高。

第一节　农学

农业一直以来都是中国立国之本。明代朱元璋下令在贵州广开驿道，并且在驿道沿线广立卫所，设立军屯、民屯和商屯，并给人民耕牛、农具、种子，就地从事农业生产，打破了贵州农业技术的闭塞状态。明清时期，政府由长江中游沿沅江谷地向西先后设置了大批府治和县治，其中有铜仁、思南、黎平、镇远、平越、安顺以及遵义等。清代在设置府县的同时，还进行了屯垦，湖南、广西、四川等省大量汉族人民陆续被迫迁移至贵州东部、中部和南部、西部一带。仅清道光年间，松桃、镇远、黎平、平越、都匀、贵阳、普安、兴义、大定等府厅到达的“客民”就有六万余户。这些汉族人民引进了农业技术和相对先进生产方式，开垦了很多昔日的莽莽丛林和荒地，改变了贵州落后的生产面貌，贵州农业技术的发展也揭开了新的一页。再加上，由于地方割据势力的覆灭，“改土归流”的实行，贵州与各省之间的经济文化联系加强了，农业有了显著的发展。玉米、番薯等大量作物的引入和传播，耕地面积的扩大，使清代成为贵州传统农业发展史上最为重要的阶段，农业在各个方面都取得了较大的成就。

一、农业发展水平

贵州地处云贵高原东部，地形复杂，山地高原比重过大，又是多民族聚居的省份，贵州各地在不同的发展速度、规模和方式中逐渐形成各自的区域特征。到了清代，封建社会已进入晚期，农业生产已有了巨大的变化，专门化的农业生产在一些地区已经形成。但是由于贵州长期落后于中部各省，农业基础十分薄弱，商品经济极不发达。因此虽经清代的苦心经营，但绝大部分地区，封建生产方式仍占统治地位，这样因农业发展程度不同而使清代贵州农业表现出明显的地域差异。

按照当时农业生产的自然条件、农作物结构和农业生产发展水平大致相同的原则，并结合贵州的行政区域，将清代贵州划分为六大农业区域：一是黔东北区，主要包括松桃厅、铜仁府、思州府、镇远府；二是黔北区，包括遵义府、石阡府和思南府；三是黔东南区，包括黎平府、都匀府；四是黔中区，包括贵阳府、平越直隶州；五是黔西南区，包括安顺府、兴义府和普安厅；六是黔西区，主要是大定府。[1]

劳动力的分布状况是反映一个地区农业发展水平高低的重要指标。这里我们立足于康熙、乾隆、嘉庆年间的人口分布表来看看当时劳动力的分布状况。由于明末清初，几十年战乱不断，由表 4－1 看出，康熙年间贵州人口主要分布在黔东南的黎平一带。加之清政府在黎平大量屯田，使得经济有所发展，虽然黎平自然环境较差，但其人口密度依然最大。随着中央集权的不断强化及其对边疆地区控制的加强，雍正五年开始对黎平以西、都匀府以东、镇远以南进行“改土归流”，迫使人口大量逃亡到黎平，该地人口密度得到一定程度的增加；加之当地在当时繁盛的木材贸易，使得该地人口密度跃居全省第一。镇远、都匀等地人口下降。以安顺为主的黔中地区以相对稳定平和的社会环境与较好的地理优势，人口增加，人口密度为每平方公里 44.2 人，位居全省第二。

---

[1] 陈国生：《清代贵州农业区域特征初论》，《中国历史地理论丛》1995 年第 1 期。

表 4－1 康熙年间的贵州人口分布❶

府名	户数	人口修正数	面积（km^2）	人口密度（人/km^2）
贵阳	15818	221500	16091	13.8
安顺	33894	474500	28759	16.5
平越	10026	140400	7875	17.8
都匀	15366	215100	12750	16.9
镇远	6962	97500	5850	16.7
思南	6482	90700	12300	7.4
石阡	2853	39800	3000	13.3
思州	3213	45000	2000	22.5
铜仁	2828	39600	5400	7.3
黎平	49460	692400	11100	62.4
威宁	26321	368500	18810	19.6

表 4－2 雍正十年（1732 年）的贵州人口分布

府名	户数	人口修正数	面积（km^2）	人口密度（人/km^2）
贵阳	23642	355209	17700	20.1
安顺	36317	544800	12900	42.2
平越	10781	161700	7875	20.5
都匀	17847	267700	15300	17.5
镇远	9526	142900	10100	14.1
思南	6630	99500	12300	8.1
石阡	6790	102000	3000	34.0
思州	6867	103000	2700	38.2
铜仁	4300	64500	5400	11.9
黎平	63653	954800	11100	86.0
大定	27951	445700	17100	26.1

❶ 资料来源：户数、口数均源于《嘉庆重修一统志》；面积源于梁方仲先生《中国历代人口、田地、田赋统计》甲表88，关于石阡府之面积，梁先生原数为900平方公里，查《中国历史地图集》第8册第38～39页贵州图，石阡府所辖地域比思州府还大，以分割补偿、方格求积法当为3000平方公里左右。

续表

府名	户数	人口修正数	面积（km^2）	人口密度（人/km^2）
南笼	23480	352200	14250	24.7
遵义	30884	463300	16200	28.6

表 4－3　嘉庆二十五年（1820 年）的贵州人口分布

府名	户数	口数	面积（km^2）	人口密度（人/km^2）
贵阳	151251	741009	17700	41.9
安顺	138210	769775	12900	59.7
都匀	51794	243011	15300	15.9
镇远	120435	573300	11700	49.0
思南	80842	335882	12300	27.3
石阡	21595	95164	3000	31.7
思州	22580	126191	2700	46.7
铜仁	37378	131261	3000	43.8
黎平	69677	286157	11100	25.8
大定	117741	553791	17100	32.4
兴义	61006	309481	9600	32.2
遵义	115769	591596	16200	36.5
平越直隶州	77392	367608	6300	58.4
松桃直隶厅	26001	115453	2400	48.1
晋安直隶厅	16214	74705	4650	16.1
仁怀直隶厅	8999	34284	2700	12.7

从表 4－3 可以看出，嘉庆二十五年的贵州人口分布重心已由黔东南的黎平转向黔中地区。其中安顺的人口密度居于全省第一。清代贵州以黔北、黔中、黔西南三区人口最多，而以黔东北、黔中、黔西南三区人口密度最大，而原来一直人口数量多、密度大的黔北区，此时人口密度却降到第四位。显而易见，清代前期贵州人口的区域分布有这样一个变化过程，大致有两个阶段：第一阶段为清朝初年至乾隆前期，第二阶段为乾隆后期到嘉庆年间。其中第一阶段贵州人口主要分布在以黎平为主的黔东南一带，第二阶段贵州人口主要分布在黔中一带。这表明劳动力逐渐转移至黔中安顺等地，从而也奠定了黔中区在清代农业开发的领先地位。

土地是农业的基本生产资料，因此从对土地的利用情况也可以看出一地的农业生产状况。贵州是我国地貌类型复杂，又主要是岩溶地貌的省份之一。全省依地形特征可划分为高原、山地、丘陵、盆地等四种类型。其中高原和各种山地占全省总面积的87%，丘陵占10%，盆地占3%。全省除黔北的赤水、习水和黔西南的册亨、望漠一带为页岩，黔东南大部分地区为变质岩外，其余70%以上地区为岩溶地貌。属于亚热带湿润季风气候，东半部在全年湿润的东南季风区内，西部处于无明显干湿季之分的东南季风向干湿季分明的西南季风过渡地带，境内河流较多，主要发源于西部和中部山地，顺地势向北、东、南三面分流，以苗岭为分水岭，分属长江和珠江两大流域。由于各地不同的地质地貌和生物气候条件的影响，加上人类耕作活动的作用，使得本省土地资源丰富，大致构成“八山一水一分田”的土地状况。基于各自然区的地貌不同，原有的农业基础各异，因此其开发利用也存在着较大差异，各具特色。[1]

黔东北地区地处贵州高原向湘川丘陵过渡的地带，东部地区近似湘川丘陵、盆地。进入清代后，由于土地拓耕不断发展，黔东北地区对于土地的开发利用成绩尤为显著，各地政府对农业生产状况极为关注。在清代统治者鼓励垦荒，重视发展水利的社会条件下，当地土地资源开发得到很大发展。自然条件复杂多样的黔东北区也有利于多种经济作物的栽培，因此其棉花种植面积仅次于黔北地区。而且水源条件优越，素有“山高水高”之说，因此本区也是水稻的幼苗宜生长地。黔北区位处大娄山以北，土地资源和利用特点是：山地多，河谷盆地少，山高水低，在灰岩区有相当多的裸岩，水源缺乏。以旱作坡土或坡式梯土为主，水田面积少。所以该区是贵州棉花、丝织的主要产区，土地开发程度最高，也最彻底，农业生产技术高。尤其是当地人民摸索到一整套发展蚕丝的技术，是贵州蚕丝业最兴旺的区域。黔中区自明代以来一直是贵州省的政治、军事和文化中心。该区丘陵盆地面积多，气候温和湿润，相比其他区域相对高度较小。黔中包含了贵州山原的大部分，是贵州山原的主体。其中它的区域包括大娄山以南、梵净山以西、北盘江以东。由于大量土地的开垦和移民的迁入，使得该区人口密度处于贵州省的前列。黔东南区位于贵州高原向湘西、桂林的过渡地带，东面接近湘西、桂林丘陵盆地，西部具有高原的一些特点。地势低缓，以低山丘陵盆地为主，也是历史上开发较早的地区之一。到清代以后经济地位明显后退，人口密度仅18.76人/km^2，是全省人口密度最低的地区，加之是清代“苗疆”的主要分布区，

---

[1] 陈国生：《清代贵州农作物的地域分布》，《中国历史地理论丛》1994年第1期。

苗族最多，“地利未辟，苗多不知树艺之法”[1]，土地开发速度十分缓慢，是黔省土地开发程度最低的一区，其中垦殖指数仅占0.64%，约为全省平均垦殖指数的一半。

黔西区位于贵州“屋脊”，气候温凉，早晚温差较大。春夏多冰雹，水源缺乏，冬春干旱，耕地以旱以为主，是一个以旱作为主养畜业发达的高寒山区。岩溶地貌普遍发育，加重地表干旱程度，适宜包谷、马铃薯、荞麦的种植，荞麦大部分是苦荞，百日即可成实，是高山高原地区分布较广的作物，特别是威宁州“地气早寒，不宜稻，土人悉种之，资以为食”。[2] 由于受这种恶劣的自然环境的制约，黔西区的土地开发速度缓慢，垦殖指数仅0.90%。黔西南区位于贵州高原向广西丘陵过渡的地带，以山地为主。其中北面岩溶地貌发育，基岩裸露面积大，地面干旱缺水，而南面山地坡度大，水低田高，因地广人稀，交通不便，给土地开发带来一定的困难，垦殖指数仅0.92%。清代前期很大一部分地区仍然荒无人烟，瘴病袭人。比如安顺府永丰州“山高著深，既乏水源，又鲜平衍，土多田少，性寒而薄，于禾稻不宜，地又多瘴病，耕地少，至是以客户屏入者无多”。[3] 到了清代中叶，经过“改土归流”，外省流民蜂拥而入，郎岱厅流民“肩承背负，攀藤附葛者，终日络绎于途”。[4] 兴义府四通八达，从江西、广东、四川、湖南、湖北来的流民，“源源而至者，日盛月增”，每年春冬两季更是“月以数百计”。这些流民以其先进的生产技术和经验极大地促进了黔西南地区土地开发的发展。[5] 就全省而言，清代贵州的垦殖重心在黔西、黔西南及黔中地区。这里“山警阻深，岩洞深邃”，[6] 成为清代贵州新增加的府县的主要分布区域。各地区的自然环境、土地分布及垦殖情况也决定了各地农作物的差异性，因此也反映了清代贵州各区域的农业生产发展水平。

二、新作物的引进

清代贵州多山的地理条件对于生物的成长具有一定的挑战性，由于土多沙石，且难灌溉，如果缺少能适应这种环境的作物，大规模地开垦田地种植也是不可能的。为发展贵州农业，清政府努力推广开垦山土，增种杂粮的政

[1] （光绪）《古州厅志》卷4《农事》。
[2] （康熙）《贵州通志》卷12《物产》。
[3] 《黔南职方纪略》卷1《安顺府》。
[4] 《黔南职方纪略》卷1《安顺府》。
[5] 陈国生：《清代贵州农作物的地域分布》，《中国历史地理论丛》1994年第1期。
[6] 《黔南职方纪略》卷3《大定府》。

策，规定“凡有可垦山土，俱报官勘验，或令业主自垦，或招佃共垦”，[1] 积极鼓励开垦土地，派遣各地方官员深入考察，兴修水利，经过长期的实践和农民的劳动智慧，水稻、玉米、番薯等农作物开始在贵州大部分地区传播和耕种。

1. 水稻的种植

贵州地处云贵高原东部，基本上以水稻种植为主，尤其是间山坝区和河谷地带，水稻生产更为集中。直到清代贵州水稻种植仍极为普遍，广泛分布全省各府县，一些地势较低而且相对平坦的府县水稻种植更居优势。清代贵州水稻主要产区有三：一是以遵义为中心的地区，包括仁怀、桐梓、正安、媚潭、龙泉、瓮安等县。如泥潭县虽然谷种不一，但稻为首，“水田皆宜稻”。[2] 二是以贵阳、安顺为中心的中部各县。修文县每年开支之外，尚余米4360石。三是以都匀、独山为中心的附近诸县。“独山州屋舍比连，绣壤交错，望万家之灯火，数百家之仓籍，富庶之象，宛然在目。”[3] 再加上大量的垦田和兴修水利，水稻种植范围得以扩大，所以清代贵州的稻谷在粮作物中所占的播种面积最大。贵阳府水稻的种类很多“红粘、白粘；有黑稿、毛糯；又有早稻……虫单鸣稻……晚稻……”[4] 循潭“水田皆宜稻……其次莫如麦”。[5] 兴义县邑“龄省水田之多，无过此者”。[6] 遵义县“产米颇饶，食用之余，尚多益藏”。[7] 由此看出水稻是清代贵州省种植面积最大的作物。黔东北区水源丰富，享有“山高水高”之誉，又是汉人最早移民区，耕作技术高，以致水稻成为本区粮食作物中的优势作物。黔东南区稻谷为本区占优势地位的粮食作物，中部、北部各县以种植籼稻为主，南部各县则多植糯稻，年仅一熟，农历四月播种，十一月收获，亩产低于籼稻。

2. 玉米的引进与推广

玉米是在明末传入贵州的，[8] 但是康熙年间才有记载，[9] 乾隆年间得到普遍推广，道光时期玉米已是贵州主要粮食作物，玉米种植带来贵州山地垦殖

---

[1] 《清高宗实录》卷103，乾隆五年十一月。

[2] （光绪）欧阳曙：《调潭县志》卷4《食货》。

[3] （乾隆）艾茂：《独山州志》卷3《地理志》。

[4] （道光）周作楫：《贵阳府志》卷47《食货略》。

[5] （乾隆）欧阳曙：《源潭县志》卷4《食货》。

[6] （乾隆）爱必达：《黔南识略》卷27《兴义县》。

[7] （乾隆）爱必达：《黔南识略》卷30《遵义府》。

[8] （道光）《遵义府志》转引明代绥阳知县毋扬祖《利民条约》：“县中平地居民只知种稻，山民只知种秋禾、玉米、粱稗、菽豆、大麦等物，俱不知种黍稷与小麦。”可见，早在明代玉米已是贵州北部山地的杂粮之一。

[9] 康熙六十一年（1722年）《思州府志》卷4载思州府出产玉米（包谷、雨麦）。

高峰。山地的环境，对于农业生产的发展，有着显而易见的利与弊。贵州是一个典型的“山国”，王阳明在《重修月谭寺公馆记》中写道：“天下之山，萃于云贵；连亘万里，际天无极。”他以诗一般的语言，生动地描写了云贵高原的地理特征和磅礴气势。的确，整个云贵高原山连山，山叠山，山外还是山，到处峰峦叠嶂，起伏不平。贵州地处云贵高原东部，自然也是“开门见山”的地方，山地占据着全省总面积的 87%，丘陵占了 10%，而平地仅占 3%，山地的特点，比云南更为显著。玉米能抗旱耐寒，“箐地田土地冷，民间恃包谷日用只需”，[1]“虽山严可植，不滋水而生”，[2]“虽瘠地亦获微收”。[3]其优势是适应在不宜种稻麦的山区种植。玉米的特性使我国在清代中晚期第一次有了适宜在高海拔山地种植的旱地粮食作物品种，[4] 并获得普遍推广和大规模种植。

从地方志看，乾隆年间贵州种植玉米的地区遍及普安州、玉屏县、独山州、镇远府、清江县、贵阳、安顺、务川、威宁州、兴义府、普安直隶厅、仁怀等地。在不宜种植水稻的地区，玉米是最主要的粮食作物。如兴义府“全郡皆产，全郡多山，包谷宜山，故种之者较稻谷为多，贫民多以代谷”。[5]仁怀县“宜稻、菽、粟、高粱、玉蜀黎，而玉蜀黎尤为日用之需，土人名曰包谷”。[6] 而在黔西等高寒地区，因“山峻少平地，土薄而多石”，“即获亦玉蜀黍、荞麦、红稗，居其十之八九”（道光《大定府志》）。荡波玉米“平陆高山皆种植，二三月下种，五六月即收。惹邑山多田少，惟恃此以度荒月”。[7]可见，玉米已是当地的主食。

即使在传统的水稻区，玉米的地位也不容忽视。清代贵州水稻有三大产区：一是以遵义为中心的北部地区；二是以贵阳、安顺为中心的中部各县；三是以都匀、独山为中心的附近诸县。其余地区稻田实际面积和产量较少。虽然这些地方是水稻的主要产区，但是随着玉米的推广，这时玉米已成为贵州民间的主要粮食，广大干旱丘陵山地，甚至台地无不种植，因而玉米很快成为与稻谷不分上下的粮食作物。贵州粮食作物布局这种根本性的转变，是

---

[1] （乾隆）刘岱：《开泰县志》卷 31。

[2] （乾隆）王粤麟：《普安直隶厅志》卷 24。

[3] （光绪）陆渐鸿：《古州厅志》卷 4。

[4] 张祥稳、惠富平：《清代中晚期山地种植玉米引发的水土流失及遏止措施》，《中国农史》2006 年第 3 期。

[5] （道光）《兴义府志》卷 43。

[6] 《黔南职方纪略》卷 4《仁怀县》。

[7] 《荡波县志》卷 4《食货》。

贵州历史上前所未有的;[1] 同时玉米的推广可以把开垦的土地充分利用起来进行耕种，促进了农业生产的极大发展。

3. 番薯的引进

相对于水稻和玉米，番薯的引入引起了清代贵州农业技术上的一次变革。从清代来看，乾隆年间就特诏谕吏民，倡导种薯，“使民间共和其利，广为栽种，接济民食”。因此番薯在全国的推广是极为普遍的，和玉米的传播相比要顺利得多。各个州府的官员也督促种植，并且制定了相应的章程，“陈文政《红薯利民通禀》……通饬全省广种在案。”[2] 从这里可以看出番薯种植已经开始在全省范围内开始推广。遵义府“其农广种番薯，收多至三四十石，即煮以当粮，亦可碎切和米作饭”。[3] 思南“尤恃番薯以给朝夕”。[4] 天柱县“土深尤宜番薯栽种”。[5] 仁怀县山农饮食更是“全资包谷，济以番薯，硗瘠之户，或莜或稗，有终年未尝食稻者”。[6]

番薯的引入和种植，使很多开垦的土地得到有效利用，也使之成为水稻和玉米之后，清代贵州主要的粮食作物。但是贵州气候偏冷，据史料记载“甚或立夏半月犹衣裘褐”。大定府因“地高而土瘠，气胁而候愈，山岚郁蒸，四时多雨，及冬则白气弥山漫入，户墉阴凝，草树望之，皆雪柱水车也，故土人谓凌城。屋不可瓦，受冻则毁，故以茅屋居多”。番薯是亚热带作物，宜于温暖潮湿地区生长，在贵州寒冷的冬天不易于收藏，以致番薯在贵州地区没有像玉米那样广泛地传播。在清代，无论是府志，还是县志，关于番薯仅记载十余条，而玉米的就有四十多条。虽然这样，番薯仍然是高产作物，对土地要求极低，而且产量可观，在清代的粮食作物中仍然占有一席之地。平越直隶州所种番薯“大者径一二尺”，山农广种，年产多至三四十石，煮以当粮。[7] 兴义府平地处多种番薯，“郡之贫民，多用以代饭”[8]。

总之，清代贵州随着番薯、玉米的广泛播种，农作物的单调性已经为多样性所取代。这就为农产品的商品化提供了丰富的物质基础，并相应引起社会各种关系的变化，经济作物的种植因此才获得巨大的发展。

---

[1] 陈国生:《清代贵州农作物的地域分布》,《中国历史地理论丛》1994 年第 1 期。

[2] 《黎平府志》卷 3 下《食货》。

[3] 《遵义府志》卷 1。

[4] 《思南府续志》卷 3《食货门》。

[5] 《天柱县志》卷 3《食货》。

[6] 《思南府续志》卷 2《地理门》。

[7] (光绪)《平越直隶州志》卷 22《物产》。

[8] (道光)《兴义府志》卷 43《物产志》。

4. 蚕桑的引进和推广

蚕桑的引进和推广，是清代贵州农业上的一大进步。起源于山东的柞蚕放养、柞丝绸织造业，从清朝康熙年间开始，在国内一些产柞的省区推广普及。乾隆三年（1738年），江西赣州府同知陈玉鳖升任贵州遵义府知府。自到遵义后，“日夕思所以利民，事无大小俱举，民歌乐之”。[1] 当时，遵义府经济相当落后，“四境多山，地瘠民贫，负通多至数十年”。[2] 百姓的生活十分困苦。他到任不久便到处巡视，考察民生疾苦，探查贵州遵义土地等自然资源。他发现遵义到处都有茂盛的树林，而老百姓只知道砍木头来生火做饭而不知道充分用作他用，他不禁十分感叹，继而大喜道：“此吾乡青莱间树也，吾得以富吾民矣。”[3] 于是，他决定在遵义推广蚕业，将那些树木充分地利用起来，作为发展本地经济的尝试。在乾隆四年冬，陈玉鳖派人到山东历城家乡购买蚕种及聘请技术人员。不料返回贵州的途中，到了湖南的沅江，由于南方气温太高了，所有的蛹都化蛾破茧而出，蚕师们只有中途返回。可见养蚕一事有其难度，就连乾隆也批云“此事论之似迂，行之实难而若果妥切办理，则实有益于农民者也”。初次失利，但他并没有气馁。乾隆六年冬，他再次派人赴历城，并且要求到期赶回，终于将蚕种运到遵义。于是，他即安排在遵义城郊西边的小山上放养，次年春茧即获丰收。他随即将春茧分发四乡，以为秋种，进行推广。不料“次年烘种，乡人不熟悉烘烤的火候，火候稍微热了，蚕未茧皆疾发，竟断种”。[4] 陈玉鳖在受到这次大挫折后，仍然坚持不放弃，经费不足，他将自己的私人工资捐出。“复遣人之历城，候茧成，多致之，事事亲酌之，白其利病，蚕则大熟，乃遣蚕师四人，分教四乡。”[5] 差不多同时在乾隆八年十一月初八乾隆针对四川放养山蚕成功发布一道上谕，它对在全国推广山蚕放养有提纲挈领的作用，也看出了政府对养蚕业的重视。

据四川按察使姜顺龙奏称，“东省有蚕二种，食椿叶者名椿蚕，食柞叶者名山蚕。此蚕不须食桑叶，兼可散置树枝，自然成茧。臣在蜀见有青杠树一种，其叶类柞，堪以喂养山蚕。大邑知县王隽，曾取东省茧数万，散给民间，教以喂养，两年以来，已有成效。请妨下东省抚臣，将前项椿蚕、山蚕二种，作何喂养之法，详细移咨各省。如各省见有椿树、青杠树，即可如法喂养，

[1] 《遵义府志》卷30。
[2] 《遵义府志》卷3。
[3] 《贵州通志·宦绩志》。
[4] 《遵义府志》卷16。
[5] 《遵义府志》卷16。

以收茧利”。[1]

乾隆八年秋，获得蚕茧的收入就达到800万。收茧既多，又聘请蚕师、织师传授放养柞蚕及缫丝之法，陈玉鳖又命令织师教遵义百姓缀丝技术，并利用行政手段在邻近的境内广为推行。养蚕业得到了很大的推广和发展，四乡之民“皆争若取宝”，积极要求养蚕。他便“授以种，给予工作之资，经纬之具”，并“令转相教告”。[2] 不数年，“纺织之声相闻，槲林之荫迷路”，遵义丝绸“竟与吴绫、蜀锦争价中州”。

与此同时，贵州其他地区也相继模仿。仁怀厅“广放山蚕，结茧数万，试织茧绸，各属仿行，渐知机抒”。[3] 嘉庆二十二年（1817年），刘宪祖担任永从（今从江县）通判，[4] 发现龙图、贯洞等许多地方也像遵义那样到处都有茂盛的树林，而老百姓只知道砍木头来生火做饭而不知道充分用作他用，他不禁十分感叹可惜。于是他召集了当地的领头人一起商议，刘宪祖向他们介绍了养蚕织丝的好处，希望聘请遵义蚕师来此地教授养蚕技术。然而大家讨论商议后，当时各地的领头人竟然没有赞同的。他们说：“苗民素俭朴，若招匠入寨，饮食酒肉，赌博奢华，恐坏苗俗，得不偿失矣。”宪祖坚持反复劝说，并且与其立下约定：“但招遵义匠一二人，教尔蚕，教尔砍橡蓄橡，蚕成又教尔织，匠人不率教，则告于官，逐而易之，如何?”[5] 经过宪祖的极力劝说，各地的领头人才勉强答应，他便派人去遵义请蚕师，买蚕种，至此，养蚕业才得以在永从等地传播。后来，刘宪祖又在丹江（今丹寨县）、普安、务川等地担任官职，他每到一个地方，都像在永从那样极力推广蚕业。如史料记载：道光四年，刘宪祖任安平（今平坝县）知县，见此地树林繁茂，乃报上层建议在安平发展蚕丝业，得到督抚等的支持，并“各捐重资，遍饬州县，教民种育”。宪祖七月到任，九月即发养蚕条教五条，由官府发给树种，谕令百姓栽种，并严禁砍伐。冬月，即招来遵义蚕师数人，教民放养。又贷款给那些愿意放养而苦于没有本钱的贫民。为资鼓励，且有约于前：若遇天灾，如冰雹旱涝等，免于偿还。极大地调动了百姓的积极性。于是，民皆踊跃，宪祖遂贷出银四百六十两，有效地扶助了蚕业的推广。而后，为了让百姓尽快地掌握养蚕技术，乃“仿楼祷耕织图，纂成橡苗图说，自种橡辨橡，以至上机成绸，厘为四十一说，说各一幅图，有诗以咏之，校授梓人而印刷之，

---

[1] 《清高宗实录》卷204。

[2] 《遵义府志》卷16。

[3] 《清高宗实录》卷647。

[4] 刘宪祖字仲矩，福建闽靖人。他“性赋仁厚，兼精医理地理，日以民虞为念，衣服敝而不易，饮食粗而自安”。

[5] 《安顺府志》卷49。

伸阅者各自为师”。刘宪祖用这种宣传诗画传播蚕艺，通俗易懂，收到了很好的效果。安平自此“种橡益多，放养益广”。百姓十分振奋，俱道：“异日之安平，焉知不如今日之遵义哉！”

由上知安平知县刘宪祖在道光四年“捐廉购橡种延工师，教树橡育蚕，厥后县人渐知此项饲畜之业”。❶ 并“渐推渐广，精益求精，以致遵义茧丝之名竟与吴绫蜀锦争价中州”。❷ 刘宪祖为贵州当地的养蚕业做出了很大的贡献。在此期间他写诗数首，从其作中也可看出种橡养蚕的大概过程。现摘抄其橡茧十咏于下：❸

种橡

种谷年一收，收亦难盈庾。砾石不可耕，耕之亦徒苦。
嗟我平坝民，坐弃此瘠土。唯橡土所宜，胡弗万家树？

窖茧

天地气氤氲，群生皆托始。蛹卧小屋中，亦具化醇理。
气寒生不蕃，气暖生无已。密室火薰蒸，造化洪炉似。

春放蚕

嗟哉我贫民，卒岁衣无袯。趁此日迟迟，布谷催未急。
检取附枝蚕，分送枝南北。绕树绿云微，转瞬霜盈植。

秋放蚕

七月火西流，万物多蛰伏。相彼再熟蚕，煦煦当秋育。
一丝系两蛾，生子犹簇簇。岂独受气奇？实亦民之福。

殴蠹

禾苗苦螟螣，蚕岂独无苦？蠡能戗其生，我则纳诸罟。
乌欲肆其贪，我则攻以鼓。问余何恶斯？此是蚕之虎。

移枝

养蚕如养民，民自食其力。蚕若惄调饥，惟有僵而直。
所贵养蚕人，己饥常恻恻。移枝若移民，勿使饥无食。

煮茧

吐尽口中丝，功成身乃失。鼎镬风来香，闻之或心怵。
我思呕丝人，即是古良弼。衣被及万民，身死非所恤。

---

❶ 《平坝县志·业产志》。
❷ 《八寨县志稿》卷 17《农桑》。
❸ 《安顺府志》卷 53《艺文志十》。

上机

明月上高楼，机杼鸣清夜。问汝一何勤？夜深机不下。
自言新种橡，贸丝得高价。语罢风萧萧，书声出茅舍。

利无竿

昔日作柴薪，今日成素缟。新丝好缝裳，余帛换香稻。
瘦土不宜禾，乃得三盆缫。缕缕是黄金，地真不爱宝。

永不税

我皇重边疆，岁縻百万数。入吏广皇仁，为汝谋襦袴。
岂有衣汝衣，而令汝出赋？保障我未能，茧丝汝无惧。

嘉庆五年，浙江乌程举人徐玉章任仁怀同知。他为人宽厚仁慈，擅长吟诗作对，文笔斐然，并且每到一个新的地方，他一定会实地考察，根据当地的实际情况，写出计划，发展当地的经济。他任仁怀同知时，便“教民种橡以育蚕”。及署大定，即设置纺织局，“复劝民种橡以育蚕，蚕织渐兴”。[1] 道光十年，徐玉章升任兴义府知府，于是他又将养蚕业引入兴义并且对其推广，他招聘技艺高超的蚕师给当地的百姓传授养蚕的技术，这样使得蚕丝业发展到贵州边远落后的少数民族地区。道光十九年（1839 年），黄乐之任遵义知府，他再三劝民养蚕，颁发了《劝民种桑示》，又以《种蚕捷法》《蚕桑宝要》等书分发各地，并刊刻《蚕桑实要》一书，要求“家园野圃并可分栽，院落坪阴皆堪偏植”。同时还制定了奖惩方法：“活桑百株者，赏金一两，银牌一面，花红一副，依次递增”。“倘有潜拔人桑株，偷摘人桑叶者一经查出，定以严惩。”于是在当地掀起了养蚕的浪潮，“邻叟村媪相遇，惟絮话春丝几何，秋丝几何，子弟养置之善否”。[2] 清朝后期莫友芝为郑珍柞蚕专著《樗茧谱》作跋，说遵义地处偏远山区，本来土瘠民贫，糊口不给，而“自有槲茧以来，寡者日以众，贫者日以富，数十万户阖不含哺鼓腹，怡然于槲荫丝灶之间。而其秀者，亦得所凭藉，以优游乎文林义府，争娴雅都丽，以与吴越齐秦人士相轩轾”。郑珍、莫友芝就是得此凭借成长起来的文化巨人。

这一时期贵州的农业专书很多，如：明代杨如皋的《课农琐记》，清代罗文思的《堰说》《塘说》，黎恂的《农谈》，郑珍的《樗茧谱》、莫友芝的《樗茧谱注》等。

---

[1] 《贵州通志·官绩志》。

[2] 《遵义府志》卷 16。

第二节　水利技术

农业和水利是密不可分的，它们相互决定着对方的发展。清统治者一直延续封建统治重农政策，在贵州也是以农业开发为主。随着土司制度的废除，农民开荒造田面积得到扩大，水稻、玉米、番薯等农作物迅速传播，对农田水利的需求就越来越大，因此水利技术也随之发展。

明王朝于洪武十五年（1382 年）建立贵州都指挥使司，永乐十一年（1413 年）又建立承宣布政使司，贵州逐渐发展为一个稳定的省级行政区划。紧随其后，清代成了贵州建省后持续稳定地进行封建统治的重要历史时期。这一历史背景，也对贵州的水利发展产生了较大的影响。清初的贵州，由于社会矛盾尖锐，人口损失极为严重，“自镇远以上数百里，人烟断绝，而贵阳省会之区，凋残尤甚，百姓流离失所”[1]。随着清势力的渗入，中央政府为了巩固统治，在贵州实行了一系列休养生息的政策。到雍正时期贵州人口进入了迅速增长的阶段；乾隆年间，人口数达 500 多万。“曩时所称刀耕火种之乡，今皆人浮万口。”[2] 到光绪末年全省人口总数增加到 766.9 万。随着人口的增多，人地间的紧张关系日益呈现，对粮食的需求增多，清廷不得不实行兴修水利的政策。随着大量人口的涌入，为了提高农民的积极性，清政府也大幅度制定奖励兴修水利政策，乾隆五年，清廷指示贵州地方官员说：“查黔地多山，泉源皆有引注，斯沃壤不至坐弃……凡贫民不能修渠筑堰及有渠堰而久废者，令各业主通力合作，计灌田之多寡分别奖赏，如渠堰甚大，准借司库银修筑，其水源稍远，必由邻人及邻邑地内开渠者，官为断价置买，无许措勒。”[3] 乾隆六年贵州总督张允随奏称：“黔省山鲜平畴，凡山头地角、零星地土及山石搀杂，工多获少，或依山傍岭虽成丘段而土浅力薄须间年休息者，悉听夷民垦种，永免升科。至有水可引，力能垦田一亩以上，照水田例六年升科；不及一亩者，亦免升科。无水可引，地稍平衍，或垦为土或垦为干田，二亩以上照旱田例十年升科；不及二亩者，亦永免升科。”乾隆七年“贵阳、贵筑、仁怀、施秉、普安、安南、开州、镇宁、蒸波、余庆等府州县之各堡坪，皆可引水垦田四五千亩不等”。[4]

---

[1] 《贵州通志·前事志》卷 18。
[2] 《黔西州志》卷 4。
[3] 《清高宗实录》卷 139。
[4] 《清高宗实录》卷 247。

农田水利的好坏一定程度上决定了农业生产的业绩和农民生活的水平，也关系到一个王朝的命运，所以清代统治者对农田水利的发展极为重视。康熙就指出“水利一兴，田苗不忧旱错，岁必有秋，其利无穷”。雍正也指出“地方水利，关系民生，最为紧要”。政府对水利的重视还表现在资金上。

道光十五年（1835年）二月二十七日，裕泰奏开河工破，请捐廉归还借款要免摊征一折。“贵州桐梓县戴家沟地方，前据高涛奏请开河一道，藉资宣泄。所需工费，除官员、绅士捐银外，并准其在于该省司库报部公费项下，借支银九千两；其四千两由该抚等酌量捐廉，分作五年扣还，其五千两归于该县民粮，分作十年均摊带征还款。兹据奏‘桐梓县河工所开明河暗洞，俱已一律深通’。其价动库款九千两，内五千两若于民粮内每年摊征，该县地捧民贫，民力不无拮据；著俟价款四千两在于该抚与司道府厅州县养廉内扣清后，所有原请在民粮内摊征之五千两，亦著于该抚等养廉内至十六冬季起，分作五年接扣还款。此项工程系官民捐办，并于养廉内扣还价款，著免其造价报销。”[1]

由此可知，在中央政府重视和劳动人民的努力下，贵州的农田水利取得了很大的发展，大到灌田千亩以上，小到灌田数亩的各种农田水利设施遍布各州府县。

一、清代各期贵州水利技术的发展

清代水利随着不同皇帝的指正，呈现出各自不同的特点，下文我们分为初期、中期和晚期简述。

康熙到乾隆时期是清王朝发展最快的时期，出现了“康乾盛世”的局面。这样的局面与统治者的执政理念是分不开的，在政治、经济、文化上都得到了较大的发展，水利也不例外。康熙皇帝即位后，就把水利摆在非常重要的地位，就如他说“朕听政以来，以三藩、河务及漕运为三大事”[2]。到乾隆晚年，他认为治河是他人生中的大事之一。正因为统治者对于水利的重视，这一时期贵州各府州县的农田水利得到了前所未有的发展，在贵州开发史中具有举足轻重的作用。如“雍正年间，贵州布政使在开阳县拐二大坡修建营盘沟一条，长5公里余，能灌田500亩”。[3]“雍正三年，东郑大堰右干渠始建，韩什念承头，1736年，通水5公里”；六年，改驿站于坡贡、鸡窝田等处，居

[1] 《清宣宗实录》卷263。
[2] 《清圣祖实录》卷154。
[3] （道光）《广顺州志》卷3《营建志》。

民将水沟开垦成田，以致水不流畅，自杨家寨以下田皆缺水，知州黄培杰等赴大水寨坝勘明沟址，捐产劝修。修文县之杨老井“……溪水汇于下一井，溉田千亩”。[1] 天柱县靖皮寨现“灌田九千九百亩”。[2] 可以看出，雍正年间的水利取得了较大的发展。相对于康熙、雍正时期，乾隆时期贵州地区的社会环境更为和平稳定，社会经济得到较好的恢复和发展。另一方面随着大量流民的移入，为了满足人口对食物的需求，必须大力发展农业，所以也必须兴修大量的农田水利来辅助农业的发展，满足人民百姓对食物的需求，于是这一时期的农田水利得到了空前的发展。开泰县西门堰“宽五十余丈，溉田五百余亩”。[3] 乾隆四年，就有贵阳定扒寨、贵筑县郝官堡、开州羊场现、威宁稻田坝、余庆正官堰、施秉瓦窖河等地开渠筑堰；施秉县的瓦窗河已开始分段筑堤，利用河水灌溉农田。七年，布政使陈德荣奏：“贵阳、贵筑、仁怀、施秉、普安、安南、开州、镇宁、簝波、余庆等府州县之各堡坪，皆可引水垦田四五千亩不等。”[4]

清中的贵州农田水利由于一系列的社会动荡和自然灾害，发展十分缓慢。在乾隆晚期，清朝已经出现了衰败的迹象。嘉庆年间，首先一方面随着改土归流的成功，贵州地主经济得到迅速发展，出现了大量的自耕农；另一方面外地移民涌入贵州，或置地，或佃耕，土地买卖现象日益普遍。其次清廷在贵州少数民族地区实行严密的军事控制，造成了许多严重的后果，官吏、差役、兵丁以及土豪、劣绅、大小土目不断胡作非为，贪污横行，“初彭龄参奏桑阿在黔省巡抚任内，骄纵勒索各款一折”[5]。“黔省近年略贩人口之风甚炽，地棍，关役窝藏包庇，且有隐语，目为贩卖高脚驴。”[6] 不难看出，嘉庆年间对西南地区的统治是相当不稳定的。在这样艰难的条件下，清政府采取了一定的措施，“嘉庆三年，免贵州仲苗滋扰之兴义府，普安、贞丰二州，普安、安南二县，并册亨州同、新安县丞、捧酢巡检所属本年额赋。缓征郎仿、归化、永宁、平远、安平、清镇六厅州县新旧额赋”[7]。“嘉庆三年，加赈贵州仲苗滋扰之兴义、贞丰二州县，并册亨州同、黄草现州判、新城县丞、捧鲜巡检所属难民。”[8] 嘉庆二十五年，“据庆保等奏：‘贵州思南属婺川县于五月

---

[1] （乾隆）《贵州通志》卷5《地理山川》。
[2] （乾隆）《贵州通志》卷5《地理山川》。
[3] （乾隆）《开泰县志》，《地理》。
[4] 《清高宗实录》卷247。
[5] 《清仁宗实录》卷85。
[6] 《清仁宗实录》卷254。
[7] 《清仁宗实录》卷33。
[8] 《清仁宗实录》卷26。

间山水陆发，冲塌城墙，并淹毙人口；水消后已补种杂粮，勘不成灾’等语。婺川县山水陆发，淹毙男妇五十余名口，虽经地方捐资抚恤，但附近田未已有损伤，恐收成不免歉薄。著庆保等再行确查，如有应行加恩之处，查明据实具奏，不可稍存漠视，至今穷黎失所也。将此谕令知之。”[1] 这一时期农田水利较康乾时期来说是有所波动，最突出的表现是农田水利工程从官修水利向民修水利过渡，出现了很多自主型的小型农田水利工程。在官修的水利中，主要以堰、堤为主，如胡公堰“指挥胡纲筑，引水溉城西诸田”[2]，千工堰“西门大河之上，灌田无数”[3]。相比于康乾时期，这一时期不仅仅使黔东南等地方的水利得到发展，而且平越直隶州等地的农田水利发展也很迅速。以龙门坡为例，著有《龙门坡修筑记》[4]：

> 龙门坡予里之东冈也。相传山下有泉，居人筑为井，潘然清沛，可激九千亩，余则注入溪，非仅锜苍之资也。旱则于斯祷雨泽焉。忽一夕雷电晦冥，平地水深数尺，人或避高处。明日视之，山以为谷。旧井失所，在自达山溪泥沣中，有蜿挺迹，近溪两岸田皆所淤，类蛇龙出井中，由溪以赴江。然自是大雨连日，则山后之水争赴于谷，日唯月别，土去石出，却然遂为三谷。先君子尝患之，以为害之，大着进谷丘冢之倾陷，白骨辗转于波流之中……不谋修筑将致调耗之虞，而里人莫能信也……相与会财集力，于谷之稍狭处查石横木，筑土为抵者三，长者二三丈，短丈余……故为龙门坡云。

道光时期贵州的农田水利得以兴盛，让人出乎意料。很多州府的农田水利异军突起，安平县之“大井，……东门外诸田，均资此井及赵家史家二井灌润”[5]；婺川县之“龙泉，…居人资以灌田”；松桃厅“龙潭河，城北九十里，……居人建三堰，灌田万余亩……”大定府之“洗心泉，概田千顷”[6]；安顺府之“補母当河，……河内可置水车灌溉田亩，为州属第一水利”[7]；在道光三年（1823年）“桐梓县令朱德爈集议乡绅耆开河泄水是为溱溪河工之

[1] 《清宣宗实录》卷5。
[2] （嘉庆）《重修一统志》，《贵州·都勾府·地理·堤堰》。
[3] （嘉庆）《黄平州志》，《地理·山川》。
[4] （嘉庆）《桑梓述闻》卷1。
[5] （道光）《安平县志》卷2《山川》。
[6] （道光）《大定府志》卷16《山水副记第五疆土志六》。
[7] （道光）《永宁州志》，《地理·山川》。

始”[1]；十八年，“镇远府募工筑石堤”；二十一年，“前仁怀厅儒溪有二泉……合流于唐朝琐，现分上中下，沿溪筑二十七堰，引水灌田”；二十三年，“清平县城知县汪申录开新沟以放水……资灌溉”[2]；二十五年，“安顺县双堡区双子村村民投劳在大屯河支流上修建山阻现、石琐、土现三座坝”[3] 等。大量农田水利的兴修，促进了这一时期人口的增长和农业的发展，为贵州社会的发展稳定奠定了坚实的基础。总之，嘉庆、道光时期贵州的农田水利并没有因这一时期的各种矛盾的加剧而落后，而是继续在农业的需求下正常地向前推进，在地方官员和劳动人民的共同努力下数量继续增长，灌溉面积继续扩大，为贵州人民的生产生活提供了重要的保证，也促进了贵州地区农业技术的发展。

第三阶段是咸丰以后的清代，我们归类为晚期。这一时期帝国主义势力逐步伸入贵州，农村经济受到严重的打击，自给自足的经济开始受到冲击。另外清政府在贵州地区的统治十分严酷，统治者从剥削阶级的需要出发，加强了许多控制措施。为了生存，各族人民掀起了咸丰同治年间农民起义的大风暴。起义在清政府的血腥镇压下失败了，在长达18年的咸同战乱中，人口锐减，土地荒芜，生产凋零，使贵州的发展受到严重破坏。继而国家农田水利设施处于无人管理的失修状态，给劳动人民生产、生活带来了困难。这一时期大部分府州县的农田水利处于停滞状态。但是，仍有一部分水利在百姓的保护下得以存活下来。如开阳县“咸丰元年，开州花黎区两盆河官堰建成，灌溉千亩”。[4] 安顺府“咸丰三年，安顺县双堡区唐山乡修筑石琐一座，命名四梅现，灌田400亩；十一年，安顺县双堡区东屯乡修筑金家坝”。[5]“高架龙潭，在城东三里，……两岸田亩均资灌溉……”[6] 兴义府龙纳溪“源出安南县之龙纳山，南流，经贞丰州西，注于阿棒河。旧志云：龙纳溪源出龙纳山，山为府于安南县分界之山，龙纳溪控引山泉，合流成溪，状汇交注，溉田数千……”[7] 在帝国主义的入侵下，农业经济被卷入市场，这必然造成农村自然经济的解体，在封建统治还存在的情况下，对农民的生产生活是不利的，也给农田水利的兴修带来种种困难。其次在各族人民大起义的风暴下，农民根深蒂固的小农意识土崩瓦解，他们宁愿使用武力也不愿意进行劳作，致使农

---

[1] 《贵州省志·水利志》。
[2] 《贵州省志·水利志》。
[3] 《贵州省安顺地区水利大事记》。
[4] 《开阳县水利电力志》。
[5] 《安顺县水利志》。
[6] （咸丰）《安顺府志》卷10。
[7] （咸丰）《兴义府志》，《地理》。

业发展受到阻碍，水利亦是。因此，咸同时期贵州的农田水利走向了衰落，也是历史的必然。

咸同大起义时，贵州的耕地面积是 26854 顷，在战乱的过程中，耕地面积大幅度的下降，到同治十二年耕地面积仅为 17692 顷，但随着光绪年间实施的一系列休养生息的政策，到光绪十九年又增至 20346 顷。人口和耕地面积的增多必然会带动这一时期农田水利的发展，因此在光绪年间出现了短暂的水利中兴。天柱县“地湖大现，一座灌田六十亩”。❶ 平远州“黑鱼洞堰……南方水田皆资灌溉”气媚潭县“漏沙塘，在县西二十里，……可灌田百亩”❷。镇宁州“荻卢池，……居民资以灌溉”❸。黎平府“母猪壩，……灌田千余亩”❹ 等。在光绪《永宁州志》❺ 中对“补母当河”有这样一段述文：

> 贵州安顺府永宁州为劝请士民捐修关岭筑沟渠，……亲历山溪，访补母当河……，安顺府余守倡捐产俸率同僚属绅士八等及土司罗高捐之，将地坑修成开沟，引水留至关岭地方迤逦二十余里，自杨家寨至并在关岭街右首筑池蓄水入马治足其沟，系地方改由坡贡入滇关岭一带水沟，无入经管年……，将就够址侵占做田，以致杨家寨到处田亩时夏干裂，收成歉薄，关岭户口众多，居民饮水苦于远汲，没有火患更为可虞。卑职查悉该处情形，亲自大水寨、鸡窝田、杨家寨、大地庄、蔡家庄、关岭疲萝沟各处勘察旧沟，基址捐廉倡率并劝谕附近各处士民等亟为疏筑以资灌激而备不虞，大水寨至鸡窝田旧沟尚存，只须填补沙漏，自鸡窝田至大地庄旧沟已开昼成田，饬由该处山脚另开土沟直达大地庄复旧沟通关岭之疲萝沟共计石土沟六十余丈，一律开宽挖深，修筑坚实，需工料银九百余两……为州属第一水利。

光绪时期在内忧外患的情况下，贵州农田水利得到了短暂的中兴。在咸同战乱中，被荒废或者失修的农田水利在这一时期也得到了休整，发挥其功效。贵州各族人民在兴修农田水利上做出了很大的努力，从大到灌田千亩以上小到灌田仅几亩的各种农田水利都有很大的发展。灌溉之法，因地制宜，或修渠，或作塘，或筑堰，或用水车、连筒及龙骨车。作塘“先度地势，于

---

❶ （光绪）《续修天柱县志》卷 2《地理志》。

❷ （光绪）《循潭县志》，《地理・山川》。

❸ （光绪）《镇宁州志》卷 2《河井》。

❹ （光绪）《黎平府志》卷 2《山水》。

❺ （光绪）《永宁州志》，《地理・山川》。

田头之上当众流所归处，随地宽广开挖”。筑堰“略如作坝，但坝须留港，此则横截中游，较平田稍低数寸，水大则直过其上，水小则停蓄不泄”。贵州随处皆山，田土多在高处，而水势就下不能灌田，故临河皆用水车挽水而上。又以大竹为取水器，随山势起伏，名为“连筒”。龙骨车多仿江浙、湘楚，在清乾隆年间自外地雇工制造，分发各地，大力推广。

二、清代贵州水利技术的特点

由于贵州特殊的地理位置，如吴振棫《黔语》云：“黔山田多，平田少。山田依山高下，层级开垦如梯，故曰梯田。畏旱，冬必蓄水，曰冬水。水光成，山巅俯视，如万镜开奁也，地势稍宽阔处宜用塘堰，可救旱。”“渠堰，水泽之利，灌溉为大，汉元鼎中下诏曰：农天下之本也，泉流灌浸，所以育五谷，吁山多溪流，民颇自取以概焉，第渠泉易涸，堰能长蓄，作现安车，皆引水之法是不可不详究，为斯民劝。”[1]“山流引渠，高田作堰，平地开塘，沿河筑现，农民之水利也。”故清代贵州地区农田水利主灌溉之法，因地制宜，或修渠，或作塘，或筑堰，或用水车、连筒及龙骨车。这一时期贵州各个府州在兴修堰、坝的做法上基本和石阡府是一致的：

《堰说》：“平田作渠，引水以资灌溉，非不善也，而天时稍旱，水易竭與渠等，惟有堰始能常蓄润流，作堰之法，略如作现，但琐须留港，以侧横截，中流较平田少低数寸，水大则负过其上，水小则停，蓄不泄也。”《坝法》：“水分则势缓，聚则势急，安车之处，必急水方能充转，非筑现不可。其法用劲木，长六尺为桩，捋一头铲尖交，又打入水中如鹿角状，于近岸安车，用沙石壅堆，使无动摇，其布桩上广下狭，逼水急流至车所。车自转动，若河平水缓，则离下现十余丈以上，更筑一现，仍于项头，按作曲坝，直连下琐，则众水由一港奔流逼成急势，可安水车二座于一处，肝近一带安车之法，可谓尽善，未见有用龙骨车者，授其法也”。[2]

可以看出，筑堰筑坝之法大同小异，其实在当时贵州大部分地区，坝就是堰，堰就是坝。堰坝在当时建筑得较多，较为有名的有：贵阳府“千工堰，灌田三百五十亩有余”、“中堰，灌田百亩”。[3] 遵义府“千工堰，凡五，一在城北十里，一在北八里，一在永十甲，一在城南鳌水，一在三盆河，皆破以灌溉者”，“双仙堰，在城北六十里，二塘相间里许，呼大仙、小仙，皆可溉

---

[1]（乾隆）《石阡府志》卷2《地理志・山川》。
[2]（康熙）《贵州通志》卷17。
[3]（道光）《贵阳府志》。

千亩田”，“常舒堰，在城北七十里大板桥，可灌田千亩，余入仁江”。[1] 镇远府天柱县康熙时期有“坝36座，灌田8910亩”，后兴修“�皮寨坝，灌田九千九百亩”。[2] 安顺府“四梅琐，灌田四百亩；瓦窗现，灌田五百亩”。[3] 都匀府“胡公堰，在府城北，明卫指挥胡纲筑，引水灌城西诸田”。[4] 黎平府“西门堰，……宽五十余丈，概田五百余亩”，[5]“高堪，……溉田三百余亩……”[6] 平越直隶州“千工堰，在县东北七十里，灌田无数”气还有堰三十二处。思南府有“关口堰，分水灌田”“大堰，分水入城灌田”。[7] 大定府“黑鱼洞堰，周南十五里，南方水田皆资灌溉”、“大堪，光绪元年知州钱士熏小堰在其下”。[8] 另外在这一时期，清代贵州还有大部分地区都有“属官家所有人皆可用”的官堰。

沟渠，大部分是百姓自己修来用于引入土地灌溉的。沟渠主要引山上的小溪和泉水，所以它的大小主要由泉水和溪水的流量来决定。在清代贵州各个村寨，都有其自己的灌溉沟渠。乾隆七年，署贵州布政使陈德荣奏：“贵阳、贵筑、仁怀、施秉、普安、安南、开州、镇宁、荡波、余庆等州县之个堡坪，皆可引水垦田四五千亩不等。”[9] 其中较为著名的有贵阳府贵筑县“干瑕塘、麦穰寨、宋家现三处，俱可引水开渠，约垦田二三千亩”。[10] 遵义府“龙岩左里许，山下有明洞，洞对山有黑洞，中绝幽暗，亦有泉垂瀑布数十丈，会为渠，士人引以溉田”[11]。正安州人韩升念在玉溪场东郊村龙王殿的泉水处开渠一条至韩婆岭，称右干渠，乾隆十九年，又作左干渠，灌田九百多亩。左右干渠引水灌田上千亩。镇远府“乾隆年间，黄平谷陳修筑岩英渠道”。[12] 安顺府“光绪三十年，镇宁县元总堡大沟建成，灌田二百二十三亩”。[13] 都匀府“道光二十三年，清平县城知县汪申录开新沟以放水……资灌

---

[1] 《遵义府志点校上》。
[2] （乾隆）《贵州通志》卷5《地理·山川》。
[3] 《贵州省安顺地区水利大事记》。
[4] （乾隆）《贵州通志》卷5《地理·山川》。
[5] （乾隆）《开泰县志》，《地理》。
[6] （光绪）《黎平府志》卷2《山水》。
[7] （光绪）《平越直隶州志》卷3《地理·山川》。
[8] （光绪）《平远州续志》卷2《地理·水利》。
[9] 《清高宗实录》卷247。
[10] 《清高宗实录》卷137。
[11] 《清高宗实录》卷137。
[12] 《黔东南苗族侗族自治州水利志》。
[13] 《贵州省安顺地区水利大事记》。

溉”。[1] 黎平府“乾隆二十六年，永从县样洞修建面赢渠道”。平越直隶州有龙井沟、李家沟、刘家沟。思南府有燕子沟。大定府有头道沟、二道沟、三道沟，“德沟，在毕节县东南十里……居民资以概田”。[2] 兴义府“三屯胜泉，在城南之五屯，按在南里之上，五屯后山腰，水清浅，上下二屯及五屯居民开沟引泉，分灌三屯田”。[3]

塘，挖筑难度不大，操作简单，因此在清代贵州的分布很广，每个地区都有。筑塘之法据康熙时期的《塘说》记载：“两山夹耸，其中稍平，开土成坵，如阶而下者，为塝。田不赖旱，救之惟有塘，塘宜深。作塘之法，先度地势，於田头之上，当众流所归处，随地宽广，开挖为塘。塘形多上高下低，其下即以塘土筑横堤，堤脚仍布木桥以防崩卸，中留水窦，以备启放，以为头塘。至田之中断，亦有旁山归溜处，照前作为腰塘。次第启放，间有开塘得泉，因泉开塘者，大都借山泽雨溜以为蓄，塘中储水草、菱荷、鱼暇之类，则水活以可得利。”[4]

《塘法》亦有记载：“筑塘者，堤脚布木桥，弗若桥上植柳，枝叶可明塘水，盘根可固堤脚，溜水窦，用新伐松树，村皮剖为两半，剐空如竹之去节然，长短照堤脚厚薄松头实尺余上下，复合压堤，下筑土头入塘内，尾出堤外，盘头上半空处方寸，作水眼，以木条削尖竖塞水眼，启放时，抽竖木条，水从眼流出，欲止，则塞之，松树存皮，在水中经久不朽，塘水肥，菱草乃生鱼易长种荷枝鳞鱼游，藕穿堤身，塘不易种荷，余蜀家居时，曾作塘，知之悉。”[5]

康熙时期石阡地区的塘在构思、作法、布局在当时贵州的农田水利开发史上是先进的。当时较著名的有：贵阳府“清水塘，在城南五里，水清不涸，可溉田数百亩”。[6] 镇远府“龙塘，……灌田百余亩”[7]；“汪戴家塘，……以灌沿城田亩”。思南府“来雁塘，在县东北三十里，地名江边，土人蓄水溉田”。[8] 都匀府有板水塘、葛贡连塘。黎平府有龙塘。平越直隶州“犀牛塘：……可灌田数亩”；“漏沙塘，在县西二十里，……可灌田百亩”。[9] 石阡府“登沙

---

[1] 《贵州省志·水利志》。
[2] （乾隆）《贵州通志》卷5。
[3] （乾隆）《贵州通志》卷5。
[4] （乾隆）《石阡府志》卷2。
[5] （乾隆）《石阡府志》卷2。
[6] （乾隆）《贵州通志》卷5。
[7] （乾隆）《镇远府志》卷5，《山川志》。
[8] （乾隆）《贵州通志》卷5。
[9] （乾隆）《贵州通志》卷5。

塘、湾塘，民筑底蓄水以备旱”。[1] 大定府有“大堰塘、小堰塘，蓄水灌田”。[2] 安顺府“汲波塘，……灌田甚广”；“野鸭塘，……引流灌田”。[3] 遵义府“上下龙塘，……水灌田四百顷”； “大寨塘，在城南百里，灌田千余亩”。[4]

第三节 林学

贵州盛产木材，明清两代皆以“贡大木”闻名。清代开始重视人工造林，据《清实录》载：乾隆六年（1741 年），省之上游旧无杉木，捐募楚匠，包栽杉树六万株于城外各山。黎平一带，亦在乾隆年间广植杉木，并以杉秧与粮食间作。侗家山寨，家家植树，婴儿下地即为之种杉，18 年后成林，谓之“十八年杉”。赤水河谷，气候炎热，宜于竹类生长，乾隆、嘉庆年间，黎理泰自福建引进楠竹。因楠竹竿直材韧，生长快，成林早，产量高，用途广，很快传遍乡里，致使赤水成为“楠竹之乡”。道光、咸丰年间，陈以藤在兴义城郊引种橘成功，果实大，皮薄味甘，肉质细嫩，芳香可口，足与川橘、闽橘、粤橘媲美，成为“兴义大红袍”。

一、林业

贵州木材不仅资源丰富，而且质量优良。各种珍稀木材如楠木、香樟、杉木、柏木应有尽有。特别是黔东南地区生长的杉木被称为“苗杉”，以其直径大，主干长直、耐腐蚀性强著称。“苗疆木植、杉木为最。产于清江南山者为更佳，质坚色紫，呼之曰油杉。”[5] 明朝廷在贵州采办的皇木数量一般都很大，仅嘉靖二十六年朝廷就下诏在贵州采皇木“一万五千七百一十二根块”。[6] 明神宗年间，朝廷又下诏要贵州巡抚郭子章督办采伐皇木“一万二千二百九十八根”。[7] 朝廷在贵州采伐皇木，最初要求是品质最好的楠木、樟木等最优质的木材，但是由于采伐的木材数量多，采伐频繁，楠木、樟木数量

---

[1] （乾隆）《石阡府志》卷 2。
[2] （同治）《毕节县志稿》卷 3《疆域下 · 水利》。
[3] （咸丰）《安顺府志》卷 10。
[4] 《遵义府志点校 · 上》。
[5] 蒋德学：《明清时期贵州贡木及商业化经营的演变》，《贵州社会科学》2010 年 8 月。
[6] 《遵义府志 · 木政》。
[7] 《明实录 · 神宗万历实录》卷 44。

不够，只能采伐杉木甚至松木或其他杂木。到清代，贡木的采伐更加频繁，清代朝廷主要以“额解”和“皇商”两种形式采伐皇木。其中前者是通过地方官府向百姓征集，后者是通过大量的召集木材商人采集购买。由于相比云南，贵州较近，在当时已经成为全国较重要的商品木材市场。

清水江林业贸易兴起之初，当地部分少数民族农民发现其中的营利机会，于是，专事从文斗等林区收购木材，运到茅坪、王寨、卦治等主要口岸交给木行（又称行户）以谋取差价，人们称之为“山贩”“山客”“上河客”，因其大部分均是当地山区的人而得名。外地来锦屏采购木材的商人，均沿长江逆流而上，其收得的木材也主要在长江沿岸销售，因而被称为“水客”“下河客”。专门为朝廷采办木材的大木商称为“皇商”。清初木材未征税，全国各地的木商纷纷到贵州采集木材。“康熙四十六年以前，木材无税，木商多在卦治、茅坪、王三寨买木，运到湖南靖州、常德一带或运至鄂省各处码头出售。”[1] 从清雍正到乾隆的数十年间，全国各地涌入黔东南黎平购买木材的商人不绝于途。“外地木商涌入黎平，木材销量猛增，年销二三百万金。”[2] 贵州的木材贸易发展十分迅速，“商贾络绎于道，编巨筏放之大江，转运于江淮，获利甚丰”。[3] 木材商业化经营促进了贵州木材的专业化生产，使得当时贵州出现了专业化的林农。林农开山育林，以种树为生。在种下树苗的最初三年，由于林木尚未成材，林农为了充分利用土地，同时也为了维持自己的生计，采取林粮间作，在树苗的间隔地带种下粮食如包谷、大豆、高粱等作物。“黎平山多载土，树宜杉。土人云：种杉之地必予种粟及包谷一两年，以松土性。欲其易也。……树三五年即成林，二十年便供斧柯矣。”[4] 等四五年林木渐渐长大后就不再种粮食了，专门从事林木的管理。专业化林农的出现提高了贵州植树育林的水平。[5] 当时各地官府也奖励支持林业，这也极大地促进了林业的发展。

然而，林业的发展导致了清代贵州百姓大量的砍伐林木，造成了自然资源的严重破坏。世居在贵州的侗、苗等各族人民与森林有着密切的联系，有着“靠山吃山，吃山养山”的爱林护林传统。因此贵州百姓也采取了各种措施来保护林木。在贵州各地都有一些碑文史料记载相关内容：

---

[1] 《黎平府志·食货志》。

[2] 《黎平府志》卷3。

[3] 《黔南职方纪略》。

[4] 《贵州通志·风土志》。

[5] 蒋德学：《明清时期贵州贡木及商业化经营的演变》，《贵州社会科学》2010年8月。

> 我境水口，放荡无阻，古木凋残，财爻有缺。于是合乎人心，捐买地界，复种树木，故栽者培之。郁乎苍苍，而千峰叠嶂罗列于前，不使斧斤伐于其后，永为护卫，保障回环。[1]
>
> 一禁水火，二禁砍伐，三禁开挖。连婚、丧、祭祀及修房造屋，也不准任意砍伐。……此番禁革之后，倘有无知而冒犯者，杖责八十，明知而故犯者，罚银十二两，以警横豪。若有不遵者，立即鸣官究治，决不姑宽。[2]
>
> 自清朝以来，罗氏一门将祖茔安厝于弄房之易阳，茂荫儿孙，一脉相传。今为数枝之广所，蓄大树数树，原赖后龙家之麟毛而已。竟有不识之子孙，几毁伤龙脉，砍伐古树，惊动龙神，祖茔不安。是以合族老幼子孙，合同公议，故立碑以示后世子孙。如有妄砍树木，挖伤坟墓者，严拿赴公治罪，莫怪言之不先。自禁之后，各宜凛遵，毋得行毁伤龙神。以后罗氏一门后代，受情莫测，特此故立碑禁止。[3]

此外泉山寺大殿底层左侧山墙上立有“公议禁止碑”。碑文中有两条规定：

> 一是三庵上下左右坟墓，听其拜扫。其有一切大小树木，日后子孙并众人、山僧等，永不许砍伐，违者送官究治。二是山中树木原以培植风水，不许砍伐，理应然也。倘藕以建酷美举，必欲取山中柴木，以供炊爨，将来上元、中元、下元等醮俱欲上山修建，此山中树木不几年而砍尽矣。请建醮者慎勿以守。

从碑文看出，为了培植南泉山风水，除了不准砍伐山中柴木以供炊爨外，还规定不论树木大小，一概“永不许砍伐，违者送官究治”。这反映了黎平府城绅民爱护树木、保护南泉山风景的决心。[4] 类似的护林规约还有，道光十八年，立于镇远县蕉溪区大岭乡金坡村的乡规民约碑载：“旧后不具内外亲及贫老幼人等，概不许偷窃桐茶，盗砍木植。一经拿获，罚钱五百文。偷窃杉料材木，加倍处罚。”同治八年，黎平县潘老乡长春村亦立禁碑：

---

[1] 嘉庆二十五年十一月十九日，立于今锦屏县敦寨镇九南村的“水口山植树护林碑”。

[2] 道光二十七年，普定县补郎乡火田寨的熊姓村民，亦订有护林乡规民约，并勒石立碑。这是碑文记载。

[3] 咸丰七年正月初六日，在贞丰县长贡境内，立有“长贡护林碑”。这是碑文的一部分记载。

[4] 蒋德学：《明清时期贵州贡木及商业化经营的演变》，《贵州社会科学》2010 年 8 月。

吾村后有青龙山，林木葱笼，四季常青，乃天工造就之福地也。为子孙福禄，六畜兴旺，五谷丰登，全村聚集于大坪，饮生鸡血酒盟誓。凡我后龙山与笔架山上一草一木，不得妄砍，违者，与血同红，与酒同尽。

由此可以看出，当地百姓对于保护林木的重视和决心。除了百姓，清朝的官府也逐渐重视林业的保护。较早反映禁止乱砍滥伐林木的碑文，是乾隆三十八年立于锦屏文斗的“名垂万古碑”。共六条众议禁约，其中第一、第三条分别规定：“一禁不俱拘远近杉木，吾等所靠，不许大人小孩砍削，如违罚银十两。”“一禁四至油山，不许乱伐乱捡，如违罚银五两。”对用材林及经济林皆禁止砍伐，重在保护。之后，有关这方面的禁规碑文逐渐增多，如对黔中名山梵净山的管理亦是如此。按察使李文耕所立碑文文告，记载：

照得铜仁府属之梵净山，层峦耸翠，林木翳荟，为大小两江发源，思铜数郡保障。其四至附近山场树木，自应口水（永）远培护，不容擅自伤毁。前于道光三年，因寺僧私招奸徒梅万源等，在彼砍伐山林，开窑烧炭，从中渔利。据府属贡生万凌雯等呈控到司，当经前司饬府提讯究办，并出示严禁在案。今复据府属生员滕行仁等，具控楚民郑大亨等，贿串寺僧普禅等将山场售卖砍木烧炭等情到司，实属藐玩。除饬铜仁府查拿讯究详报外，合行再出示严禁。为此示，仰梵净山寺僧及该地方乡保军民人等一体知悉：嗣后，该处山场及附近四周一切山秣木石。务须随时稽查，妥为护蓄，毋许僧再渔利，私招外来匪徒砍树烧炭，以靖地方而护风水。倘敢故违，许该地方乡保人等立即指名赴府呈请拿究。如敢互相容隐于中分肥，别经发觉，或被查出，定行一并照知情盗卖官民山场律治罪，决不宽贷，各宜凛遵勿违。[1]

而观察使麟庆所立碑文文告，碑文称：

灵山重地，严禁伐木掘窑。梵净山，层峦耸翠，古刹庄严，为思平江之发源。良田民命，风水悠关，自应培护，俾山川树木，翁静无伤。斯居其地者，咸享平安之福。李抚院访得该处有外来炭商勾串本地刁劣绅民，及坝梅寺僧私卖山树掘窑烧炭，只图牟利，不顾损伤风脉。屡经

[1] 李文耕所立碑文文告，名为“勒石垂碑”，于道光十二年十二月一日立于今印江县张家坝乡东部的“敕赐碑”右侧。

士庶呈控，地方官虽已查禁，而奸商阳奉阴违，至今积蔽未除，伐木掘窑有所匪细。除札饬思铜二府亲往查勘封禁，妥议具详外，合出示严禁。为此，示仰军民僧俗等知悉，嗣后，毋许将该树株私行售卖，亦不得容留外来奸商掘窑烧炭。如敢故违，一经查获，或被告发，定即从重究办，倘乡保差役得规包庇及藉端滋扰，一并严惩，各宜凛遵勿违。❶

从这些碑文可知，官府对林业的重视，成为促进林业管理技术发展的保障。

二、苗木的栽培技术

阔叶林的栽培法分为插种法和种育法两种，18 世纪为止的中国农书中记载以插种法为主。从 18 世纪《黔南识略》中，可以得知贵州清水江上游使用种育法。

“杉树生长 15 ~ 16 年之后才开始结种。选择朝上的枝叶，摘取含着种子的种伞，此为良口。豁口开裂，坠落至地的种则舍弃。挑选必须慎之又慎。一到春天，立刻在土地上施肥，以杂草铺盖，待之干后用火焚烧。之后，将种子播撒入地，地面盖杉树枝。保证适宜的温度，调节萌芽状态。则萌发的幼苗称为杉秧，发芽后，再将之移植。”简而言之，种育法如下所述：采集优质树的种伞，干燥后取出种子，再在苗床中播种，将培育出来的秧苗移植到植林地。种伞于白露采集，秧苗长到了尺时，芒种到白露之间移植。培育苗床的种子成为秧苗是很重要的。从栽培技术上可以一定程度推测当时的木材开采的实际情况。确保大量苗木生产技术的使用，提高了植林效率。17 世纪至 18 世纪，虽可以肯定从插种法到种育法变化所发生的地域，但并未形成划一性的变化，这一点值得注意。因为即使到了 20 世纪，插种植苗的事例不单是贵州，浙江、安徽也有类似的报道。在清朝，木材价格高，劳动力丰富，想生产高品质的木材时就选用种育法。

第四节　手工业技术

手工业在封建社会中，是仅次于农业的一个生产部门。中国的手工业到

---

❶ 麟庆所立碑文文告，则为“名播万年”，于道光十二年十二月十日立于张家坝东部的上茶殿。

明代已经发展到比较高的水平。清代前期，显赫了数千年的官手工业终于走向衰落，民间手工业，特别是农民家庭手工业则获得了进一步发展，主要的手工业行业门类已基本形成，生产规模扩大，商品生产发展，市场繁荣。

一、棉纺织与丝织

棉花种植与棉纺织技术自宋末元初传入中国，明代向全国推广，发展迅速，清前期已在全国大部分地区普及。一些传统的麻织区、蚕桑丝织区也逐渐被棉纺织业所排挤、取代，成为棉纺织区。作为农民家庭经济的组成部分，棉纺织业被视为“本业”，受到政府大力支持与鼓励。清政府提倡兴“纺织之利”，在一些棉纺织业不太发达的地区，地方官府还亲自倡率，出资雇募工匠，向当地农民传授纺织技术。这些都对棉纺织业的发展起到了一定的推动作用。[1]

江苏、浙江两省的沿海、沿江、沿太湖的一些府州，气候、土地适于棉花生长，棉花种植普遍，成为最早的棉产区，棉纺织业随之率先发展，在明代已成为全国棉纺织业最集中的地区。松江、太仓的棉纺织业最为发达，“以织布富甲他郡”，所产棉布“衣被天下”。[2] 崇明县土地“种棉者什之六七”，棉花“织以为布，妇女业布缕以济农丁之困，络车咿哑，夜以继日”。[3] 清前期，江苏、浙江仍是最主要的棉纺织区，同时，棉纺织业向北方推进，北方也发展起几个新的棉纺织集中区。

清前期，北方的棉纺织业发展起来，成为仅次于江苏、浙江的又一棉纺织业集中区，尤以山东、河南、直隶几省为盛。明代，这几省虽植棉较广，但棉纺织业尚不发达，棉花大量运往江南。入清以后，植棉业与棉纺织业向内地扩展，北方几省的棉纺织业迅速推广开来。[4] 山东植棉业发展较早，明代“六府皆有之，东昌尤多”。一些州县也有棉纺织业，不过，其迅速发展是在清代。

湖北黄州府是汉口附近的重要棉产区。在荆州府的沙市邻近地带，算是中国西部一个较大的棉纺织业中心。由于沙市附近“植棉之地甚多，乡民以纺织为业者亦众”。因此“民间生计，耕织并重”。[5] 这里出产的棉布除供本

---

[1] 李绍强、徐建青：《中国手工业经济通史·明清卷》，福建人民出版社2004年版，第337页。
[2] 姚贤镐：《中国近代对外贸易史资料》第3册，中华书局1962年版，第1357页。
[3] （光绪）《崇明县志》卷4。
[4] 李绍强、徐建青：《中国手工业经济通史·明清卷》，福建人民出版社2004年版，第341页。
[5] 《大清高宗纯皇帝实录》卷489。

省自用外，主要运销西南的四川、云南、贵州和西北的陕西等处，因为在18世纪中叶，西南、西北各省的棉纺织业尚未兴起，城乡居民的衣着大多仰赖沙市棉布的供应。其中如四川，据1765年记载："民不谙纺织，地间产棉，种植失宜，或商贩贱售，至江楚成布，运川重售。"❶ 由于"滇黔究不宜于吉贝"，云南在18世纪70～90年代虽能从缅甸运进棉花，但滇人"所织棉布，亦不足供，惟贾人是需"。❷ 贵州在18世纪40年代前后，"惟资楚布，岁千亿万匹"。❸ 以后由于官府的一再倡导，直到19世纪40年代贵州的棉纺织业才开始逐步兴起。❹

随着地区开发、航路开辟，清前期湖北、湖南、四川、贵州等内陆省份的棉纺织业也都有所发展。贵州产棉不多，棉花主要从湖南、四川输入。其棉纺织业集中在遵义、安顺两府。独山州"女工纺织，自六七岁学纺纱，稍长即能织布，染五色，砧杵声辄至半夜，以布易棉花，辗转生息"。❺ 遵义县东北乡是当地出产棉布最多的地方，居民"多以织布为业"，所织有大土布、小布、扣布等种类。❻ 安顺府各县均产棉布，花色、品种都堪称道。清代在贵州安顺一带纺织业大力发展，很多诗文都有所记载。据史料记载，可大致得知纺织开始的煮丝织茧之法:❼

煮茧取丝

千头万绪乱纷纷，抽得丝头便不棼。天滚纺车流水似，日斜犹有茧香闻。

导篇

两车旋转快如风，无数冰丝上导篇。从此七襄成织锦，东人杼轴不曾空。

套茧

□茧缫丝处处忙，都云贩茧可为裳。从兹指上添生活，赚得丝丝入锦筐。

络丝

轻风轧轧度窗纱，万缕柔丝上络车。最爱一枝斑管转，有人看到夕阳斜。

攒丝

一丝攒合两三丝，绸织双丝此恰宜。一架手车容易转，最难学是上篇时。

络纬

四壁风清络纬鸣，闺中懒妇不须惊。任渠起坐兼行故，一一都能信手成。

---

❶ 《清高宗实录》卷747。

❷ （乾隆）《滇黔志略》卷10《云南·物产》。

❸ （道光）《贵阳府志》卷3。

❹ 彭泽益:《清前期农副纺织手工业》,《中国经济史研究》1987年第4期。

❺ （乾隆）《独山州志》卷3。

❻ （道光）《遵义府志》卷17。

❼ 《安顺府志》卷53《艺文志十》。

牵丝

手握柔丝百道缠，往来牵挂贵无愆。此中妙巧谁能悟？交手三义有秘传。

扣丝

千丝万绪乱纷陈，梳刷如何得尽匀？看到丝丝齐入扣，方知妙手有经纶。

刷丝

八尺经丝绾辘轳，一番梳刷有工夫。更怜匹练光如许，犹问经丝错也无。

再扣丝系综

再将竹扣手中披，扣毕还须综系丝。综马综签珍重捆，莫教两综有差池。

上机度梭成绸

上农夫食九人多，衣被全家利过他。寄语深闺诸少妇，日长无事莫停梭。

至清末，贵州黔东棉纺织业又有新的发展，主要体现在分工上。如思南一带棉纺织业就分为弹花、纺纱、织布、染色等几道工序，分工更细。如专司弹花者称“弹花匠”，“有女工零弹者，向来棉花一斤弹价十六文，今则价三十余文，如弹絮每一铺价四百文”；机织匠“多出于乡间女红者，放线寄织，亦有买洋纱售者，每斤工价四五百文，近有劝告工局所织各种纹布，销路渐广”；染色者称染布匠，“自店开行，多青蓝、灰色等，向来每染青色者，每尺十文，今则加至二十文”。[1]

清代是贵州纺织业发展较快的时期，男耕女织，纺纱织布，在农村城镇中占有很大比重，尤其是棉纺织业所占地位显赫。康熙时仅思南府属“是处皆种（棉花），居民纺织为布”。[2] 到乾隆时都匀、思南、石阡、思州、黎平五府都生产棉布，几乎遍及半个黔省。尤其是都匀府独山州女工都能织布，“染五色，石舒午声辄至夜半”。然后“以布易棉花，辗转生息”。[3] 交易市场多达“三十五处，抱而贸丝”。“泉布流通，无异都会”，一日之中竟分早、中、晚三市。[4] 这是贵州工业史上前所未有的盛况，反映了商品经济的繁荣。同时织布作坊也在黔省城镇中成批涌现。道光年间，郎岱城中绅士张�德、张一清、朱子云、宋毓茂“各捐本银一百八十两，共银七百二十两，以制机房织棉之费，又设一大机房，转往平远（州）各处，访觅善纺织之工匠居焉”。[5] 两三年间“城中纺织之声已达通衢矣”。[6] 清代中叶之后，随着大量汉

[1] 《民国思南县志稿》卷3《食货志·工商》。

[2] （康熙）《贵州通志·物产》。

[3] （乾隆）《独山州志·风俗》。

[4] （乾隆）《独山州志·市场》。

[5] 《黔南识才纪略·兴义府》。

[6] （咸丰）《安顺府志·风俗志》。

民的移入，黔地纺织手工业已有长足进步，昔日自给自足的自然经济已逐渐解体，这在贵州还是第一次。特别是黔南地区气候温暖，植棉条件得天独厚，棉纺收入已成为当地家庭副业收入的重要来源。普安县地处“四达之冲，商贾辐辏，交易有无，以棉易布。外来男妇无土可耕，尽力纺织布易销售，获利既多，本处居民共相效法，利之所趋，游民聚焉。[1] 黎平府“地利肥美，物产主亨，山土种木棉，苗妇勤于纺织”。从而在贵州出现了专以棉花、棉布为贸易的集市。安顺府“棉花市”（在）城内西街，以寅未日为期。妇女各持纱以易棉花。[2] 郡民皆以织红为业，城北尤盛，所产五布扣布，“可匹苏、松”。[3] 黔北植棉虽不及南部普遍，但织布业仍足称道。遵义县本无棉花，但东乡之民却“多以织布为业，盖其棉花，由湖南常德府贩卖。舟载至省溪江口起岸”，再辗转东乡，“列肆坐卖，织家买之，以易纺线，纺家持线与之易，一两花织成，可多得二钱，贵时可三钱。故纺、织相资成业。他乡纺者仅为线，供缝红之用。业织则线无所出，业纺则棉不能继”。[4] 可见清代贵州的棉纺织业已具有资本主义生产方式萌芽形态。

贵州的丝织业是在清代才兴起并得到突飞猛进的发展。正安州本无织纴之业，乾隆十五年吏目徐阶平从家乡浙江购来蚕种，“始以桑饲，其茧色美质精，不下中州之产，而价昂于桑丝。缫丝昔以手洴澼，故质粗而织毛，今则遍张机抒，渐成花祥，售丝售紬，远通商贾”，[5] 从而迎来了贵州丝织业的鼎盛之秋。同样遵义知府也派人三次从家乡山东带来蚕种，大力饲蚕，又在署内请山东织师教民缥丝纺织，于是不上几年，“遵义之名竟与吴绫蜀锦争价中州，远儌界绝不邻之区”。“纺织之声相闻，棚树之荫迷路，邻史村媳相遇，惟絜话春丝几何，秋丝几何，子弟养置之善否?”从此遵义一跃而为丝织发达之区，“秦晋之商，闽粤之贾”，茧成之时便云集遵义，遵义一改旧貌，“视全黔为独饶”。[6] 产丝之多，销路之大，不仅在西南地区尚属罕见，就是在当时全国也首屈一指。绥阳知县毋杨祖要求县民，“凡地广人多者，可种（桑）二百株，地狭人少者，可种五十株，减其数者查处”，因此绥邑“蚕事最勤，其丝行楚蜀闽滇诸省”。[7]

---

[1] 《黔南识才纪略·黎平府》。
[2] （咸丰）《安顺府志·场市》。
[3] （咸丰）《安顺府忠·物产》。
[4] （道光）《遵义府志·物产志》。
[5] （道光）《遵义府志·农桑志》。
[6] （道光）《遵义府志·农桑志》。
[7] （道光）《遵义府志·蚕事志》。

二、刺绣

清代，皇家服饰均由内务府织造处专设的“绣作”生产，皇室和百官服装上的纹样仍然因承古制，十分程式化、装饰化。但随着商品经济和对外贸易的发展，刺绣的制作和使用比前代更为广泛，各大中城市均有刺绣作坊，招聘专业绣工制作商品绣件，广大城乡的家庭妇女，也都把刺绣作为必学的技能，全国各个少数民族地区刺绣也非常流行。在这些背景下，清代我国传统手工刺绣工艺的发展进入极盛时期，而且形成了许多地方体系，以“苏绣、鲁绣、湘绣、粤绣、蜀绣最著名。苏绣始于上海露香园顾氏，色彩文雅，针法活泼多变。鲁绣为衣线绣，作风雅劲，设色浓艳。蜀绣色彩鲜艳，富有立体感，各具特色”。粤绣在“雍正、乾隆时期，曾大量远销欧洲各国……绣品的花纹色彩与当时广东制造外销欧洲的壁纸相似……颇饶西洋油画风味……”[1]清代刺绣名家辈出，并顺其心力总汇出版刺绣理论专著。最著名的是刊行于清道光元年（1821 年）由松江丁佩编著的中国历史上第一部刺绣专著《丁佩绣谱》，丁佩既精刺绣又通画理，“心知其妙而能言其所妙者”。全书分为择地、选样、取材、辨色、程工、论品六章，对刺绣工艺进行了多方面论述，首次从理论上剖析了绘画、书法与刺绣的关系，首次将中国刺绣的规律高度概括成“齐、光、直、匀、薄、顺、密”七字要诀，然美中不足的是没有将针法列出并详细论述。

清末民初，苏绣名家沈寿在传统刺绣基础上，融汇西洋油画、摄影等美术中的透视和明暗技法，革新刺绣针法与技艺，首创“仿真绣”，并于晚年将其毕生的刺绣经验口述著成《雪宧绣谱》。全书分绣备、绩引、针法、绣要、绣品、绣德、绣节、绣通八章，从线与色的运用、刺绣要点到艺人品德修养和卫生保健逐一阐述，是中国刺绣艺术史上第一部系统的刺绣理论专著。清代贵州，绝大多数苗族男女仍盘髻插簪，穿绣花衣服，女子仍著百褶裙，佩戴银饰，这是共同的特征。清光绪年《叙永永宁厅县合志》记载：“男皆辫发和缠头，上包花布尺许，身著麻衣，两臂及小领贴以五彩绣花，短裤，脚穿木屐。”清中叶以前，湘西一带苗族男女一律身穿“色彩斑斓布”，“上身穿花衣，下着百褶裙，头蓄长发，包赭色花帕，脚着船形花鞋，配以各种银饰”。[2]

清代“改土归流”以后官方强令少数民族男子改装，于是贵州绝大多数地区的少数民族中，只有女性继续穿戴传统少数民族服饰，在服装上形成了

---

[1] 吴淑生、田自秉：《中国染织史》，上海人民出版社 1986 年版。

[2] 石启贵：《湘西苗族实地调查报告》，湖南人民出版社 2008 年版。

所谓“男降女不降”的独特现象。即便是这样仍有一些边远山区的少数民族男性顽强地保持着本民族的服饰特色，如贵州从江邑沙和广西融水一带的苗族男性，仍然留顶发，戴耳环，佩项圈，剃去周围的头发，绾一小髻于顶前，再用自织的两端留线须的白色挑花头帕卷成粗绳状围头一圈，打结于顶，端须自然垂落；上着无领大襟右衽长袖衣，下着中长宽脚大裤，系挑花腰带，佩绣花荷包……真是江河永在，古风依然。而最具代表性的应该还是苗族的礼仪盛装——百鸟衣，永远五彩斑斓，永远粗犷豪放，永远原始而野性。由此看来，越是在清政府控制微弱的少数民族聚居区，传统的少数民族服饰越是流行，也就越能够在艺术上及技艺上保存古老的风格。

三、蜡染

蜡染，古称蜡缬，与绞缬、夹缬并称为中国古代三缬。缬是中国古代对防染印花工艺及防染印花织物的统称，又叫做染缬。《说文》释缬：“结也。”《类篇》释缬：“系也，谓系缯染为文也。”《中国大百科全书》释缬：“古称部分镂空版印花或防染印花类织物为缬，分夹缬（一种镂空版印花）、蜡缬（蜡染）、绞缬（扎染）三大类型。”❶

清代贵州蜡染分布广泛，不但继承了过去的成就，而且有了许多新的突破。苗、布依、瑶、仡佬诸族妇女无不擅长此种工艺，能自绘自染，蜡染图案极其丰富，风格或豪放活泼，或清净素雅，使这一古老的行业在清代又引新枝。苗族的铁笛布、瑶族的瑶斑布、仡佬族的顺水斑都是蜡染制品中的奇葩。花苗“以木梳裳服，先用蜡染绘花于布而染之，既染，去蜡而花现。衣褒领绿皆用五色绒线刺锦为饰，裙亦刺花，故曰花苗”。❷ 永宁、镇宁二州的铁笛布在黔地纺织品中更是大出风头。“其行美似蜀之黄润，其精致似吴之白越，其柔软似波戈之香茎，其缜密似金齿之缥叠。”尤其是“定番苗妇所织，洁白如雪，试水不濡，用弥年不演垢腻，又有斜纹布，名顺水斑，盖模取铜鼓纹，以蜡刻板印布者，出独山州烂土司”❸。她们的手工针线艺术也备受赞赏，尤以黎平府曹滴司洞锦最为出色，在清代备享盛誉，它们是侗族、苗族姑娘用棉线夹丝线交织而成，纹饰多种多样。或茱英、芙蓉、樱桃诸花木；或仙鹤、孔雀、鸳鸯之奇鸟。“皆用五色绒为之，（而成）花木禽兽各样，精者甲于他

---

❶ 《中国贵州民族民间美术全集·蜡染》，贵州人民出版社 2008 年版。

❷ 爱必达：《黔南识略·总叙》。

❸ 张澍：《读黔书》，转自李锦伟：《清代黔东地区手工业发展述论》，《铜仁学院学报》2010 年第 5 期。

郡，冻之水不败，演之油不污，是夜郎苗妇之手可与尧时海人争妙也。”[1] 其精细华美不亚于蜀锦杭缎，在我国手工艺品史上占有光辉的一席之地。

在清代贵州较为著名的是月亮山型蜡染。月亮山型蜡染的幅面宽大，绘画性较强，手法较为自由奔放，图案丰富而夸张。其中，白领苗和与其杂居的水族的蜡染比较贴近生活，多用于日常服饰、被面、床单、襁褓、包袱等；而黑领苗的蜡染宗教性较强，多见于牯脏节祭祖时使用的旗幡和仪仗服上。

月亮山型蜡染分为丹都式和黑领苗式，艺术成就都很高，尤以丹都式蜡染为最。

早期丹都式蜡染的制作时间在 1900 年以前，艺术风格古拙而神秘，其特征有以下几点：一是受铜鼓艺术影响较大，许多蜡染纹样直接来源于铜鼓纹样，几何纹样所占比例较大。二是线条粗犷，画面上白色块面所占的比例较大，用点构成的图案也较多。三是造型古拙，动植物纹样具有几何化、概念化的特点，动植物纹样与几何纹样有机结合。四是床上用品中，只发现蜡染被面而没有发现蜡染床单。

中期丹都式蜡染的制作时间在 1900～1950 年之间，艺术风格纤巧而精致，其特征如下：一是受铜鼓纹样的影响减少，脱胎于铜鼓的圆形图案内部开始产生变异。二是主要用流畅而纤细的线条构成画面，块面和点的应用逐渐减少。万字纹、寿字纹、攀长纹等开始进入画面。三是动植物纹样的比例增大，种类增加，注重对各种动植物特征的描绘。四是在床上用品中蜡染床单开始出现。

四、编织

编织业在清代也逐步发展成为黔东的一种重要家庭手工业。黔东的编织业有竹编、藤编、草编、马尾编等，分布较广。编织业产品种类众多，有席、蒲、扇、蓑衣、笠、簸箕、筐等。这些编织产品固然主要是自编自用的，然随着商品经济的发展，它们也广泛地流入市场，带有很强的商品化气息。如思南府竹编以笠为大宗，“妇女破竹为丝，粗细两层，中衬以纸，编作斗篷”。[2] 因为编织品能够获得较多利润，有些人竟以此为业，以补家用之不足。史称：思南有篾匠和藤匠，“篾匠，自店编售，如青篾席向来钱三四百文一铺者，今则价七八百文；其余撮箕、捞箕、提篮、洗锅扫、扫帚等近亦加价”；

---

[1] 张澍：《读黔书》，转自李锦伟：《清代黔东地区手工业发展述论》，《铜仁学院学报》2010 年第 5 期。

[2] （道光）《思南府续志》卷 3《食货门 · 土产》。

“藤匠，篾匠别种，有藤几、藤篮、藤盆等类”。[1] 由此可知，思南一带编织业已有专业化的趋势，并成为农户家庭经济不可缺少的一个重要组成部分，在黔东经济发展中起着重要的作用。[2]

五、银饰

在清代史籍中，有关民族银饰的记载明显多于前朝。首先，是银饰种类增多。如史料载：“富者用网巾束发，贯以银簪四五支，长如匕，上扁下圆，左耳贯银环如碗大，项围银圈，手带银钏。”[3] 妇女服饰银簪、项圈、手镯等皆如男子，“惟两耳贯银”。“富者戴大银梳，以银索密绕其髻腰。”其次，银饰逐步普及。不仅不同性别皆有佩戴，而且不拘老少，不论贫富，都以佩戴为荣。“无老少，腕皆约环，环皆银。”实在戴不起手镯的贫者，也竞相仿效，“以红铜为之”。最后，追求银饰数量愈多愈好，在佩戴方式上呈现出堆砌的审美特征及趋向。“项着银圈，富者多至三四，耳珰垒之及肩。”“项带银圈七八颗，青苗东莱不朗当。”这种追求佩戴数量的心理，不仅延续至今，仍然影响着当代苗族银饰的佩戴风格，而且还直接影响了银饰的造型和款式。当代流行的数圈甚至数十圈为一套的银项圈（俗称排圈），正是这种心理的物化反映。最后，银饰在这一时期开始渗入各族的婚恋生活，银饰的习俗功能进一步得到强化。“孟春合男女跳月，择平壤为月场，皆更服饰妆，男编竹为芦笙吹之而前，女振铃继于后以为节，并肩舞蹈，回翔宛转，终日不倦。”在这里，银铃无疑已在恋俗中起到道具的作用。“花苗新婚男戴银包牛角，妇戴鲜花拜堂。”银饰作为标志和凭证，开始进入苗族的通婚仪式。[4]

各民族银匠过去一般都是子承父业，手艺不外传。银饰加工原料主要为银元、银锭。各地银饰的银质纯度以当地流行的银币为准。20 世纪 50 年代后，政府充分尊重苗族群众的风俗习惯，每年低价拨给民族用银。

银饰的加工，全是以家庭作坊内的手工操作完成。根据需要，银匠先把熔炼过的白银制成薄片、银条或银丝，利用压、錾、刻、镂等工艺，制出精美纹样，然后再焊接或编织成型。银饰工艺流程很复杂，一件银饰多的要经过一二十道工序才能完成。而且，银饰造型本身对银匠的手工技术要求极严，非个中高手很难完成。

---

[1] （民国）《思南县志稿》卷 3《食货志·工商》。

[2] 李锦伟：《清代黔东地区手工业发展述论》，《铜仁学院学报》2010 年第 5 期。

[3] （清）龚柴：《苗民考》。

[4] 《中国贵州民族民间美术全集·银饰》，贵州人民出版社 2008 年版。

各族女性饰银，爱其洁白，珍其无瑕。因此，苗族银匠除了加工银饰，还要负责给银饰除污去垢，俗称“洗银”。他们先给银饰涂上硼砂水，用木炭火烧去附着在银饰上的氧化层，然后放进紫铜锅里的明矾水中烧煮，经清水洗净，再用铜刷清理，银饰即光亮如新。❶

其中银饰制作流程参见图4－1。

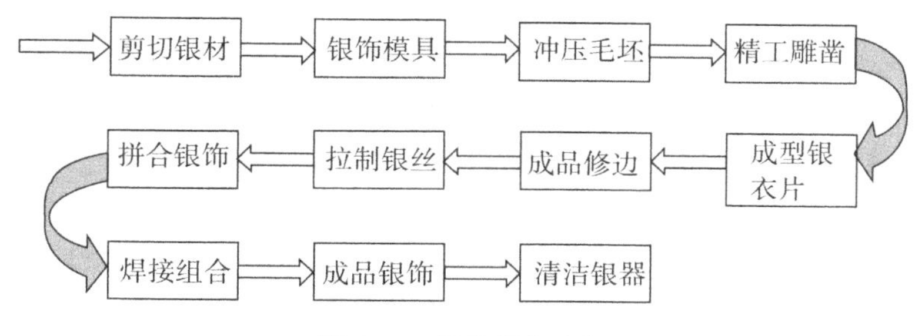

图4－1　银饰制作流程

六、造纸

造纸在清代兴起，多以构皮为原料，称为“白皮纸”。清咸丰年间（1851～1862年），贞丰小屯乡皮家，从廖基学习造纸技术归来后，用嫩竹造草纸，用构皮造白纸（又名构皮纸、楮皮纸）。白纸分单、夹两种，单纸细白，用于摹帖；夹纸纫厚，其质可比“高丽纸”（朝鲜纸）。当时产纸区域分布广，几乎遍及贵州各个州县，大部分在黔东，种类也多。如思南出产楮纸（又名皮纸），玉屏产绵纸，铜仁出产的纸类就更多，“以构皮制者曰皮纸，以竹制者曰竹纸，皆宜书，以竹杂草为者曰草纸，以供冥镪粗用”。❷ 清代黔东纸业最著名的要数石阡和印江了。《黔书》称：“石阡纸，极光厚，可临帖。”❸ 印江白纸，“莹洁如玉，似明代白棉纸，临帖印书并精绝”。❹ 并且，印江纸还被指定为清代贵州科举考试的专用纸。❺ 正是因为黔东纸的质量上乘，吸引着大量的省外客商，以至出现“外省争来购取，供不应求”的局面。❻

石阡、都匀白纸均在清末发展起来。泠丹寨城北南皋乡石桥堡，尚存一

---

❶ 尹浩英：《苗族银饰制作工艺初探》，《广西民族大学学报（哲学社会科学版）》2007年第12期。

❷ （民国）《铜仁府志》卷7《物产志・货类》。

❸ 田雯：《黔书：卷下・黔纸》，《影印文渊阁四库全书本》，台湾“商务印书馆”1986年版。

❹ （民国）《贵州通志・风土志》。

❺ 贵州600年经济史编委会：《贵州600年经济史》，贵州人民出版社1998年版，第154页。

❻ 李锦伟：《清代黔东地区手工业发展述论》，《铜仁学院学报》2010年第5期。

所白皮纸作坊，沿用古法造纸，经过水沤、浆灰、煮料、漂洗、碓料、打槽等工序成浆，然后再经抄纸、压纸、揭纸等工序而出成品。手工造纸主要产品是皮纸，其次是竹纸、草纸、锦纸等，皮纸原料主要是野生构皮麻（构树枝条的皮）、壁杉根、石灰、纯碱等。

> 凡楮树取皮于春末夏初，剥取楮树已老者，就根伐去，以墙土盖之，来年再长新条，其皮更美。凡皮纸楮皮六十斤，仍入绝嫩竹麻四十斤，同塘漂浸，同用石灰浆涂，入釜煮糜。近法者，皮竹十七而外，或入宿田稻楽十三，用药得方，仍成洁白。凡皮科坚固纸，其从文扯断如棉丝，故曰棉纸，衡断且费力。其最上一等，供用大内糊宙格者，曰桶钞极，此期自广信郡造，长过七尺，阔过四尺，五色颜料，先滴色汁槽内和成，不由后染。其次曰连四纸，连四中最白老，曰杠上纸。皮名而竹与稻叶参和而成料者，曰揭帖呈文纸，芙蓉等皮造者统曰小皮极。在江西则曰中夹极，河南所造，未详何草木为质，北供帝京，产亦其广。又桑皮造者曰桑穰纸，极其敦厚，东浙所产，三吴收蚕种者必用之。凡糊雨伞与油扇，皆用小皮纸。凡造皮舰长阔者，其盛水槽甚宽，巨帘非一人手力所胜。两人对举荡成，若櫺纱，数人方胜其任。凡皮纸供用画幅，先用矾水荡过，则毛茨不起。纸以逼帘者为正面，盖料即成泥浮其上者，粗意犹存也。朝鲜白皮纸，不知用何质料。倭国有造极不用帘抄者，煮料成糜时，以居阔青石复于炕面，其下热火，使石发烧，然后用糊刷蘸糜，薄刷石面，居然顷刻成纸一张，一揭而起。其朝鲜用此法与否，不可得知。中国有用此法者，亦不可得知也。[1]

七、制茶

制茶业是具有悠久历史的手工行业，中国传统的制茶技艺在世界上首屈一指。直到19世纪末，中国的茶叶一直独占国际市场。唐宋以来，榷茶制度颇严，在一定程度上限制了民间制茶业的发展。明代开始在一些地区取消了官府控制，为民间制茶业的发展创造了条件。清代在部分地区实行茶引制度，由商人领引配茶，按指定地区行销，有的地方则不设引。清初在西北边陲仍实行茶马互市，到清中叶，茶马互市已渐废弃，官府对茶叶产销的控制已经

---

[1] 宋应星：《天工开物》，中国画报出版社2013年版，第189页。

不大。同时，清代茶叶出口量扩大，这些都促进了清代植茶业与茶叶加工业的发展。可以说，民间手工制茶业的鼎盛时期是在清代。[1]

清代贵州制茶业也在不断的发展。据史料记载有："贵阳府茶产龙里东苗坡及贵定翁栗冲、五柯树、摆耳诸处；思南府出务川，名高树茶；蛮夷司鹦鹉溪出者名晏茶，色味亦佳；大定府出平远山岩间，制如法味亦佳。"[2] 清《一统志》有"茶出独山州九名九姓苗其族，以茶为业"。爱必达列举"贵阳府、都匀府、镇远府、思南府、铜仁府、遵义府所属各县均产茶"。[3] "茶，按茶产府亲辖境之北乡。屯脚诸处，即毛尖茶。是也。至苦茶，则全郡皆产。"[4] 光绪十六年（1890年）《铜仁府志》记述："茶叶以背有白毛者，宜谷雨前数日采之。"说明，在清乾隆以后贵州各地到处有茶，且已有高档毛尖茶生产。清嘉庆以后对茶事记载更详。如嘉庆五年（1800年）《黄平县志》："茶，叶如不榉稍厚而硬，经冬不凋。以叶类茶，又可作饮，故得茶名，种类甚多。黄邑近有九心茶、玛瑙茶、红宝珠、白宝珠数种。其开最久，自十月开至二月方歇，性喜阴燥，不宜大肥。春间腊月皆可移栽。"道光《永宁州志》"有数种名毛尖茶，叶秋毫，色绿味厚，以煤山所为良。""茶之佳品极多，皆由地土所出，亦视采取之得时。茶之佳者，采在社前，其次火前，其下雨前。"[5] 道光《仁怀草志》载："茶，小溪、二郎、土城、吼滩、赤水产茶，高数寻，额征课税。"寻，古代长度单位，八尺为寻，可见仁怀、习水、赤水一带茶树之高大。"安郡四乡及安平所属，近多种茶，其嫩芽如雀舌其，于谷雨前采之。而播种则以谷雨节为迟矣。"[6]

清代，吴三桂割据镇远期间就用贵州著名的羊场茶"以茶易马"，镇远羊场茶以贡茶香飘京城。道光年间《遵义府志》载有："绥阳茶味甚好，佳者不减吴越……仁怀所产之茶，多贩运四川各县。"《习水县志》记载："习水茶叶远在明清时代，已远销西藏、西康等边疆地区，最高产量曾达三千担。"清康熙《清会典》载："遵义府茶税八十八两二钱，岁进茶芽。"清同治年间《钦定户部则例》茶法订有"贵州省额颁茶引二百五十道（每道合于茶100斤）"的规定。当时贵州与全国产茶省一样推行"验引截角法"。清咸丰年间（1851～1861年）采茶时，安顺大水桥已出现较大的茶市，各地茶商云集，

---

[1] 李绍强、徐建青：《中国手工业经济通史·明清卷》，福建人民出版社2004年版，第389页。

[2] （乾隆）《贵州通志》。

[3] （乾隆）《黔南识略》。

[4] （乾隆）《兴义府志·物产志》。

[5] （道光）《黎平府志》。

[6] 张其生、王天宇、魏国雄、高登祥、龙明树：《贵州茶叶科技史研究》，《贵州茶叶》1999年第4期。

进行交易。在当时关岭的白罗罗族、独山的苗族、黎平的侗族、普定的苗族以及都匀的布依族等少数民族已出现大量专门生产和经销茶叶的专业户。仁怀、习水茶叶已远销康、藏，《仁怀厅志》有记录康熙年间茶叶营销情况："贩茶小艇出青林，高阔河流已许深，此去符相无一舍，三江恶浪易惊心。"

其实，以传统手工工具与工艺为基础的制茶过程并不复杂。工具以焙锅、箩筛为主，制法则以人工炒、揉、焙制，红茶还须经过发酵。制茶分为粗制与精制两个过程。粗制是对鲜茶进行炒焙，制成毛茶。清前期内销茶叶主要是这种粗制茶。这一过程往往由植茶者接续完成。精制是对粗制毛茶进行拣选、熏香、焙制等再加工，以适应消费者的不同需求，特别是外销的需要。这一过程往往由商人将收购的毛茶运至附近城镇进行。鲜茶加工的季节性较强，采摘烘焙必须在短期内完成，否则茶易变质，所以粗茶的加工时间比较集中。[1]

茶栈是一种专门从事茶叶加工的组织，相当于后来的茶厂。茶栈的主要工作是收买茶户的毛茶，加以精制，然后出售。茶栈中雇有大量制茶工人，整日工作，从拣选、熏制、焙干，直至包装，有所分工。这种茶栈以制茶为主要活动，其商业性已减弱，应属于生产性单位。这种生产性茶栈，有的地方也称为茶行、茶庄，不过与上述商业性茶行、茶庄在性质上有所不同。茶栈主要是清中叶以后适应茶叶外销，为满足外商需要而产生的。"至前清中叶，我国茶叶输出日渐增多，为迎合国外顾主心理起见，对于出口茶叶，始加以重制，于是茶栈应时而兴。是种茶栈，即茶厂之一种，收买茶户毛茶，加以精制，与代客堆存买卖之栈不同。"[2] 鸦片战争后，茶栈大量设立。同时在1840年鸦片战争以后，中国逐步沦为半封建半殖民地社会，英法打开了中国的西南"后门"，不断增加对贵州的商品和资本输出，贵州的自然经济开始解体，外国资本掠夺原料和土特产品，使茶叶商品生产有所发展。

八、酿酒

1. 酒业大致情况

自明代开放民营，到清代酿酒业已遍及城乡，形成"糟坊酤于市，士庶酿于家"的局面。而贵州气候温和，有利于各种谷物和水果的生长，到处都有清澈的山泉，为贵州酿酒业的发展创造了有利条件，随着航路开辟以及"川盐入黔"，这一带成为必经之地，来往客商多，酿酒业随之兴旺。贵州遵

---

[1] 李绍强、徐建青：《中国手工业经济通史·明清卷》，福建人民出版社2004年版，第397页。
[2] 彭泽益：《中国近代手工业史资料》卷2，中华书局1962年版，第353页。

义府，四川叙州府、泸州府，都成为酿酒之乡，酒坊遍布，并出产了不少名酒。道光时，四川“各州县开设糟房，多者千座”。[1] 遵义董公寺产小曲酒，到清后期该地小曲酒作坊密布。仁怀县茅台村制酒在省内称第一，地方志记载道光时该村有茅台酒作坊20余家。此外，福建、湖北，踩曲造酒也多，有的地方也比较集中。加之黔地人民千百年来在酿酒技术上精益求精，积累了丰富的酿酒经验，当时酿酒业水平之高，分布之广，种类之多，都达到了一个新的高度。清代李汝珍在《镜花缘》中就着意刻画贵州都匀府的苗酒和贵筑县的夹酒。苗酒为苗族布依族所酿，它“色红而味醇厚”，[2] 所以“黔之苗育女，数岁时，必大酿（苗）酒，既漉，俟塞曰破地水竭，以泥封罄，屠于破中。以供宾客，味甘美，不可常得，谓之女酒。”[3] 夹酒即今天刺梨糯米酒的前身，清香味醉，回味可口，别具风韵。以粮食为酿酒原料，“初用酿烧酒法，再用酸白酒法乃成”。

2. 贵州茅台的酿酒技术

在清咸丰以前，有山西盐商某来茅台地方，仿照汾酒制法，用小麦为曲药，以高粱为原料，酿造一种烧酒。后经陕西盐南宋某毛某，先后改良制法，批茅台为名，特称曰茅台酒。其最初创办，究系何年何人，虽无可考，然于杨柳弯侧有一化字炉，建造于嘉庆八年（1803年），其捐款姓名中，有“大和烧坊”字样，故知其在嘉庆年间，已有酿酒之烧坊无疑。[4]

可见，茅台酒大致产于清代乾隆年间，嘉庆年间茅台白酒业渐兴，称为“茅台烧”或“茅台春”。据史料记载：

> 仁怀城西茅台村制酒，黔省称第一。其料纯用高粱者上，用杂粮者次之。制法煮料和曲，即纳地窖中，弥月出窖烤之。其曲用小麦，谓之白水曲，黔人又称大曲酒，一曰茅台烧。仁怀地脊民贫，茅台烧房不下二十家，所费山粮不下二万石。青黄不接之时，米价昂贵，民困于食，职此故也。[5]

至道光时已很驰名。诗人郑珍有“酒冠黔人国”的诗句。

《黔语》一书也称“寻常沽货，皆烧春也。茅台村隶仁怀县，滨河。土人

[1] 《清宣宗实录》卷356，道光二十一年八月。

[2] （道光）《遵义府志·农桑志》。

[3] （咸丰）《兴义府志·土产志》。

[4] 张肖梅：《贵州经济》，中国国民经济研究所1939年版，第21页。

[5] （道光）《遵义府志》卷17。

善酿，名茅台春。极清冽。”至今仍盛誉不衰，誉满九州，吟咏赞美它的诗歌甚多。其中至今犹存的最早赞誉茅台酒的诗歌，是清代中叶贵州省颇有名气的学者张国华在道光六年（1826 年）途经茅台时写下的《茅台村竹枝词》二首：

一座茅台旧有声，糟邱无数结为邻。
使君休厌曲生醉，利锁名缨更醉人！

于今酒好在茅台，滇黔川湖客到来。
贩去千里市上卖，谁不称奇亦罕哉！

这两首竹枝词借酒抒怀，真实地记述了其时早已声扬名显的茅台村酿酒烧房众多，云、贵、川、湖诸省客商竞相前来购买茅台酒的盛况，是研究清嘉庆、道光年间茅台酒的酿造、运销等情况的珍贵史料。稍后的陈熙晋，描述茅台酒的诗文就更多些。

陈在任期间，曾专程到茅台村一游，触景生情，写下了《茅台村》一诗：

村店人声沸，茅台一宿过。家唯储酒卖，船只载盐多。
盛戏青冈树，潺潺赤水河。明朝具舟楫，孤梦已烟波。

从短短的 40 字中，可以窥见当时茅台商业兴旺，市场繁荣，航运发达，风光秀丽的情景。满街都是储备丰裕的酒店，足见那时茅台村酿酒业的规模是相当可观的。陈熙晋担任仁怀直隶同知时期，十分钟爱茅台酒。家中经常存有托人从茅台村买来的好酒，用以招待客人和自饮。每与人饮酒，总要兴高采烈地赞誉“茅台烧春最香冽”。[1] 清道光二十三年（1843 年），被誉为西南大儒的贵州遵义籍文学家、诗人郑珍，由遵义赴仁怀厅访问原遵义知府平翰途经仁怀茅台村时，也写过一首五律《茅台村》：

远游临郡裔，古聚缀坡陀。酒冠黔人国，盐登赤虺河。
迎秋巴雨暗，对岸蜀山多。上水无舟到，羁愁两日过。

这首诗把“黔省称第一”的茅台酒形象地写入诗中，使茅台酒更加遐迩闻名，它的宣传作用是不可低估的。这首脍炙人口的《茅台村》相传源于一个小故事：

---

[1] 徐文仲：《清代诗人赞茅台》，《贵州文史丛刊》2000 年第 3 期。

郑珍过茅台时，闲步街头，见一插草标卖亲生女儿的穷汉。问其情由，始知系当地某盐商兼酒店老板逼他归还所欠30两纹银，只好卖女抵账。郑珍心想周济于他，又苦于所带盘缠无多。正在情处两难之际，恰好那位借债给卖女者的富商，慕他的盛名，差人来请他去写副对联，以满足其附庸风雅的欲望。这种为富不仁的人，他本不屑与他写什么对联，正想开口回绝，但当他的目光扫过那卖女者的愁眉苦脸时，猛然灵机一动，应允了富商的请求。他来到盐商家中，开口就说："写对联可以，但要40两酬金。"富商磨来磨去，只肯拿出20两银子。郑珍略一思忖，展纸挥笔，写下了"酒冠黔人国"五字上联，把笔一丢，拿着20两银子就走。盐商问他为何不把对联写完，他冷一声："你只肯出一半价钱，我当然也只好写半副对联啰！"盐商无奈，只好忍痛出血再拿20两银子。郑珍这才提笔写出"盐登赤虺河"五字下联。写毕，他把40两银子悉数拿去送与卖女儿的那位穷人还这位商人的账。郑珍到茅台后，成天下雨，心情不佳，他想写一首有关茅台村的诗也一直没有写出来。他戏弄了这个心地狠毒而又颇为悭吝的富商一番，又解了那位穷人的燃眉之急，情绪为之一爽。回旅舍后，便以这副对联为基础，写下了这首诗。

可见遵义等地酿酒业在清代很兴盛。清代黔东的酿酒业也有很大发展，不仅酿造普遍，而且种类繁多、工艺技术高超。黔东乡村几乎家家酿酒，每当粮食收获之后，农人就会留出一定粮食（尤其是杂粮）用来酿酒，如思南县酿酒，"用包谷烤者居多，用高粱烤者亦多"。[1] 在各地方史志中都有许多关于村民饮酒的记载，甚至饮酒成为黔东的一种风气。每逢节庆，就会有人兴致勃勃地聚在一起大喝一番，就算是平时，也常有人总爱拉上几个亲朋好友喝上几盅。他们喝的一般都是自家酿造的酒，从中可见当时黔东酿酒现象已是非常普遍。清代黔东所酿酒的品种也是多种多样，按酿造时间分，有春天酿造的桃花酒，有冬天酿造的冬酒；按节庆不同所喝的酒亦各异，有请年酒、元宵酒、重阳酒、雄黄酒（多在端阳喝）、婚庆酒、庆生酒、乡饮酒、宾兴酒、祭祀酒等；按制造方法分，有酿造酒、蒸馏酒之分。酿造酒以水酒为主，蒸馏酒即是火酒（烧酒），如思南县酿酒，"有火酒、水酒两种"。在长期的酿酒过程中黔东人民积累了酿酒技术。用酒曲酿酒是我国的特色，一般的做法是以稻米、大小麦、高粱等谷物为原料，通过蒸煮使谷物淀碎糊化，

[1] （民国）《思南县志稿》卷3《食货志·工商》。

利用曲霉、酵母的代谢作用制曲，最后将曲料进行发酵便造出了酒。在掌握传统的利用酒曲酿酒方法的基础上，黔东人民还采用了一种新的酿酒技术——蒸馏法。明朝时，蒸馏技术传入贵州，黔民始酿蒸馏酒（烧酒）。蒸馏酒的制作主要是在发酵酒制作的基础上多了一道蒸馏工艺，如思南府“土民率以高粱酿酒，淡曰水酒，酽曰夹酒。其用甑幂其糟粕，使气上升而滴下者为火酒，亦曰烧酒”。[1] 工艺的进步为酿酒业的发展创造了有利的条件，以至除了自酿自饮外，还有大量的酒品流入市场，并且，其价格也随着市场行情的变化而变化。如思南县，“向来包谷火酒一碗售 60 文，今则 100 文；高粱火酒向来售 120 文，今则售 160 文”。[2] 看来清代黔东酿酒业已不仅是为自储自用，更多的是用以销售谋利了。

九、榨油

油是日常生活用品，也是某些手工业生产的原料与辅助材料。传统的榨油生产是以木榨、石碾、锅罐等手工工具进行榨制加工的。明后期浙江石门镇、江苏苏州城郊的榨油业已相当发达。入清以后许多地区榨油业都有发展，成为一项重要的农产品加工业。其中湖南、湖北、四川、江西、贵州等省的榨油业在清前期发展迅速，出产茶油、菜油、芝麻油、桐油、豆油、棉籽油等多种油品。清代这几个省榨油业的发展突出表现为桐、柏油业的发展。桐油起源与利用很早，桐油、柏油可以燃灯、造烛、入漆、造纸、造舟船兵器、涂饰门窗家具，用途广泛。明代后期，江苏、浙江一带的农产已普遍种植桐树、柏树。在清代，随着人口增长，经济发展，对桐柏油的需求日增。同时，作为解决民食、生计问题的重要措施，清政府也采取鼓励政策，提倡多种桐树、柏树，“舍旁田畔以及荒山旷野，度量土宜种植树木……柏桐可以资用”。[3] 清代桐柏油业由此得以迅速发展，从江浙沿海拓展到内陆山区。

贵州多山，水路比较便利。在清代，这里的经济总体上比较落后，但山区手工业还是有一定发展的，榨油业即为其中一项。贵州北部、东部的桐柏油业比较发达，贵阳、遵义、黎平等府都出产桐油，此外还有茶油、菜油、麻油等多种油品。《乾隆通志》记，“柏，通产”，说明种植广泛。乾嘉时，开泰、玉屏、正安、黄平等州县都有桐油、柏油。道光时，遵义府“油桐树，郡无处不有”，桐油为“州县货产”。思南府桐油、柏油以榨制方法不同而分

---

[1] （道光）《思南府续志》卷 2《地理门》。

[2] （道光）《思南府续志》卷 2《地理门》。

[3] 陈振汉：《清实录经济史资料·农业编》第 2 分册，北京大学出版社 1989 年版，第 5 页。

为不同的品种，道光时运售较远，“惟桐油、柏油、山漆……可以行远”。[1]

榨油业的生产组织形式及油料加工的生产方法在清代改进不大。有些原料，如芝麻、菜子等，少量的可以用小磨磨油，大多数油是用木榨榨制。传统的手工榨油设备主要是木榨、石碾、石磨、蒸炒用的锅釜容器，以及畜力、场地。木榨有脚踏、手撞各式，结构比较简单，有的体积较大。榨油一般须经过炒、碾、蒸、包、榨几道工序，工艺技术并不复杂，但所需人力较多，尤其是强壮劳动力。从所需设备及人力来说，都不是一般五口之家的单个家庭所能承担的，而且油料作物由农民家庭分散生产，每家的产量都不会很多，一般农家也没有必要专门置备一套榨油工具。因此，清前期榨油业的生产组织形式大致可分为两种：一种是农家自磨自食，有余出售，属于农民家庭副业，这主要是芝麻油、麻子油等，这种情形在那些榨油业分散，油与油饼的消费量较低的地方比较多见；另一种是专门的“油坊”“油车”，这是当时榨油业的主要生产形式。贵州遵义府“农家岁收桐子五石，可获钱十二千”，思南府“荏桐乌柏实可压油，则落其实而货之”。[2]

早在明代，黔东榨油业就有一定发展，如嘉靖《思南府志》卷3《土产》货物条下就有“香油、桐油”的记载。至清代，随着山地的开发，黔东各地山区广泛种植油桐、乌柏、油茶、油菜等，其榨油业因而比明代有了更大的发展。清代黔东所榨油之品种多样，有桐油、菜油、乌柏油、芝麻油、茶油、麻油、马鞍油、蓖麻油、君迁油等，其中以桐油为主，远销他处。如思南府，据道光《思南府续志》记载：“荏桐乌柏实可压油……近今多取桐实枯饼碾和柴灰培壅稻根以壮地力……府属地土产寥寥，惟桐油、柏油、山漆可以远行，该由各商收购以去”；[3]“油菜，子可压油”。安化县，“山头地角遍栽桐、柏、杉、漆等树，桐、柏摘子取油”。[4]又据《思南府续志》记载：“桐油，碾末而压者曰明油，炒末而压者曰黑油，运两湖销售”；“柏油，以白膜压者曰皮油，以仁压者曰水油，运售两湖销售”。[5]铜仁府桐油加工业更为繁荣，“盛年时年产800万斤”。[6]其榨油方法也多种多样。

---

[1]（民国）《贵州通志》引《乾隆通志》（道光）《遵义府志》卷17；（道光）《思南府续志》卷2（转引自李绍强、徐建青：《中国手工业经济通史·明清卷》，福建人民出版社2004年版，第412～413页）。

[2]（道光）《遵义府志》卷17；（道光）《思南府续志》卷3（转引自李绍强、徐建青：中国手工业经济通史·明清卷》，福建人民出版社2004年版，第419页）。

[3]（道光）《思南府续志》卷2《地理门》。

[4]《黔南识略》卷16《安化县》。

[5]李锦伟：《清代黔东地区手工业发展述论》，《铜仁学院学报》2010年第5期。

[6]蒋德学：《贵州近代经济史资料选编第一卷》，四川社会科学院出版社1987年版，第286页。

“榨油之法各异，以包置榨间，上下夹木板，以木撞撞槷，取油，曰撞榨。置大木于榨顶，用巨绳衮纽，曰绞榨。榨前悬大木，飞撞声如霹雳山鸣谷应，曰千斤榨。又有用二木，空中，置二木板，中夹油包，左右用槷木撞取，虽妇力皆能之。其油最清，曰小榨油”。[1]

铜仁府还盛产芝麻，“黑芝麻，出府属，可用于榨油”。[2] 松桃厅一带也大量植桐，收桐子榨油“获利甚巨”。[3] 清末民初，外省商贾“在玉屏等地向农民收购桐油，也有向当地油行购买，运往湖南”。[4] 诸如以上这些记载都反映当地榨油业的兴盛，由于榨油业和市场联系紧密，因而也带动了贵州商品经济的发展。[5]

十、制皮

在清代，贵州当地的制皮业也有所发展，其中以贵阳的较为出名。

> 贵阳之工善攻皮，以水浸之欲其净也，以火烘之欲其坚也，以木张之欲其平也，以挈定之欲其正也，刨之剪之锥之煤之窨之以土定其性也，磐之以石登其光也，绘之以采致其饰也。其缎空则翘也，其里则易也，其朕则直也，囊之则约也，举之则丰也。为彦、为匣、为盘、为杆、为椀、为踏、为杯、为绎，其最佳者为皮葫芦，举不盈斤，陈则满席，凡荐馔具者，无不备，旅行取便焉。治雄精者，洗削刮磨，光彩辉赫，器具小而晶莹，佩之足以辟疫。其人物尤工，有高至七八寸老，鬓眉指爪无不活现焉。列肆陈段，如堆火齐，加列珊瑚玛瑙，碧霞未敢争色，或琢为酒樽，设酒香冽，久服延年，而值不甚高。不能珊瑚玛瑙比贵者，以其所从来考近也。[6]

---

[1] （民国）《铜仁府志》卷7《物产志·货类》。

[2] 蒋德学：《贵州近代经济史资料选编》卷1，四川社会科学院出版社1987年版，第286页。

[3] （民国）《贵州通志·土民志》。

[4] 邓逸民：《解放前花纱布及桐油行业的购销情况》，载中国民建贵州省委会：《贵州工商史料汇编》第2辑，1985年内部发行本。

[5] 李锦伟：《清代黔东地区手工业发展述论》，《铜仁学院学报》2010年第5期。

[6] 彭泽益：《中国近代手工业史资料》卷1，第176页。

十一、木工

贵阳攻木之工，莫精于偏桥，山峒多产黄杨，互者围尺余，偏桥之了善攻之，梳节篸珥脂粉交罗，所以饰妆台者，最为妇女所爱。至文房之玩，尤为珍美，色如蒸栗，黄润有光，比德于玉，不复知其刻本。

"檀萃；黔囊，小方壶斋舆地从纱，七帙四，百三四三。"❶

第五节 矿业与盐业技术

一、冶汞

贵州苍山如海，峰峦重叠，矿产丰富，尤其是汞矿。汞，又名水银，有丹砂（即朱砂）、辰砂等矿。❷

清代除思州、铜仁、石阡等府外，又在开阳、贞丰、八寨、都匀等处开采汞矿。所以清代黔省大小矿点罗列，冶矿业发展迅猛，铜仁府康熙时仅有朱砂、水银、铁三种，到光绪即新增金、银、铜、铅四种，一些"居民以淘沙（金）为生"。而且朱砂、水银和铅都颇具全国规模，是当时贵州矿产的拳头产品。朱砂既是提取金属汞的矿石，又是矿物性中药材，有镜面砂、朱宝砂诸种，以色红鲜艳，有光泽微透明者佳。贵州朱砂矿藏极为丰富，居全国第一，历史上贵州以盛产朱砂而闻名全国，各朱砂产地每年均要向朝廷进贡一定量的朱砂原矿，部分朱砂甚至成为封建帝王"炼丹"的主要原料。《贵州通志》关于上贡朱砂的记载屡见不鲜，其量可达数百或上千两。贵州采砂炼汞源远流长，两汉时就已引人注目。《后汉书》记载"毋敛、谈指出丹"，丹即朱砂，毋敛在独山州，谈指在普安县。这是贵州产丹出汞的最早历史记录。到唐代贵州炼汞业就已相当发达。《新唐书·地理志》说"辰锦丹砂"赞誉全国。黔东汞矿，开发甚早，汉朝时铜仁万山一带就开始开发汞矿，以后至

---

❶ 蒋德学：《贵州近代经济史资料选编》卷1，四川社会科学院出版社1987年版，第176页。

❷ 林兴黔：《贵州工业发展史略》，四川省社科院出版社1988年版，第17页。

唐、元、明等不同朝代，在松桃、思南、石阡和铜仁的省溪[1]、万山等地都有汞矿开发。至清代，黔东汞矿的开发在原来的基础上得到了更大的发展，铜仁的万山尤为突出。

铜仁，“旧产朱砂，形如箭镞者号箭头砂，最为可贵，产于万山场。他砂皆产于土中，此砂独产于石夹缝中，取之最难，每块无重至一两者”。[2]“水银，万山出。”[3]万山汞矿厂最盛时，“月可得万斤朱砂”。[4]万山汞业之兴盛由此可见一斑。

特别是清代之时，贵州汞矿的产量和开采提炼方法都有显著的增加和进步，炼汞业在全国独占鳌头，兴义“全境税课。以水银雄黄为大宗”。[5]水银冶炼成为当时税收的主要来源。铜仁、万山、板厂皆有出产，但都不如“开阳之多者，于是奇赢之徒，废举之士，指煌岚以争趋，驱舟车而来，至相与募保佣工，画壤列肆”，[6]当地居民则皆依砂厂为资生。汞业的发达也引来了大批外来客商，许多地方志里都有大量外省商贾在本地开采矿山的史料记载，他们和本地商人一样在黔东经济开发过程中起着重要作用。然至咸丰、同治年间，由于贵州战乱不断，商贩不通，加上清政府以“聚众扰民”“岁久谷踊”为借口，严禁民间采矿，致使许多矿厂无人开采，矿坑多废，黔东矿冶业遭受严重创伤。

直到光绪、宣统年间，稍有恢复。但同时，帝国主义列强入侵后，特别是1899～1908年的10年间，英法侵略者取得了贵州万山一带汞矿开采权，成立了英法水银公司，他们以手摇钻机，黄色炸药开矿，并设立两座机械炼汞炉，雇2000余名工人开矿炼汞，10年间炼汞达700余吨，约合430万元，净赚400万元以上。[7]万山原有采汞厂由于受英法水银公司的排挤，许多被排斥吞并。未被吞并的仅“十来个矿洞”，唯一规模稍大的仅陈氏德镒和砂厂，“有锤三十多把，约三百来人”。[8]其余则本小利微，惨淡经营。列强在万山

[1] 按照铜仁都市网描述：“省溪司土司衙门，座落于梵净山腹地江口县双江镇镇江村省溪司村民组，距县城5公里。据史载：宋孝宗淳熙八年（1181年），诚州刺史杨再思八世孙再西率子杨政强开辟宙罗，元进十九年（1282年），正式建置省溪军民蛮夷长官司，至今已700多年。到明朝末年，衙门城池已具相当规模。”这里的“省溪”，是指如今铜仁的江口县某地。（转自罗文、陈国生、刘毓：《清代贵州手工业地理初论》，《南都学刊（自然科学版）》1993年第1期。）

[2] 《黔南识略》卷19《铜仁县》。

[3] （道光）《铜仁府志》卷4《食货·土产》。

[4] 何伟福：《清代贵州商品经济史研究》，中国经济出版社2007年版，第166页。

[5] （咸丰）《兴义府志·土产志》。

[6] 《黔南识略·开州》。

[7] 《英法水银公司的兴衰》，《贵州日报》1981年8月13日。

[8] 何伟福：《清代贵州商品经济史研究》，中国经济出版社2007年版，第166页。

大肆开采汞矿，直到1908年，由于官民的反对，他们才停采万山矿砂。英法侵略者对万山汞矿的开采，一方面，使万山丧失了大量宝贵的矿藏资源，另一方面，客观上刺激了万山炼汞业的进一步发展。[1]

二、铁矿开采

黔西南矿产资源丰富，人们很早就掌握了采矿技术。至明清两代，由于制造兵器、农具、工具和生活器具的需要，铁矿的开发日甚一日。如铜仁府、思南府、石阡府等不少地方在明代时就产铁较多。[2] 进入清代，黔东冶铁业继续发展。思南府的安化、铜仁府的大万山和石阡府的府属长官司等是清朝前期贵州主要的产铁之地。[3] 清代黔东冶铁多为民间自由分散经营，生产方法比较原始，一般采用小炉，矿石倾入炉内，加碳煅烧，使之熔化成铁饼，再进行加工，制成不同种类的铁器。当时不少城镇和一些农村有专门打制铁器的工匠。他们制造各种铁铧、镰刀、斧头、锄、耙等生产工具，供应农业生产的需要，也广泛制造如铁锅、刀、剪、锥等家庭生活用具。这些铁制产品主要在本地集市出卖，满足本地日常的生产、生活需要，在一定程度上活跃了本地的市场流通，促进了本地经济的交流与发展。当然也有少量铁制产品被运销外地贩卖，某些铁制品作为“货属类”载入一些地方志中就是很好的例证。

清光绪十二年（1886年）贵州开始筹建镇远青溪铁厂，从英国购买炼铁、炼钢、轧钢机器设备1780余吨，从上海、浙江等地聘请外国工程师和技师、工匠指导生产，由通晓技术的江南制造局总理潘露负责，于1890年建成投产，日产铁25吨，成为贵州第一个近代冶金企业。后来，由于缺乏技术人才和资金，加上政府的腐败无能，青溪铁厂开工一个半月即“炉塞仃工”，于1893年倒闭。

三、铅铜的开采

清代，金属铅被称为“黑铅”，金属锌被称为“白铅”或“倭铅”，二者统称为铅，广泛应用于铸币、军械制造等领域。[4] 贵州是清代铅锌的主产地，

---

[1] 李锦伟：《清代黔东地区手工业发展述论》，《铜仁学院学报》2010年第5期。

[2] （弘治）《贵州图经新志·土产》。

[3] （康熙）《贵州通志》卷10。

[4] 马琦：《论清代黔铅兴起的原因和背景》，《贵州大学学报（社会科学版）》2010年第5期。

因此，贵州所产的铅和锌被统称为“黔铅”。滇铜、黔铅同为清代制钱的主要币材。“黔中产铅最富，岁运京局数百万，以资鼓铸，与滇南铜厂均为国计民生所利赖。”❶ 乾隆年间，贵州“每年运供京局及川黔两省鼓铸，并运汉销售，共铅九百万斤，现各厂岁出铅一千四百余万斤”。❷ 清代黔省铅的冶炼仅次于朱砂水银，以黔中凯里“所出者，品最上”，俗称“凯里铅”，❸ 是当时贵州冶铅中心所在。清平县“水兴厂产黑铅，商民採炼向由凯里县丞抽铅存拨，嘉庆十三年（1808 年）归县，岁抽铅一万三千四百斤存侯拨入下游营操铅弹之用”。❹ 黔西威宁州是清代贵州又一冶铅中心，这里盛产黑白铅，子厂林立，砂丁炉户悉系客民。❺ 仅“妈姑、羊角、新发、白崖、马街、黑泥、三家游等厂，额课及采办白铅，共四百二十八万有奇。柞子、硃矿等厂抽课及采办黑铅五六十万斤不等，运供大定鼓铸”。❻ 康熙十九年（1680 年）十二月，贵州永宁州知州曾禀报查获“贼遗铜铅”，“红铜大小三百七十八块，共计六千五百四十二斤，倭铅一百七十五砖，共计二千六百五十七斤”。❼ 这些铜和铅是制造枪炮弹丸的军需物资，被吴三桂的军队遗留在贵州境内，其产地在云贵地区的可能性比较大。

康熙十八年，清王朝为了解决币材来源问题，颁布了《钱法十二条》，开放了全国铜铅矿的开采，命令各省查勘上报。康熙二十一年，时任贵州巡抚的杨雍建却声称：“黔地不产铜铅，所属各府州县苗多汉少，不谙使钱，其废铜贼钱自恢复以来，远方商贩陆续赴黔，收买已尽，无从收取，难以开炉鼓铸。”两年后，杨雍建再次奏报：“黔地不产红铜，铅锡亦无捐助之人。”❽

他已经不再提贵州是否产铅。杨雍建在贵州是否产铅的问题上出现明显的变化，这与当时贵州铅锌矿藏富集区的社会政治环境有密切的联系。当杨雍建第一次奏报时，清廷内外正在讨论黔西北地区的政治体制问题，水西是土是流争议不休，且已设流官根本无法直接理民，征收赋税、分派劳役、治安讼狱等民事管理仍旧把持在土目手中，流官知府无从查勘当地的矿产资源。因此，杨雍建不得不用“黔地不产铜铅”一语敷衍了事。其后不久，他可能

---

❶ 《滇黔志略》卷 24《物产》。

❷ 《清高宗实录》卷 342。

❸ 《黔南识略》卷 16《安化县》。

❹ 《黔南识略》卷 16《安化县》。

❺ 《黔南识略》《威宁州》。

❻ 罗文、陈国生、刘毓：《清代贵州手工业地理初论》，《南都学刊（自然科学版）》1993 年第 1 期。

❼ 杨雍建：《抚黔奏书》卷 3，题为清查贼遗铜铅事。

❽ 杨雍建：《抚黔奏书》卷 7，题为进贡红铜事。

得知贵州富藏铅锌矿的事实，但因产地均在土目管辖之内，无法进行开采。于是，将"黔地不产铜铅"变成"铅锡亦无捐助之人"，如实上报。

康熙末年，当黔西北政治体制变革已经接近尾声，社会结构也出现了明显的变化之后，清代黔铅的开发才正式开始。康熙五十七年，贵州大定府所辖猴子铅厂提请开采。❶ 雍正二年，为满足云南铸钱对白铅的需求，云贵总督高其倬在云贵两上查勘矿源：

> 访得贵州地方之马鬃岭、齐家湾、罐子窝等处，亦有倭铅矿硐，因通知抚臣毛文铨，委员会同查勘，招开已经具奉令各处皆有成效，除黔省抽课一年约共可获五六千两，归黔抽报济公外，云南省每年买运黔厂倭铅五十万斤。❷

其后，大定府属齐家湾、威宁州属阿都、貳书、普安州属丁头山等铅厂陆续开采。雍正三年（1725年）五月，贵州大定镇总兵丁士杰对大定府所辖矿厂进行了详细的调查，开采铅矿计有马鬃岭、播木雄、发嘎、八甲山、江西沟、大兴厂、麻园沟、铜厂坡、洛龙山九处，厂民约八千余人，炉房三千八百余间，硐口四十余处。

矿业的高额利润使贵州商民开矿热情迅速高涨。雍正五年，贵州巡抚何世璂奏报："黔西商民纷纷具呈请开矿厂，……黔省土瘠民贫，不习纺织之业，复不擅商贾之资，止籍耕获营生，而山高岭峻，转运维艰，惟矿厂一项乃天地自然之利，但能经画有方，防范得法，上可益课，下可便民，商之督臣鄂尔泰，亦以为可，遂行查验羊角、札子、白蜡三厂，已有成效，商议帮阿都厂衰微之课，其余所报之处，现在饬司清查，一有实效，议定作何抽收之法，臣再会同督臣确议具题。"❸ 由于地理条件所限，贵州山多地少，农业发展受限，而矿业开发正可弥补这一不足，促进贵州社会经济的发展。因此，上至督抚，下逮商民，开矿建厂尤为积极。

黔铅的大规模开发，带来产量的急遽增长。雍正七年三月，云贵总督鄂尔泰奏报：

---

❶ 毛文铨：《奏猴子厂落龙硐矿砂衰微将尽续采有弊无益折》，雍正三年五月初一日，中国第一历史档案馆编：《雍正朝汉文朱批奏折汇编（第四册）》，江苏古籍出版社1988年版，第871页。

❷ 高其倬：《奏节省铅价调剂钱法折》，雍正二年十一月二十一日，《雍正朝汉文朱批奏折汇编（第四册）》，江苏古籍出版社1988年版，第54页。

❸ 何世璂：《奏报黔省矿厂事宜及开挖盐井折》，雍正五年闰三月二十六日，《雍正朝汉文朱批奏折汇编（第九册）》（转自马琦：《论清代黔铅兴起的原因和背景》，《贵州大学学报（社会科学版）》2010年第5期）。

查马鬃岭厂每年约可出铅一百万斤，大鸡厂约可出铅一百五六十万斤，砂朱厂约可出铅二三十万斤，江西沟厂约可出铅一二十万斤，四厂共计三百万斤，照例二八抽课，每年可得课铅五六十万斤，已敷新局之用，其炉户余铅每年共有二百三四十万斤，又丁头山一厂可出铅十余万斤，榨子一厂可出铅一百余万斤。[1]

黔铅的产量已超过四百万斤。十余年之后，黔铅“每年运供京局及川黔两省鼓铸，并运汉销售，共铅九百万斤，现各厂岁出铅一四百余万斤”。[2] 生产规模的扩大，产量剧增，意味着黔铅生产已经进入兴盛时代。

清前期的矿业，一般指金、银、锡、铅、铜等有色金属矿，以及煤、铁等矿的开采、冶炼，有时还包括锻铸。康熙前期，铜从日本进口，以后由于大量铸币的需要，准许云南铜矿开采，而对其他各地的矿山仍然实行封禁，“有清开采者，均不准行”。雍正前期，矿政较严，各地多有奏请开矿的，但“均不准行，或严旨切责”。清初的禁矿政策阻碍了民间矿业的正常发展。自雍正末年到乾隆初年，由于政权已经稳定，社会经济发展，对矿产品需求增大，又有各地方官多言矿利，矿业政策开始陆续全面放宽，除金、银等矿不许开采外，雍正十三年（1735 年）开放了广东、湖南铁矿。乾隆二年（1737 年），除原云南铜矿已有开采外，其他地方的铜矿也因“有裨鼓铸，准报开采”。民间铜矿采冶业主要是在清代发展起来的。明代前期的铜矿都为官营，属于官矿。宣德末年以后停罢官矿，矿业开始由民间经营。《天工开物》记载，明代四川、贵州、湖广、江西、湖南都有铜，以四川、贵州为盛。[3]

清代的货币实行银钱并用，铜是铸造钱币的主要原料。铸币是筹集军饷的重要来源，铸币又可以获得铸币“余息”，这是扩大财政收入的重要手段，因此铜矿业受到政府的充分重视。清前期由于矿源贫富、山场风水等原因，矿山开采多时开时停，报采变动频繁。据记载，自康熙末年到道光初年，“百余年来，云、贵、两湖、两粤、四川、陕西、江西、直隶报开铜铅矿以百数十记计，而云南铜矿尤甲各行省”。[4] 云南、四川、贵州、湖南等省的铜矿开采在乾隆中期都达到高峰。

---

[1] 鄂尔泰：《奏报调剂黔省铅斤并办获滇省铅息情形折》，雍正七年十一月初七日，《雍正朝汉文朱批奏折汇编（第十七册）》。

[2] 《清高宗实录》卷 342。

[3] 李绍强、徐建青：《中国手工业经济通史·明清卷》，福建人民出版社 2004 年版，第 492 页。

[4] 《清史稿》卷 124。

到雍正初年，“岁出铜八九十万斤，不数年，且二三百万，岁供本路鼓铸，及运湖广、江西，仅百万有奇。乾隆初，岁发铜本银百万两，四五年间，岁出六七百万或八九百万，最多乃至千二三百万。户、工两局，暨江南、江西、浙江、福建、陕西、湖北、广东、广西、贵州九路，岁需九百余万，悉取给焉”。[1]

当时贵州的铜矿业集中在威宁府。该省铜矿自雍正六年（1728年）正式批准开采。这以前虽有矿铜存在，但均属非法偷开，屡屡遭到驱禁。雍正六年，经正式勘查允许开采的有猴子、腻书、白蜡等5厂。雍正七年，由于设炉鼓铸的需要，又报开八地、朵果、拖克等厂10余处。仅格得、八地二厂即年出铜三四万斤。至乾隆六年，又陆续开挖矿铜70余口，年采获矿砂百余万斤，可煎获净铜10余万斤。[2] 贵州的铜除供本省铸钱之用，余铜又运往京师供京局鼓铸。

铜、铅等是关乎国计民生的重要金属，长期以来处于清廷的牢牢掌握之中，主导其分配与运销的力量是官府而非市场。清廷的原则是，按20%（二八抽收）的税率征税，缴税之后炉户所余产品由官府以低价收买。这一政策无疑太过苛刻，特别是许多矿埋藏较深，开采成本较大，即便易于开发的浅矿在时间长久后亦会出现“峒老砂深”的情形，因此在实际的执行过程中，特别是当金属供应紧张时，政策往往因时因地而有所放松以刺激生产，例如降低税率，允许出卖税后所余产品的一半给商人等。威宁府的铜矿不多，浅矿较少，清廷很早就予以优惠以资鼓励。雍正八年（1730年），抚臣张广泗奏称威宁果木果铜厂二八抽收，炉户不敷工本，请仿滇省汤丹厂例一九抽课。乾隆六年（1741年），在威宁州致化里发现了贵州最大的铜矿（疑即铜川河厂），当初议定课以20%的税率，余铜官为收买，每百斤给价七两。[3]

新寨、连发、乐助等大矿陆续封闭，莲花亦不再被提及，而福集厂甚至不能完成定额。其实早在乾隆五十三年（1788年），贵州巡抚李庆已在抱怨福集、莲花等厂开采日渐艰难，必须提高炉户工本，以便刺激生产。[4] 嘉庆八年（1803年），湖南郴、桂二州出产铅斤“递形短缩”，贵州威宁、平远等地的黑铅厂要么已经封闭，要么日形竭蹶。道光四年（1824年）甚至出现了因矿产不旺而导致的“炉户缴铅濡滞”现象。[5] 清代的铅矿业，经过18世纪中期的鼎盛，到该世纪晚期至19世纪初期，已经开始衰落了。[6]

---

[1] 《清史稿》卷124。

[2] 李绍强、徐建青：《中国手工业经济通史·明清卷》，福建人民出版社2004年版，第495页。

[3] 《清高宗实录》卷167，乾隆七年五月庚辰条。

[4] 《清高宗实录》卷1311，乾隆五十三年八月戊午条。

[5] 《清宣宗实录》卷74，道光四年十月丁丑条。

[6] 温春来：《清前期贵州大定府铅的产量与运销》，《清史研究》2007年第5期。

四、铸币业与农民起义币

清代晚期，咸丰帝奕詝即位后，面临的是内外交困的朝政，对外妥协割地赔款，对内盘剥百姓实施通货膨胀铸虚值大钱。此举加剧了国内满汉民族的矛盾，各地相继爆发了以教会名义组织的汉族农民起义运动，除广为人知的太平天国农民起义外，西南省份贵州由张保山领导的农民起义军也是一支不小的反清力量。

张保山系贵州遵义人，曾为太平天国农民起义军首领之一。咸丰九年（1859 年）张保山在贵州思南县境内联合反清组织天地会、白莲教贵州分支灯花教教主刘义顺举反清复明大旗。张自称是大明皇室后裔，改张保山名为“朱明月”，任秦王，从者数十万人，其中骨干力量为贫苦农民，各路天地会、白莲教系统号军纷纷响应，一时占州夺县声势浩大。同治三年（1864 年）朱明月（张保山）称帝，国号嗣统（意为嗣朱明皇朝大统），并铸嗣统通宝铜钱。如图 4-2 为一枚鲜见的汉文“嗣统通宝”铜钱，就是张保山在贵州所铸，中国钱币学泰斗马定祥先生在《历代古钱图说》中批注：“嗣统钱为贵州天地会号军所铸，稀。”为更好地搞清来龙去脉，该钱为值一型，黄铜质，宽缘光背，平头嗣、中划通类。张保山农民起义币铸期极短，存世量稀，加之清政府意收集熔毁，鲜为人知。

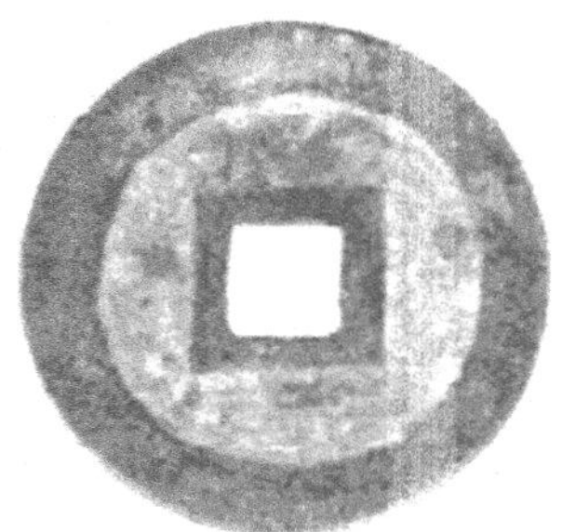

图 4－2　嗣统通宝

五、制盐

盐是日常生活必需品。在许多生产中也用到盐，如清代的冶铁炉、铜炉需要用盐来和泥抹炉膛，但在传统社会中盐主要是食用。日常生活对盐的需求量大，经营盐的收益高，所以盐在历代均为专卖品。明代以前，制盐业仍是几项重要的官手工业之一，盐的产销受到官府严格控制。官府征发灶户制盐，灶产隶于匠籍，产盐官收官运，实行专卖。这些政策限制了民间制盐业的发展。明代后期，随着官手工业的日趋衰落，盐的产销开始向民营转变。在清代，政府出于财政目的，制定盐法，对盐的运销流通仍然实行控制。清代的盐法由于各地情况不同而有所差异，且屡有变化，其最终目的是征收盐课。盐课收入是清政府财政收入的重要来源之一。在不影响盐课收入的条件下，政府对盐的生产逐渐放开，由民间经营，有的产区废除了灶户的灶籍，允许商民自由采盐，主要生产资料如锅撇、草荡、盐畦等逐渐私有化。到清中叶，各盐场已基本上确立了民营生产体制。清代盐法的逐渐松弛，从生产上说，有利于盐业生产的发展。另外，清代虽禁止私盐流通，但由于盐的流通地域广大，以及盐的经销者常常为了赢利而无视禁令，所以私盐大量流通，这对盐的生产也是一个刺激。

制盐业因受到自然条件限制，盐产区比较集中。《天工开物》记载，盐分为海、井、池、土、崖、砂石6种，但主要是海盐、井盐、池盐。海盐生产分布于沿海地区，清代的盐产区中以海盐产区最多，产量最大。井盐分布于四川、云南，池盐分布于山西、陕西、甘肃，蒙古、新疆也产盐。清代的主要盐产区有11个，“曰长芦，曰奉天，曰山东，曰两淮，曰浙江，曰福建，曰广东，曰四川，曰云南，曰河东，曰陕甘”。[1] 清代的制盐方法，海盐有晒制、煎制两种，井盐采用煎制，池盐采用晒制。[2]

清代贵州是一个特殊的区域，不产盐。贵州建省以前，分属四川、云南、湖广三省，没有统一的盐业政策，盐业市场因行政区划的隶属关系自然形成三大区域：靠近四川食川盐，靠近云南食滇盐，靠近湖广食淮盐。如道光《大定府志》载：“贵州各府，近湖广者食淮盐，近四川者食川盐，不通商，不颁引，小民就近负贩而输税于官，布政使、粮驿道兼理之，统隶于贵州巡抚，课人岁七千六百十有五两有奇，此则贵州盐政之略。”[3] 据民国《贵州通志》记载：“（康熙）二十五年准贵阳、都匀、思南、石阡、大定、威宁等府州，安顺府盘江以下州县卫所均川食，普安等处仍食云南盐。”[4] 由此可见，康熙年间，川盐行销贵州的贵阳、都匀、思南、石阡、大定五府，威宁州及安顺府部分地区。滇盐仅销售于普安州，处于黔西一隅。十年之后，即康熙三十四年（1695年），又“覆准普安等处自食云南盐，商民两病，将普安等处改食四川盐”。这样一来，滇盐在贵州唯一的销售市场也被川盐所夺，从此滇盐退出了贵州盐业

---

[1] 《清史稿》卷123。

[2] 李绍强、徐建青：《中国手工业经济通史·明清卷》，福建人民出版社2004年版，第541页。

[3] 《清高宗实录》卷107，乾隆四年户部议复贵州总督张广泗疏。

[4] （民国）《贵州通志》卷12《食货志》。

市场。[1]

粤盐自乾隆时期入黔，由于沿右江的水路优势，几乎把永从、独山、荔波等许多州县都变成自己的销售区域。但都匀府之独山、荔波是川盐的传统市场，故光绪时期任川督的丁宝桢，着手整顿四川盐政，将收回独山、荔波等地川盐销售权列为其任务之一。光绪八年，四川总督丁宝桢奏：

> 窃察黔省独山、荔波等州县向为川盐行销之地，近因粤商恃众走私，引销疲滞，经臣咨请示禁在案，旋准贵州抚臣林肇元咨称转准广西抚臣庆裕咨开查两广盐法志，开载西柩各埠广西桂林、柳州、庆远、思恩、泗城、平乐、梧州、得州、南宁、太平、者安等府属州县，贵州黎平府属古州，在开泰县境内兼销永从、独山、荔波地方。谨按黎平府属古州系新开苗疆，向无额引。雍正十年，前抚金琪奏销委员运盐至古州、永从、丙妹、三脚屯各地试销。乾隆三年，前督鄂尔泰奏请招商定额引四万，设古州总埠，而以丙妹、永从、三脚屯隶焉。八年，云贵督臣张广泗咨准黔之荔波旧隶粤西庆远府，原食粤盐，今改隶黔省，粤盐不至，川盐价昂，民苦淡食。今古州厅该处苗民自赴买销，以上达古州兼销之永从、独山、荔波共六十厅州县均归西柩等语，今准来咨黔省荔波、独山等处即为川盐引销之地，核与两广盐法志载永从、独山、荔波均归西柩之条未符。查粤盐频年滞销，税课缺额，正在招商设法整顿行盐之际，引地实为晌课枚关，未可稍涉歧误。[2]

在丁宝桢的努力下，光绪十年，朝廷将此两地判归川盐行销。可见，清代贵州以销售川盐为主。根据《贵州通志·食货志》的记载：乾隆六年（1741年），仅进口川盐即多达5720引（按每引50包，每包160斤计）合457600担；乾隆九年，川盐递增水引至11570张，陆引25293张（水引每票载盐50包，陆引每票载盐4包），合544万斤。三年时间川盐在贵州销售量增加了一倍多，占贵州所用食盐的绝大多数。乾隆十二年（1747年），增加到5896引，合471680担。此时全省人口按500万人计，[3] 其年人均供应量已达9.43斤。[4] 川盐行黔，由运商自盐场买盐，分道转运至合江、江津、涪陵、叙永四盐岸，售于销商，

---

[1] 马琦：《清代贵州盐政述论》，《盐业史研究》2006年第1期。

[2] 《丁文诚奏议》，转引自席裕福、沈师徐辑：《皇朝政典类纂》卷78，《盐法九》，台湾文海出版社1982年版。

[3] 根据《清朝文献通考》的记载：乾隆五十至五十六年（1786～1792年），贵州平均人口为516.7万人，据此推算其40年前的人口为500万人，应该是接近实际的。

[4] 顾文栋：《对清代前后期贵州盐政成败的评议》，《盐业史研究》1999年第2期。

销商由盐岸购运至省内各销场，再转手商贩，由商贩零售与消费者。[1] 其各盐场至盐岸再转贵州各销场路线如下："富顺卖盐，载至纳溪谷九姓司、永宁、合江、茶江、涪州，转运贵州威宁、黔西、遵义行销。荣县卖盐，载至合江，转运贵州威宁、黔西、遵义行销。自三台及键为卖盐，载至涪州，转运贵州遵义、黔西、威宁行销，是则川盐之人贵州者，此又转灌之盐路。"[2]

清代后期，官风糜烂，盐政腐败，尤其是在镇压农民运动的战争硝烟里，运销停滞，引岸荒废，所谓"官督商销"[3] 制，已经名存实亡。光绪初年，四川总督丁宝桢改行"官运商销"法，取消场岸运商的营运，停止贵州盐厘的征课，同时加强盐务管理的职能，从而迅速取得了可靠的效益。仅仅在此几年之后，即在清王朝已经进入最后灭亡的末日里，依然增租加税，苛敛无已，再加上墨吏奸商乘机蜂起，整个贵州盐政，再次陷入一片混乱的状态。[4]

第六节 建筑技术

清代贵州的建筑业得到了较好的发展，不但建筑形式多样，内容丰富，而且独具民族特色，建筑艺术独特。

一、桥梁

明清时期所建的桥梁，见于记载的约1500座。其中黔南在明、清两代，载入地方志的桥梁有300多座。据《贵州通志·建置志》载：建筑最早为贵定瓮侣桥，建于明洪武二十五年（1392年），最晚的为独山上母鱼河桥，建于清光绪三十四年（1908年）。在贵州境内，侗、苗等少数民族依山而住，傍水而居。由于溪河密布，有的穿寨而过，有的绕寨而流，因而人们在寨前寨后或村头村尾都建有桥梁，如风雨桥、石拱桥、浮桥、木板桥、石板桥、独木桥等。其中以风雨桥的建筑工艺最为复杂，集桥、廊、亭三者于一体，是侗族人民桥梁建筑艺术的结晶，是侗寨的重要标志。

---

[1] 马琦：《清代贵州盐政述论》，《盐业史研究》2006年第1期。

[2] （道光）《大定府志》卷40，《食货志四上》。

[3] "官督商销"制：在"岸有专商，引有定额"的基本框架里，采取"商人领引，配运则归盐道，税羡经征则归州县"的办法，实际是通过发引、配运的宏观控制，以及征收盐税的实地审查，以加强对盐商的监管。

[4] 顾文栋：《对清代前后期贵州盐政成败的评议》，《盐业史研究》1999年第2期。

清代，贵州境内有关修建风雨桥的碑文记载不少。其中较有代表性的是立于今从江县谷平乡流架村的“重修流架风雨桥碑”。流架风雨桥又称回龙桥，横跨谷洞河支流入口处，在桥头上立有“回龙桥碑”和“万福攸同碑”，对修建流架风雨桥作了较为详细的记载。“万福攸同碑”称：

> 尝思增风则有阁，架水则有桥，自古皆然，非独吾里也，……适及于斯，梓里后杰父老目睹已心系，合境计议，壹心壹德，爱相酌为久远之基。各愿捐资，或捐米粟，或出银钱，请鸿匠之经营，……而落成之后，竟立此千年不朽之事功。[1]

同样，“回龙桥碑”也较为具体地记载了流架村吴、蓝、潘三姓族人修建风雨桥的情况。碑文中还刊刻一首诗，盛赞重修后的流架风雨桥：“回龙转驭锁关山，秀聚星联永世环，形胜天工人代半，蛟腾风起化泰蛮。”还有，在今从江县丙妹镇立有一块“八仙桥碑”。这里的“八仙桥”即为风雨桥，建于乾隆四十一年（1776 年），是丙妹通往高增、永从等地的必经之路。相传在丙妹銮里侗寨，有 8 个美丽的姑娘常在桥上唱歌，天长日久，坐化为歌仙。为了纪念歌仙，人们便将此风雨桥命名为“八仙桥”。碑文记载：

> 尝闻丙妹数里之遥，八仙旧址，乃令于冬期桥圮终年，民实忧夫春渡。况水陆之要地，尤为来往之冲衢，……伏愿仁人长者乐布金钱，更祈义士高贤同亲翻筑，千夫万杵，动若鸣雷，肩石担泥，奔集如雨，虽工程浩大而指日可几，即虑始为艰而图终良。

这里，碑文指出了八仙桥的重要性，它系“水陆之要地，尤为来往之冲衢”。据碑中所记，当时参加捐资人员较多，有官员、化道、信宦、石匠及其他民众共 90 余名。可见当地人民建桥积极性之高，热心于风雨桥建筑。此外，同样具有交通功能的石拱桥在清代也得到了修建。如乾隆四十八年（1783 年）四月，在今锦屏县茅坪镇上寨刻立“合龙桥碑”，其中有载：“我村居要路，又属江上通衢，客商朝夕往来，樵牧日时出入，……即宇相对而

---

[1] 以上碑文是道光二十一年（1841 年）十二月由流架村蓝、吴、潘三姓人同立的。从中看出，这里的三姓族人建桥热情十分高涨。该桥始建年代不详，由于常被山洪冲毁，道光六年（1826 年）二月流架村民开工重修，二十一年（1841 年）十一月竣工，历时近 16 年之久。这是清代贵州民间耗时较长的建筑工程之一，它集石桥、木桥、鼓楼、房屋四者于一体，为独具风格、绝无仅有的侗寨风雨桥。

户相迎，胜若关河阴隔。”

乾隆时期，茅坪作为清水江上的交通要冲，木材贸易非常兴盛，加之当地村民从事农业生产，朝出暮归，因而将“经久而倾颓”的木桥改建为石拱桥变得十分必要。于是，大家踊跃捐资，延请匠师。桥建成后，便将之命名为“合龙桥”。

光绪八年（1882年）二月，在今兴义市乐立村刊立“乐立建桥碑”。[1] 除此之外，浮桥、石板桥等类型的桥梁在清代贵州境内同样得到了兴建。[2]

二、鼓楼

鼓楼是侗族特有的建筑艺术，贵州主要集中在黎平、从江、榕江等县，这里多数村寨都建有鼓楼，自古就有“未曾建房先建楼”之说。鼓楼是一种密檐式塔形楼，有三重、五重乃至十五重檐，其平面有四边形、六边形、八边形三种，高可数丈，全为木质穿榫结构。鼓楼造型多样，主要有楼阁式、厅堂式、塔楼密檐式等。[3]

清代贵州较早修建的鼓楼是今从江县的增冲鼓楼。该楼占地面积115平方米，高25米，为13重檐8角攒尖双宝顶，全木结构，工艺精细，檐阁下画有龙、凤、蟹等动物图案，十分壮观。据楼内所立的“万古传名碑”记载，此楼建于康熙十一年（1672年），为贵州现存鼓楼中年代较早的一座。碑文从治理偷盗、男女婚姻等十二个方面议定成禁条。如其中第一、第八条分别规定：“议偷牛马，挖墙拱壁（偷）禾谷、鱼，共罚钱十二千文整”；“议横行大事小事，不得咬事且控，如有多事，众等罚银五十二两。”这些禁革措施，对于教育人们克服不良行为大有裨益。

此后，雍正至道光时期，贵州境内的鼓楼继续得到发展，至光绪时处于兴盛阶段，侗族各地广建鼓楼。据统计，侗族地区迄今尚存鼓楼630余座，而黎平就有231座，从江有125座，榕江有40余座。这些鼓楼修建之后，侗族人民多刻有碑文记载。如从江佰二鼓楼，在其左前角即立有刻于光绪十三

---

[1] 此碑记载了当地布依族贺兴科、汉族龚珍吉等数十户捐资，于光绪七年（公元1881年）八月动工修建石拱桥的情况。修建后的石拱桥，使得“耕者有驱犊之便，行人无艰步之忧，老者忻聚谈于其上，少者乐歌舞于其场”。可以说，该桥是当地布依、汉等族人民急公好义美德的展现，为民族团结的见证。

[2] 王卫红、吴大旬：《从有关碑文资料看清代贵州公共建筑业的发展》，《科教导刊》2010年第8期。

[3] 王卫红、吴大旬：《从有关碑文资料看清代贵州公共建筑业的发展》，《科教导刊》2010年第8期。

年（1887年）三月的“功垂不朽碑”。碑文云：

> 盖闻江西故籍，……境土□□迢至极乱，生三一□五二之抽丁，十去而一不返；七三四六之赋税，一不成而二。增兵残民，命难以保，身不得已而为异域之迁移。扶老携幼，匆维甘跋涉，弃故土而投他乡。至我皮林开疆，斩土建立室家、凉亭、古楼。……仰观斯楼，上有保合太和□□；府察此地，下有龙□默运之灵。山川之秀色，相迎嵩岳之淑气……华楼之巩固，应兆万亿斯年；焕然美矣，秀阁之辉煌，长纳吉祥百代□风。❶

又如黎平上寨鼓楼，原楼毁于咸同年间，光绪十八年（1892年）重建。重建后于鼓楼的左次间前刊立石碑，其中有载：“窃谓乡间无楼阁，父老靡聚议之区，村里有楼台，少壮得游观之所，在昔……建楼于此，靡不人文蔚起，科甲联蟾，为因兵燹以来，柱石灰烬。兹幸渐际升平，各安生业，……无以对先人，亦且无以示来者。”

第七节　其他科学技术

一、邮驿

清代邮驿是中国古代邮驿发展史上最后的一个阶段。入清以来，贵州统治者不遗余力地采取各种措施，完善邮驿制度，为的是使邮驿系统发挥高效、严密的作用，为封建帝国的运转提供强有力的支持。但是，随着清王朝的没落，尤其是西方信息传递方式的传入，贵州传统邮驿已经不能适应社会发展的要求。因而，最终被近代邮政所取代。❷

民信业起源于明永乐年间（1403～1424年），由于东南沿海的商业城镇产生了资本主义萌芽，出现了专营民信业的民信局，晚清时逐渐向内地发展，具有完全的商业性质，是一个以营利为目的的邮运组织。《置邮溯源》英文版中记述了它的性质，“民局：为民间使用的邮政———以区别于为政府及官吏

---

❶ 碑文主要记载了从江佰二村石氏家族由江西迁徙到皮林建立家园以及遭遇兵燹后再创家立业的原因和经过。村民积极性高，共有85人捐资修建鼓楼，对建好鼓楼后的发展充满了希望。

❷ 吴晓秋：《论清代贵州传统邮驿的历史变革》，《贵州文史丛刊》2007年第3期。

使用的……”。[1]

清末，贵州开始出现民信局，当时在贵州业务开展得较规范、活动范围较广的民信局主要是“麻乡约”。“麻乡约”贵阳分号的地址设在北门桥花家巷口（今中华中路龙井巷口），历时百余年，直至贵州近代邮政交通发展起来后，才最终退出了历史的舞台。“麻乡约”往返于成都、贵阳、昆明之间，在贵州境内沿驿道设站，其业务是运送货物、提供旅行所需的劳动力，并兼办递送书信、汇兑、口信和小包裹等。“麻乡约”根据路程的远近和易难程度，在日程、信资、寄递方法和月递次数等方面制定出一系列的规章制度。如递送邮件的日程，分为正、快两站，正站相当于今天的平信，快站相当于今天的快件。快站信资一般面议，正站信资根据路途远近而定，重庆到贵阳邮递日程为11天，每月寄送9次，信资大约为75文。客运方面以租长路轿子（或滑竿）为主，通过轿子和滑竿运送旅客，往来于川、黔、滇，贵阳到昆明行程大约20天，贵阳到重庆行程一般在15天左右。货运则全部使用人力，分期分批地挑、抬、背负、驮运。汇兑方法大致有两种：一是商业汇兑，这种方式并不将银子直接运走，而是相互之间兑用；另一种是官方汇款，是将托汇的银子直接送到目的地。光绪初年，由重庆至贵阳等地的汇票，每千两银子，收汇费八两银子，现金收费大约在十六两左右。对汇兑、现金、包裹等，“麻乡约”实行的是责任赔偿制。在贵阳本地，与“麻乡约”同时代的邮行还有“荣发合”“老兴昌”等，“荣发合”专走贵阳至重庆一线，“老兴昌”则活跃于贵阳与镇远之间。“天顺祥”和“百川通”虽然在贵州近代邮政史上没有明确记载，但从严修的《蟫香馆使黔日记》中略见一斑。“丙申（光绪二十二年，1896年）五月十八日，第十八号京信交黎平房段书带省托天顺祥寄京。”“五月二十九日在都匀。附菊人信……由都匀房带来百川通代寄。”“八月初二日在贵阳。复礼仁、墨青信交天顺祥。”“丁酉（光绪二十三年，1897年）十月初五日，发七日禀并汇款交天顺祥。发寄华世叔并琅师银信交百川通。”

与此同时，在贵阳府境内，还存在另一个小型民间通信机构，1888年（清光绪十四年）为方便青岩镇天主教堂与贵阳教会的通信联系，委托苏杭在

---

[1] 民信局大致可分为内地专业信局和轮船信局。前者以脚夫或民船运送书信物品，营业范围仅限于一两个省或某一个地方。后者是利用轮船运寄，往来于沿江沿海各大城镇。同治、光绪年间，全国已有大小民信局数千家，其业务项目有收寄信件包裹、发行报纸、代运货物、代兑钞票等。信件种类除普通的以外，还有火烧信、鸡毛信、么帮信和挂号信，火烧信是用火烧去信的一角，表示“火速”；鸡毛信是用鸡毛插在信封的四角，表示“如飞”，此两种信都是加急信，信局收寄时要向寄件人或收信人收取加倍信资；么帮信是派专人递送；挂号信需要另付“号金”，与今天的挂号信颇有相同之处。转自吴晓秋：《论清代贵州传统邮驿的历史变革》，《贵州文史丛刊》2007年第3期。

青岩镇北街 49 号开办的青岩民办信局。黔南邮政始创于清光绪三十一年(1905 年)。据《贵州通志·建置志》记载，是年，独山、荔波等已开办邮寄代办所，隶属岳州（今岳阳）大邮界。光绪三十三年（1907 年），与贵阳、遵义、郎岱、镇远等邮政局及普安、旧州、安顺、镇宁等代办所综合，称为贵州邮务区，仍隶属于岳州大邮界。至宣统二年（1910 年），又增设了龙里、贵定、福泉、瓮安、长顺、都匀、惠水等县邮寄代办所。当时开办的业务仅限于信函邮寄。邮件运输和投递均靠人背马驮。1910 年 9 月，贵州邮区正式设立青岩邮寄代办所，但对外仍沿用原有名称。贵州近代民信局一度作为用途广泛，与驿站等政府通信机构并驾齐驱的民营通信业，尽管它不可能代替传统邮驿，但在与传统邮驿竞争之时，却给传统邮驿带来了不小的冲击。由此，到 20 世纪初，贵州改造传统邮驿、建立近代邮政体制的诉求已呼之欲出。[1]

二、通信技术

从清末光绪年中叶至辛亥革命，是贵州近代科学技术的萌芽时期。具有近代科技水平的印刷技术引进贵州；清光绪十三年（1887 年），通往云南的电报线路从四川通到毕节，架支线通往贵阳，贵州始有电报。光绪三十一年(1905 年)，清政府邮传部发给贵州一部磁石式 50 门电话总机和 24 部单机，安装在贵阳巡警总局衙门专用，是为贵州最早的电话。至 1911 年，连接湖南、四川、云南的电报线路相继开通，全长 1450 公里，设立 10 个电报局，开展民用电报通信。清光绪三十三年（1907 年），境内开设邮政代办所，随后架设有线电话，开展了电报有线传递技术业务，使用磁石交换机和人工电报机。清代宣统元年（1909 年），贵州省架设东、西两路电报线路，都匀、镇远、铜仁三县开始与湘、桂两省通报。

三、西方近代自然科学知识的传播

贵州通过办学传授自然科学知识开始于严修创办的经世学堂。清代贵州学馆形式多样，名称不一，有“书房”“书馆”“书院”“书屋”等，锦屏、岑巩、天柱等地普遍修建学馆，兴馆办学发展教育的热情十分高涨。其中以锦屏最具代表性，县境遗留下来的不少碑文资料对此有载。[2] 乾隆四十七年

---

[1] 吴晓秋：《论清代贵州传统邮驿的历史变革》，《贵州文史丛刊》2007 年第 3 期。

[2] 吴晓秋：《论清代贵州传统邮驿的历史变革》，《贵州文史丛刊》2007 年第 3 期。

（1782年）十一月立于今铜鼓镇高柳上寨的“书房碑记”，碑文云：

> 从来人才兴于学校气质化于诗书。有人才而无学校，未免生齐而囿不齐。变气质而外，诗书犹然。……高柳僻处山巅，衣食颇足，礼义当兴。爰集父老，共商厥事，……不惮径劳苦地，择期乐建书所。……诚接明师，自大以成大，小以成小，而快睹人才之兴，气质之变，同沐圣朝之雅化也夫。❶

这里，碑文指出了兴建学校的重要性。光绪二十二年（1896年），礼部尚书呈《请推广学校奏》，建议开办京师大学堂，令各省兴办中小学堂和实业学堂，增开天文、地理、格致（物理、化学）、外文、农商、工矿等课，设藏书楼、仪器馆、译书局，办报纸，选派留学生。时隔两年，贵州学政严修改革学古书院，首创经世学堂，考选40名高材生入学，除经、史之外，开设天文、算学、物理、化学等课，培养了贵州第一批具有近代科学知识的人才。清政府颁布学堂章程之后，贵州新学有较大发展，先后开办贵州大学堂、蚕桑学堂、农林学堂。辛亥革命前后，办学之风更盛，当时具有革命思想的人为宣传民主、科学，也组建了“科学会”“算学馆”，创办达德、正谊等一批学堂。

出省出国求学深造是当时学习先进科学技术的重要途径。贵州省选送到京师大学堂学习仅1907年毕业的就有10人获得举人。光绪三十一年（1905年）贵州开始选派64人分5批东渡日本，另一部分留学欧美，总数约150人。其中如邢端、许肇南、文波、万勯忠等，均学习理工，是贵州最早出国留学学习国外先进科学技术的先驱。

自洪武年间开设儒学以来，即有算经传入，清代又传入《万算全书》《数学启蒙》《删九章算法札记》《则古斋算学》《代数术》《白芙堂算学丛书》《御制数理精蕴》等书，清代贵州人著的数学书有戴世翰的《算经》和陈嘉典的《数法》。

四、计量科技

清雍正年间，黔南地区才逐步用升、斗、尺、秤等度量衡。清代，曾统一推行“纵黍尺”，即以黍之谷子适中者，度其纵为一分。之类十黍为一寸，

---

❶ 王卫红、吴大旬：《从有关碑文资料看清代贵州公共建筑业的发展》，《科教导刊》2010年第8期。

十寸为一尺。由工部制造，以准度营造，故有“营适尺”“部尺”之称，每部尺合31.821厘米。清代光绪三十三年（1907年）九月，曾颁布度量指令，规定：部尺一尺合32厘米，1800部尺为一里，6000平方部尺为一亩。

五、医学

据有关史料记载。明末清初，有些外省籍的中医，如江西丰城的邓春华、四川万县的潘台臣、江西赣州的陈希潘与其弟陈希尧等10多人，纷至沓来，陆续迁居独山、贵定、福泉、瓮安龙里、惠水等县从事医疗活动。

关于麻风病最早出现在瓮安县，根据石碑资料，清光绪二十一年（1895年），由一名四川工艺匠人传入，逐渐蔓延传播，患者20余人。

贵州民间的草医、草药，有独特之处，有些医术仍沿用至今。中医和中药大抵是明代传入。洪武二十七年（1394年）置普定卫惠民药局，永乐十五年（1417年）置镇远府医学，标志着中医、中药在贵州已有一定发展，自此以后，行医者渐多，著有医书20余种。清代，廖氏在遵义板桥制造“化风蛋”，唐炯、于树楷在贵阳开设“同济堂”，中药炮制渐精。

六、地学

在地学方面，早在明弘历年间，《贵州图经新志》已绘有地图。清康熙年间有法国人雷孝恩等入黔测绘投影地图，汇入《皇舆全览图》中。光绪年间，又制成《光绪贵州全省舆地图说》。此外，值得一提的还有徐霞客的《黔游日记》、陈鼎的《黔游记》、洪亮吉的《贵州永道考》、严如煜的《苗疆水道考》等地理专著。在明清的贵州方志中，对地震及水旱灾害，对各地动、植物也多有描述，并载有各种矿产。

第五章　民国时期贵州科学技术发展（1912～1948年）

舆论是所有权威之母。即使是科学，如果没有足够的权威也不可能去担当对抗并修正舆论错误的重任。

——涂尔干《宗教生活的基本形式》

中国近代科学技术经历了一个充满艰辛的历程。民国时期就是这一历程的重要阶段，也是承前启后的特殊历史时期。

民国时期是我国旧民主主义革命到新民主主义革命的转型期，这一时期的中国社会处于急剧变化的一个显著态势，即社会形态结构发生了巨大的变动，主要表现在三个方面。

首先，在政治结构上，辛亥革命推翻了统治中国两千多年的君主专制政体，创建了民主共和政体，之后经过新民主主义革命，完成了由大地主大资产阶级专政（北洋军阀和国民党政权）向人民民主专政（中华人民共和国）的过渡，从而真正从政治理念上摒弃独裁专制政体，开始了政治民主化的进程。

其次，在经济结构方面，西方列强的侵略，给我国带来深重灾难的同时，也使我国的传统自然经济开始解体，资本主义经济在城乡得到了不同程度的发展，民族工业在曲折中艰难发展。

此外，社会形态结构的变动还反映在思想文化结构上，逐步完成了社会主体意识形态从传统儒家文化到三民主义再到新民主主义的更替过程。

伴随着这些巨变，我国的科学技术也发生了一场史无前例的大变革。

辛亥革命后，孙中山在南京成立临时政府，下设教育部，任命著名教育家蔡元培为教育总长。随后由教育部公布了一系列法令，在全国实行教育改革。新的教育宗旨取消了“忠君”“尊孔”的封建指导思想，突出了公民道德训练和知识技能的教育。规定大学分为文、理、法、商、医、农、工等科，并以文、理为主。

从民国初年起，一些先进的知识分子就向社会大声疾呼筹建研究机构，并收到了成效。1912 年，地质学家章鸿钊[1]首先呼吁成立地质调查所；同年高鲁[2]着手筹办中央观象台；1928 年，在著名教育家蔡元培等人的努力下成立了中央研究院，随后北平研究院及各研究所相继成立，此外还有几所民办研究机构也相继成立。

1912 ~ 1937 年，不过 25 年的时间，各种学会组织陆续成立，涉及近代科学技术的广大领域。某些学科，如地质学、气象学、物理学等在个别领域中取得了一批具有当时国际先进水平的成果。在工程技术方面，可以仿造万吨级轮船、较先进的飞机、汽车、各种机床。中国的工程师们已经掌握了运用钢筋混凝土建筑高层建筑的技术，建成了具有国际水平的钱塘江大桥。中国近代科学技术在这一时期得到建立与发展，并大大缩短了我国科技与西方的差距。这一时期无疑在中国科技史上具有特殊的意义。

在这样的大背景下，贵州省的科学技术在延续自身特点和优势的情况下，也融入这场历史的大潮流中。这一时期，西医、地质、气象、计量等方面的科学技术逐渐发展。具有近代科技水平的冶炼技术、印刷技术和电报、电话，陆续引进贵州，西方近代自然科学知识也随即开始传播。

值得提到的是，民国时期贵州科学技术的发展，还受到抗日战争的影响。在抗日战争时期，由于战乱，贵州成为战争的大后方，许多学校、人才、企业迁入贵州，使财力、物力、人力相对集中，这大大地促进了贵州科学技术的发展。

第一节　农林渔业和经济作物种植技术

贵州是一个纬度较低、海拔较高的亚热带高原山区，全省土地总面积 26419.2 万亩，其中山地面积占 87%，丘陵面积占 10%，平地占 3%。自然土壤有赤红壤、红壤、黄壤、黄棕壤、山地灌丛草甸土等地带性土壤和石灰土、紫色土等非地带性土壤。气候冬暖夏凉，光、热、水年季变化基本同步，有利于大、小季作物生长。

---

[1] 章鸿钊（1877 ~ 1951 年），地质学家、地质教育家、地质科学史专家，中国科学史事业的开拓者。

[2] 高鲁（1877 ~ 1947 年），中国天文学家。字曙青，号叔钦，福建长乐人。

一、不同区域农林渔业的发展概况

（一）各地区发展概况

1. 贵州西南地区

民国六年（1917 年），在贵州西南地区，国民政府知事王敬彝在兴仁筹划开办“桑田讲习所”，供给经费，招高小毕业生 65 人，学习 9 个月，毕业 45 人，被委任技师及管理员，为发展养蚕业提供必要的人才资源。

民国十五年（1926 年），省政府在普安县兴办农业试验场，提出辨土壤、土壤改良法、厚地力、施肥料等实用技术，采用“烧土法”改造冷水田，提倡多栽豆科植物以肥地力。同时，兴义下五屯富户刘统之与其子刘显慎先后创办“农业种植公司”3 所，与留学学习园艺专业的赵金生在兴义白岩湾建果园，主要种植“大红袍”，引种上海玫瑰香紫晶葡萄、福建浦田牛奶枇杷，套种花生、红薯、大豆和日本的除虫菊，按两行橘树下种豆的技术充分利用土地，为推广农业适用技术作出积极贡献。

民国三十一年（1942 年），国民政府在兴仁建立贵州省第三区农场，为国营示范农场。随后，境内的各县相继建立农业试验场。民国三十二年（1943 年），晴隆县、兴义县成立县、乡两级农会，国民党中央及省政府配发良种 2 万斤，由各级农会推广种植。

民国三十五年（1946 年），兴义县建立农业推广所，境内各县也相继设立，主要推广良种和农业新技术、烤烟栽培、畜禽疫病防治等技术，试图通过示范推动农业生产的发展。

2. 贵州东南地区

1929 年贵州省政府在镇远兴办农业实验场，1938 年在青溪办农业试验区，先后又在岑巩县白岩坪、施秉县城关、炉山县五里桥等地办农场和棉场。1940 年，在施秉、青溪、榕江、从江等县推广“美棉”，每亩收 5 公斤左右。1942 年，在麻江、炉山、黄平、施秉等地推广“美烟”。同时，在各县设立农业推广所，推广栽桑养蚕及烤烟、棉花栽培，畜禽疫病防治等技术，试图通过示范推动农业生产的发展。

3. 贵州南部地区

民国以前，贵州南部的林木大多是山野自然生长、繁殖，当地农民也仅限于屋旁四坎、山坡零星或小片植树，未见有大规模的营林记载。

民国初年，贵州省政府曾通令各县推广蚕桑，都匀、平塘等县曾营造小片桑林。新中国成立以后，在党和政府的领导和组织下进行了大规模的营林。

贵州南部的渔业，在历史上是以江河捕捞为主。家居在三都的水族人民有池塘养鱼的传统习惯，水族村寨大多有养鱼池塘，民国时期，在惠水县的省直辖区联合农场曾推广稻田养鱼，但普及面不广。1949 年，所辖地域水产品总产量为 386 吨。

（二）农林渔业的管理技术的进步

民国时期，国民政府先后采取以下措施发展农林渔业。

（1）建立农业学校。辛亥革命后，政府将农林学堂改为农林学校，后又改为贵州省甲种农林学校，设有农科 2 班，蚕科 2 班，林科 1 班，教师多是日本留学生和农林学堂、蚕桑学堂的毕业生以及外地大学的毕业生。

民国元年（1912 年），李仲公[1]等创办贵阳蚕桑学堂，后与农林学校合并。民国四年（1915 年），贵州实业公所在贵阳举办了全省蚕桑讲习所，每期 6 个月。次年，农林学校又附设女子蚕丝传习所，学制一年。民国十七年（1928 年），甲种农业学校撤销。民国二十四年（1935 年），就原农校旧址成立贵州省立初级职业学校，招森林科 2 班，以后又增设农作科 1 班，园艺科 1 班，为贵州农业科学的发展奠定了基础。

（2）开办农事试验场。民国初年，黄干夫任实业司长时，曾设农事试验场于贵阳城北桑园，不久停办。民国十九年（1930 年），国民政府下令各省成立农事试验场，贵州省政府责成实业厅长窦居仁筹建，于次年在贵阳六广门外大洼村一带建立，由赵承忠、杨梦九等人负责。场部下设农作、园艺、推广、事务四部：农作部负责粮食作物及特用作物的引进、栽培、选种，分为稻作、麦作、杂谷及特用作物四区；园艺部负责引进繁殖花卉、果树、蔬菜、苗木；推广部负责推广以上两部的成果；事务部负责会计、庶务、文书。全场占地 180 余亩，分为三区：稻作区设在茶店，占地 120 亩；第一推广区设在红边门，占地 21 亩；第二推广区亦设茶店，占地 30 余亩。经费由政府拨给，起初每年仅三五百银元，以后增至六千余银元。

农事试验场的任务主要是试验和推广，从事以下几项工作：①征集全国各地的稻、麦、杂谷的优良品种进行比较试验和区域试验，从中选出适合贵州气候、土壤的良种加以培育推广，并进行品种杂交改良的研究，引进了“飞来凤”“常熟粳”“播阳早”“临川早”“帽子头”等稻种和“南京赤波”“金大 26 号”“金大 2692 号”“武进无芒”“淮阴大玉花”“信阳无芒黔”“成都无芒”等麦种；②繁殖、培育特用作物幼苗，如薄荷、除虫菊、油桐、

---

[1] 李仲公，原名李其荃，号仲芸，历任国民党中央执行委员会书记长、国民政府交通部次长、立法院立法委员等职务，是国民党要员中有名的诗人、书法家。

漆树，分发给各地农民种植；③成立推广区，并用特约农田、合作农田等方式指导农民使用先进技术和试种优良品种，起到示范作用；④繁殖花卉、果树、蔬菜、石榴、梧桐、樱桃、扶桑、海巴茶等，并以花卉、水果供应市场。[1]

（3）建立贵州省农业机构。抗日战争爆发后，中央农业实验所内迁，一部分迁往贵阳，成立贵州省农业工作站。民国二十七年（1938 年），贵州省长吴鼎昌商请国民政府农业部、中央农业实验所筹组贵州省农业改进所，经费由贵州省政府与中央农业实验所共同负担，技术方面由中央农业实验所派员协助，并将原农事试验场并入，以原贵州农业工作站的人员为骨干，吸收贵州及各地的技术人员，设址于南门外油榨街，是年 4 月正式成立，隶属建设厅。贵州省农业改进所设农艺、森林、畜牧、兽医、植物病虫害、柞蚕、农业经济 7 个系及防治水旱研究室（1939 年改为农业工程室），1943 年增设园艺系。

1938 ~ 1949 年，先后建遵义柞蚕试验场、湄潭桐茶试验场、施秉棉业试验场和农林部烟产改进处、贵州烟叶改良场；全省 7 个行政区分设区农场，负责繁殖良种和指导各县农业推广所；73 个县有农业推广机构。经省农改所试验、示范、选育繁殖，推广水稻“黔农 28”“黔农 2 号”“黔纯 2363”，小麦“遵义 136”“金大 2905”“中农 28”等良种，比农家品种增产 10% ~ 30%；引进美国烟叶良种，试验结果，“佛光”丰产、质佳，比农家品种增产 10% ~ 50%，但推广范围只限于贵筑、惠水、龙里、黔西、贵定、遵义、湄潭、清镇、施秉、清溪（今属镇远县）等 10 余县，面积 60 多万亩。[2]

（4）建立植物园。民国三十五年（1946 年），贵州省主席杨森根据蒋介石“建设贵州的三大指令”，通令全省植树，预计每年植树一亿株，为此要求各地建立苗圃，并以贵阳为示范，于是责成建设厅第三科筹建植物园。

民国三十六年（1947 年），在贵阳北郊八角岩建园，命名为“敬之植物园”。

杨森[3]在《敬之植物园碑记》上写道：预期将来，“蓊郁成荫，姹紫嫣红，云舒霞卷，不仅足以点缀风景，宜于游观，涤荡尘氛，恢廓襟抱……”[4]

建园之初，向平坝西南垦殖公司借用了美国技术并发动机关、学校、民

---

[1] 《贵阳市志·科学技术志》，第 13 ~ 14 页。

[2] 《贵州省志·科学技术志》，第 64 页。

[3] 杨森（1884 ~ 1977 年），字子惠，原名淑泽，又名伯坚，四川广安县人，国民革命军陆军二级上将，贵州省主席。

[4] 《贵阳市志·科学技术志》，第 18 页。

众团体和军队参加开垦，开辟苗圃约500亩，种植冬青、梧桐等苗木，又从四川江津引种了少数甜橙，从国防部军医学校移植了100多种药用植物，栽种了100多种观赏植物和10多种蔬菜。但后来由于经费不足，经营不善，大部分土地出租给烟叶改良场，成效不甚显著。

（三）贵州省农业改进所的成就

1. 粮食作物

粮食作物的研究、推广是农业改进所的重要任务之一，主要由沈骊英[1]负责，主要工作是培育和推广了水稻、小麦、苞谷、大豆等优良品种。

贵州原产水稻单位产量一般较低，成熟时易于脱落，针对这一情况，农改所广征省外良种，加以改良，卜慕华、陈献等培育成功“黔农2号籼稻”“黔农28号籼稻”“黔农55号黑糯米”等新品种。“羚农2号”产量比农家品种增产15% ~30%，成熟时不易脱落，碾米时碎米少，适宜在黔中、黔北地区推广。“黔农28号”具有秧苗耐旱性强、成熟时不易倒伏、碎米少等优点，比农家品种增产10% ~20%，适宜在黔东一带推广。“黔农55号黑糯米”产量比农家品种增产15% ~37%。与此同时，农改所又大力提倡在稻田中施用骨粉、种植绿肥作物及豆类，借以改良土壤，增加饲料。

过去，贵州种植小麦不多，一般采用散种，不知中耕除草，也不施肥，产量极低。沈骊英、张忠秋引种南京金陵大学改良的小麦成功，在贵州中部、北部推广，命名“金大2905号”。这种小麦茎秆强、植株高、病虫害少、成熟期短、不易倒伏、便于收获，可增产15%左右。又引进“中农28号”，培育了“遵义136号”“定农1号”两种小麦，并逐步在贵州各地推广，效果良好。

贵州苞谷的种植虽广，但耕作粗放，施肥少，土壤中缺磷，故产量不高，往往出现穗部秃顶现象。农改所培育了“黔农黄蜡质”和“黔农白马牙”两个良种，具有丰产抗病的优点，一般可增产25% ~30%。农改所又先后培育了“黔农39号黄大豆”“黔农青皮豆”及“黔农棕皮豆”等大豆新品种，“黔农39号黄大豆”植株不高，豆荚多而密实，粒大整齐，较一般农家品种产量高25%左右。

2. 特用作物

早在民国二十四年（1935年），中央农业实验所的沈骊英就开始在贵阳试种烤烟，农改所成立后继续进行这一试验，戴松恩、冯福生等人将美国佛罗里达“黄金叶”种与广西柳州、贺县烟种移植到贵阳，比较试验结果，以

---

[1] 沈骊英（1897 ~1941年），女，原名家蕙，乌镇人，抗日战争期间来到贵州。

“黄金叶”为最好，叶脉细、叶片平、植株高、产量高。

民国二十八年（1939年），农改所与贵阳社会服务处合办一期美烟栽培训练班。民国二十九年（1940年），贵州企业公司与省农改所合作在贵定推广黄金烟叶栽培，又从山东请来技师传授技术。烤制后品质优良，于是向全省推广，遂使贵州成为我国主要的烤烟产区之一。为了防止烟种退化，胡同初、王昌益等又引种“特字400号烟叶”成功，研究出烤烟采用草木灰、油饼、猪粪作肥料，实行轮作及烘烤方法。民国三十七年（1948年），胡同初编著的《实用烟草学》出版。

农改所在施秉设立棉场，经多年研究，培育成“施秉美棉”及“施秉465号美棉”两个新品种。施秉棉病虫害少、棉铃大，纤维长达2.54厘米，皮花产量较农家品种高10%～30%。施秉465号棉皮花产量较农家品种高15%～30%。

民国三十一年（1942年），农改所喻锡章、黄志远用纯系选种法在贵阳育“荣昌冬不老”苎麻成功。

3. 园艺

早在民国二十六年（1937年），贵州省直辖区联合农场就开始园艺研究，场址初在惠水，后迁平坝夏云关。农改所成立后，园艺系接着进行这一工作，调查了清镇花红、安顺雪梨、晴隆广柑、兴义大红袍等水果，然后引进砀山梨、浙江蟠桃和水蜜桃以及石榴、玫瑰香葡萄等。

民国二十九年（1940年），范家骐从四川、青岛引进苹果成功，开创了贵州省种植苹果的历史。又从美国引进花椰菜、番茄、洋葱，从印度引进莱豆等新品种，从美国引进了30多个马铃薯品种，培育成功“贵阳红茄”“十号黑子莱豆”“老魁胡萝卜”“贵阳菠菜”等新品种。花卉方面，培育了绿梅、铁杆米砂梅、照水白梅、白玉兰、红玉兰、三色碧桃、银白碧桃、法国月季、成都名贵月季、金丝海棠、牡丹茶花、粉西施等十多个品种，另有蔷薇、菊花、草木数十种。

4. 林业

贵州省农改所森林系，主办森林植物标本的采集，以及育苗、造林、林场管理，负责林业技术推广。农改所森林系所做工作有：贵阳市郊图云关设林场，马鞍山建苗圃，长坡岭设示范经济林场。长坡岭经济示范林场主要负责示范经济林，主要任务是繁殖由浙江引进的经济林木大果乌桕，用接木法种植岛柏林1000亩作示范，以后又栽种了各种树苗1000万株，供全省造林之用。马鞍山苗圃（贵阳市），主要是培育苗木。

民国二十九年至三十二年（1940～1943年），农林部在贵州先后建立湄潭桐茶试验场，珠江水源林区红水河罗甸县分区，分别引进大果乌桕、千年桐、大叶桉、蓝桉，进行试验和生产性开发。民国三十年（1941 年）四月，农林部在镇远建立第一经济林场。各县先后还建立了一些“抗战林场”“中山纪念林场”，同时，贵州省还将垦殖局改组为中区林务局（贵阳），管辖区域：贵阳、定番、罗甸、大塘、贵定、龙里、紫红、息峰、修文、清镇、平坝、安顺、广顺、长塞、平械、瓮宅。❶

5. 畜牧兽医

1938～1943 年，贵州省农改所畜牧兽医系引进了四川荣昌白猪进行繁殖选种，将其纯种与本地黑母猪进行杂交，推广杂交猪 17000 多头。又提倡养羊，培育乳肉兼用山羊，进行推广。农林部湄潭耕牛繁殖场撤销后，又将其所养的荷兰公牛与本地黄牛杂交，寄养民间。在兽疫防治方面，省农改所血清厂生产牛瘟血清等生物药品 201 万毫升，抢救牛、猪 290 万头，并研制成功兽药和兽医器械。又与贵阳水利林牧公司合作，在贵阳、惠水等 7 县推广稻田养鱼。

6. 农业推广工作

农改所成立后，即配合各种试验进行推广。民国三十四年（1945 年）成立推广委员会，全面负责新品种、新式农具的推广工作，先后举办了多次农业推广人员训练班，又举办了美烟栽培烘烤技术训练班。

到民国三十六年（1947 年），稻作良种推广面积达 17 个县市 159623 亩，麦作推广 12 县市 43710 亩，棉花推广 43247 亩，蔬菜推广 4263 亩。出版了《贵州农业改进所研究报告》。❷

（四）农林渔业生产的困境

尽管民国时期，国民政府采取了一些措施发展农林业，仍然改变不了农林渔业艰难的困境。

1948 年，贵州东南田土多为一年一熟，在三穗、镇远、天柱、黄平、施秉、凯里、麻江等县交通较为发达的地区，部分旱田亦种小麦、油菜、壤肥、洋芋、杂豆，实行稻麦、稻油、稻肥、稻芋、稻菜等两熟制。一年三熟极少，有“半年辛苦半年闲”之说，复种指数极低。大多数边远山区耕作生产方式极为简单粗放，稻田秋后一般不犁，板田过冬，翌年春水发后犁耙一次，或用钉耙翻松表土，即行栽插。旱土少数只犁不耙，多用锄头挖松，有的用锹翻，有的直接挖穴栽种，不施肥，不防虫，不管理，靠天收粮。水稻品种多

---

❶ 《贵州省志 · 林业志》，第 18 页。

❷ 《贵阳市志 · 科学技术志》，第 14 页。

是高秆老品种，抗性差，产量低，小麦亩产 25 公斤左右。包谷亩产 70 公斤左右，油菜亩产 20 公斤。绝大部分农民不选留种子，品种混杂，退化严重。

畜牧业生产水平也低，多数品种是原移民带入的老畜品种，生产性能差，屠宰率低，饲养管理粗放，山区大牲畜农忙季节在家饲养，余为放野。品种近亲繁殖，退化严重，疫病无防治，死亡严重。黔东南池塘稻田养鱼有悠久历史，但饲养技术落后，品种有河鲤、高坡鲤、草鱼、鲢鱼等。

1949 年，黔东南农业生产总值为 9225.4 万元，粮食总产量 411894 吨；平均亩产 151.2 公斤，人均产值 54.06 元，人均粮食 241 公斤；平均每户有猪 0.9 头，牛 0.8 头，羊 0.15 只，鸡鸭鹅户均不到 1.5 羽，马 0.006 头，人民生活处于极为贫困的境地。

二、茶产业

（一）关于茶的记载

随着近代贵州商品经济的起步，民国时期贵州的茶叶生产有所发展。

“黔省各属皆产茶，贵定云雾山茶最有名，惜产量太少，得之极不易。石阡茶，湄潭眉尖茶昔皆贡品。其次如铜仁之东川，贞丰之坡柳，仁怀之珠兰茶，均属佳品，而安顺茶香味尤盛。”[1] 又如“满清末年，邑人李鱼地等，曾有茧茶公司的创立，制压茶饼，有方圆两种，茶面有‘开阳贡茶’四字”。[2]

“城南五十里包溪大地方一带，产茶最富，岁约出十余万斤，东贩湖南长沙，北贩四川酉阳，间亦有运至贵州省城者。又城北梁家渡茶岁出千余斤，其味清香，较包溪茶之美，人争购之。”又如，民国十三年（1924 年）《都匀县志稿》：“茶，四乡多产之，产水箐山者尤佳，以有密林防护地也。自清明至立秋并可采。谷雨前采者最佳，细者曰毛尖茶。”[3]

民国十四年（1925 年）《大定县志》载：“茶叶之佳以海马宫为最，果瓦次之，初泡时其味尚涩，适泡经两三次其味转香，故远近争购，啧啧不止。”

民国十八年（1929 年）《桐梓县志》：“茶以火石地、红油沙地所产为上，城外东山是火石地，村竞相种植。凑里后箐数十里皆红油沙地，产茶尤佳，气香味回。又夜郎箐顶重云积雾，爰有晚茗，离离可数。泡以沸汤，须臾揭顾，白气幂缸，蒸气腾散。益人意思，珍比蒙山矣。”

---

[1]（民国）《贵州通志》。

[2]《开阳县志》。

[3]（民国）《石阡县志》。

民国十九年（1930年）毋伯平撰《卢山物产志稿》："制茶法，茶摘下后用微火烘干，称为绿茶。或在日光下晒稍软，随晒随搓，再晒再焙，渐渐干燥，称为红茶。"

民国《德江县志》载有："官林之茶，岩口场之丝，黄土坎之柑，火溪之梨，均可获美利。"

民国三十年（1941年）中央农业实验所湄潭实验茶场刘淦芝博士对该场及湄潭附近乡村茶园开展茶树病害初步调查报告，共得昆虫64种。

20世纪40年代初，湄潭实验茶场还试制成功外销功夫红茶、珍眉绿茶、仿龙井茶、玉露茶和桂花茶等。

民国三十三年（1944年）十月十日，中央农业实验所湄潭桐茶试验场《论发展贵州茶叶》载："贵州全省茶叶产量总计为11511市担，其中产量在100市担以上有23个县：安顺1720担，湄潭1250担，都匀400担，贞丰300担，开阳300担，独山280担，习水250担，关岭250担，贵定206担，大塘（雷山）200担，瓮安200担，毕节190担，平坝180担，织金180担，赤水150担，册亨150担，普定140担，紫云140担，大定（大方）120担，麻江116担，平越（福泉）100担，龙里100担，绥阳100担。"据当时的《贵州省农业概况》调查的估计，产量约为5万担。1949年贵州省茶叶产量26466担。[1]

上面所列的是民国初期到新中国成立40年间关于茶产业的记载，技术上初步总结了宜茶土壤与高山多云雾出好茶的道理，描述了茶树品种分类、栽培管理、病虫调查以及茶叶加工等记载，这在贵州的产茶史上可以说是一种进步。

然而，正如1943年湄潭实验茶场《湄潭茶产调查》一文所说："本县茶树之栽培，尚无集约之经营。树龄多为30年以上，老至百余年亦不少。近十年湄潭茶园之在日渐荒芜衰落中。"1915年贵州产茶27000多担，新中国成立前贵州历史的最高产量1937年曾达到5万担，此后由于"抗战"和政府的盘剥，茶园荒芜，产量下降，到1949年仅产26466担。[2]

（二）湄潭实验茶场

1939年中央实验所在湄潭县设置湄潭试验茶场，开始对茶树育种、栽培、农经、植保、加工进行研究。1939年湄潭实验农场在茶树栽培技术方面进行

---

[1] 《贵州省志·林业志》，第21页。

[2] 张其生、王天宇、魏国雄、高登祥、龙明树：《贵州茶叶科技史研究》，《贵州茶叶》1999年第4期。

了茶籽浸水处理、播种密度、不同播种期、直播移栽、幼苗苗床切根及移植对成活率的影响等实验，获得成功。

20 世纪 40 年代浙江大学农化系协助湄潭实验茶场开展茶园土壤属性与肥力测定，对 63 块茶园土壤取样 148 个，分析结果：黏土占 89.89%，沙土占 4.05%，土壤酸碱度以 pH 6.9 以下为宜。[1]

（三）贵州茶叶的销售概况

民国初期，军阀混战，贵州也成为外国侵略者掠夺原料的地方。1911～1935 年，贵州茶叶除黔西北部分高寒县不产外，其他各县均有出产。

当时最畅销的当数石阡茶，据民国二十九年（1940 年）《石阡乡土教材辑要》云："贵州产茶之多，首推安顺，年产约一千七百余市担，茶味之美，则以石阡为巨璧焉。近年商会主席龙尧夫，改良装璜，石阡茶几有畅销全省之势。"龙尧夫是石阡首富，在城内开设茶庄收购、加工和运销茶叶，并有一定的规模，他还和地印、坪山等地的地主勾结起来，廉价购进，运销贵阳、黔东、湘西常德、长沙、川南等地。

此外，贵定云雾茶、都匀毛尖茶已相当著名，行销省内外。"安顺茶香味尤盛，滇商往往来购，……仁怀的茶饼和珠兰香茶，年产十余万斤，行销重庆、沪州等地。"[2] 随着茶叶的大量输出，开阳县有蚕茶公司，资金数千两银子，制成砖茶数万斤，形状有方、圆两种，圆者最佳，方者次，远销上海、汉口等地，甚得好评。

民国期间，贵州农副业商品虽有增加，然广大茶农获利甚少，生活贫困，无力改进茶叶栽制技术，仍沿袭清末民初的土法焙制。抗战期间，华东、华南、华中主要茶区被日本强占，全国茶叶产销转向内地，贵州茶叶产量和购销有所增加。经济部中央农业实验所和中茶公司于 1939 年在贵州湄潭筹建中央实验茶场，调查贵州茶叶产销状况，训练技术人才，改进茶叶栽制技术，对贵州茶叶商品生产的发展，起到促进作用。

在此期间，中茶公司曾在贵阳设立办事处，并在贵阳、安顺、独山、遵义等地开设门市部，组织本省茶叶出口与销售。抗战结束后，中茶公司在贵州的机构撤销，直到新中国成立前夕，贵州茶叶的收购与运销主要由营运茶商与茶贩经营。其中贵阳为最大的销售市场，据《贵州商业志通讯》1948 年统计，较大茶庄有天潭、天一、正兴德、集成、永茂、庆市、安徽等七家，并有经营茶食的商户 140 家及许多小贩和兼营商店。以茶叶主产地的湄潭为

---

[1] 《贵州省志·科学技术志》，第 99 页。

[2] （民国）《贵州通志》。

例，茶行、茶市、茶贩、茶馆以及茶叶消费，已有相当大的发展。

据1943年湄潭中央实验茶场茶产调查报告称，全县总计家庭用茶126910斤，若以每户4.68人平均，则每人每年消茶0.72斤。❶

（四）贵州茶技术的发展

贵州是个古老的茶业产区，但由于经济、文化落后，交通险阻，茶树分布零星，产量低下，抗日战争前一直为自产自销的副业经济，技术含量低。

直到1939年秋，在贵州湄潭筹建实验茶场，成为我国最早建立的茶叶科研单位之一以后，贵州才开始对茶树育种、栽培、植保、加工、农经等开展科学技术的研究与推广工作。湄潭实验茶场的建立及科研活动，对当时贵州茶叶生产的恢复、发展以及促进全省乃至全国早期的茶叶科学研究工作，均起到积极作用。

该场在战时艰苦环境下所进行的茶叶科学研究，在全国有一定影响，有如下五点：一是由李联标❷主持的全国茶树品种资源的征集与比较研究，对全国茶树栽培品种的类型、分布及主要特征，有了一个初步轮廓的了解；二是由该场场长刘淦芝❸博士主持的湄潭茶园害虫调查及各类害虫生活史的研究，这是对贵州茶树害虫最早的调查研究；三是在贵州最早创制了工夫红茶；四是叶知水、李联标先后在务川调查发现贵州的野生大树茶；五是该场技士徐国桢于1941年开展的“金花”菌研究，是贵州也是国内有关茯砖茶“金花”菌的最早研究报导。这些研究，为以后贵州茶叶科研工作的深入与发展奠定了良好的基础。

1. 茶树品种资源研究

贵州是茶树原产地之一，迄今在贵州大娄山脉及苗岭南麓，还有不少野生的乔木大茶树。明代张谦德《茶经》记有“黔阳之都濡高枝”，这是贵州务川大茶树的最早记载。可是，贵州最早开展茶树地方品种调查，是从“抗战”初期开始的。

1940年9月由中农所湄潭实验茶场叶知水在务川县老鹰山崖上调查发现十余棵高6米，干粗20厘米的野生乔木大叶茶；1941年秋由该场李联标作了

---

❶ 张其生、王天宇、魏国雄、高登祥、龙明树：《贵州茶叶科技史研究（续一）》，《贵州茶叶》2000年第1期。

❷ 李联标（1911～1985年），茶学家、茶树栽培专家，茶叶科学研究先驱之一。在国内首先发现野生乔木型大茶树，对研究茶树起源与原产地作出了重要贡献。在研究旧茶园改造、新茶园养成技术、探索茶树高产优质规律和茶树品种资源收集、保存、鉴定、利用等方面取得了成就。为国家培养了大批专业人才。

❸ 刘淦芝（1903～1995年），教授、技工、博士，茶界公认的中国近代茶叶十大专家之一，也是国内著名的昆虫学家，被尊为贵州茶科所和茶文化的先驱，有“治蝗大师”之誉。

湄潭、凤冈、务川、德江等黔北四县的茶树品种调查，在务川也发现了大茶树一棵，树高7米，叶长13.6厘米，叶宽7～8厘米。并整理出黔北地方茶树品种十大类型：野生乔木大树茶、半乔木大叶大丛茶、灌木大叶茶、团叶茶、长叶茶、苔茶、小叶茶、柳叶茶、鸡嘴茶、兔耳茶。这是贵州乃至我国最早的有关茶树品种的调查分类。

2. 茶树品种征集、整理

贵州茶树品种征集、整理工作，始于建场初期。1940年由该场李联标主持拟定了“全国茶树品种征集与鉴定”的研究项目，到1948年共计发出征集信件千余封，实际收到全国各地寄来茶种达270个县种，分布于全国13个省区，经过播种、育苗、出土、定植成活的茶种达163个县种，共有8000余个植株。李联标于1944年赴美留学之前，写成《茶树育种问题之研究》，总结了世界各国茶树育种工作的进展情况及开展我国茶树品种征集与鉴定的前景。之后由徐国桢主持该项研究。

3. 茶树栽培研究

贵州茶栽研究工作，始于湄潭实验茶场建立以后，早期以李联标和李成章为代表，对茶籽储藏、茶籽浸水、茶籽选择、播种时期、深度、苗圃防旱、茶园荫蔽等作了不少探索；后以陈汝基为主，对影响茶籽发芽因子，茶树移栽时期，幼苗苗床进行试验研究。

4. 茶园土壤及培肥研究

20世纪40年代湄潭实验茶场无专职土肥科研人员，设备简陋，未开展土肥研究工作，当时只请在湄潭的浙江大学农化系帮助对茶园土壤酸碱度、铁、钙等作了分析测定工作。

5. 茶树保护研究

20世纪40年代初，由湄潭实验茶场刘淦芝博士最早对湄潭茶树病虫害进行调查研究，并率先提出有茶树害虫64种和部分病害，常见害虫有：紫霞茶蚜、茶摆头、背袋虫、负球茶军配、紫衣茶盒花、三星茶象、红颈茶天牛等7种。并于1941年在中国《农报》刊出《湄潭茶树害虫初步调查》，这是贵州茶树害虫调查研究的最早报道。

6. 制茶及机具研究

新中国成立前，全省除湄潭和黔南等部分地区生产较细嫩的毛尖茶外，大多加工较简易、质量较次的青毛茶，直到湄潭实验茶场建立，开始少量试制外销工夫红茶、炒青眉茶、玉露茶、桂花茶以及仿龙井茶，同时开展了制茶试验研究。前期以徐国桢为主，后以李成智、王正容为主，先后开展红、绿茶加工和茯砖茶黄霉菌等试验比较，在浙江大学农化系的帮助下，还开展了湄潭茶叶单宁含量等的确定，为新中国成立后贵州茶叶加工研究的发展奠定了一定的基础。

7. 红茶工艺机具研究

贵州红茶的研制和生产出口，最早是从工夫红茶开始的。

1940年4月12日由中茶公司借调云南顺宁实验茶厂（现凤庆茶厂）技术人员祁振培及三名技工到湄潭实验茶场，首次试制工夫红茶，当年制成的755公斤“湄红”品质很好，经当时顺宁实验茶厂厂长冯绍裘审评认为“品质似不若祁红之优异，制造得法却可胜于宜红”。

三、烟草

（一）贵州烟业发展的基本概况

贵州的“两烟”[1] 生产历史悠久，是全国的主要产区之一。烟草传入贵州，大约在明末清初，记叙的二十“货”中，烟已列为第17种进入流通市场。但当时只产土烟，不能作为卷烟的原料，只能粗加工成烟丝进入流通市场。

民国初年，贵州有17个县生产烟丝，有10余个较大的烟号，贵定县是当时烟丝业中心。至民国二十四年（1935年），贵州烟丝产量已达1200余万斤，位居全国第四，名列山东、河南、四川之后。[2]

1938年，贵州农改所在贵阳首次引种烤烟成功，之后逐步推广到全省的30余县。烤烟迅速发展，到1948年，烤烟产量达35万担，成为全国4大烤烟产区之一。

抗日战争时期，大批难民涌入贵州，工厂、学校、机关内迁，带来了资本和技术，在原料充足的基础上，贵州烟草工业勃然兴起。当时最大的有官僚买办的“贵州烟草股份有限公司”和几十家私人资本小厂，主要生产“黄河”“企鹅”“西牛王”“沪光”“海军”等品牌卷烟。“两烟”生产最高年产量，烤烟35万担，卷烟5万余箱。但民族资本脆弱，加之交通闭塞，烤烟生产技术落后，病虫害严重，品种混杂、退化，卷烟生产设备简陋，生产分散，步履维艰，发展缓慢。[3]

---

[1] 烤烟和卷烟。

[2] 《贵州省志·烟草志》，第1页。

[3] 贵州省烟草公司、贵州人民广播电台：《贵州烟草1949～1988》，贵州人民出版社1989年版，第1页。

（二）烟叶种植的发展

1938年前，贵州所种植的烟叶，完全是土种。1938年4月设立贵州农业改进所，农业改进所为开发卷烟原料，在贵定、龙里、福泉、开阳、清镇、黄平、金沙、三穗、遵义等25个县采集当地土烟品种65个，并从山东烟叶试验厂、广西的柳州、贺县等地征集国外品种20个，由戴松恩、冯福生等人在农业改进所内进行品种比较试验，选择鉴定烤烟品种。试种烤烟的结果是美洲纸烟类群中的弗吉尼亚的品种，产丰质佳，吸味、香气均为上乘。[1]

1938年引种金元（Gold dollar）、佛光（Virginia Bright Leaf）和1946年引种特字400号（Special 400）。这些类型是在美国潮湿温暖的气候条件下形成的，其特点是植株高，叶片大，对水分的要求高。另一种是属于中国生态类群，它是在我国400多年的栽培条件下形成的晒烟品种，其特点是植株不高，生育期短，叶片成熟早，抗旱，产量低，但味浓，香气足。从贵州晒烟品种中转变过来的福泉折烟、小黄壳烟、团鱼叶、鸡尾烟、光把烟等品种就是属于这一类型。此外，有一些品种是金元、佛光、特字400号等品种在贵州烟区的生态条件下出现的变异类型，经过劳动人民的精心培育而选育出来的地方品种。如遵义泡秆烟、贵定小黄烟、福泉厚节巴、黄平毛秆烟等贵州著名的地方品种，就是从特字400号中选出的优良变异株系培育而成的；大枇杷、小枇杷、柳叶烟等品种，是从佛光、金元等品种选出来的变异单株培育而成。[2]

（三）手工卷烟的发展

1914年卷烟流入贵州，最初由商家从上海用包裹方式寄来，贵阳仅有一两家经营。后来手工烟开始出现。施秉县城关镇有两家私人手工卷烟作坊，其中一家是莫开明开办的，卷制“企鹅牌”香烟。之后，省内各地陆续有手工卷烟生产。1937年，四川人龙明道在铜仁县城关华家巷、湖北人晏绍成在铜仁县门开设烟厂，生产雪茄烟，贵州省内开始有了雪茄烟的生产。

“抗战”时期，大量人口移居贵州，在岑巩县思阳镇就有姓解的移民开办卷烟厂，并自备木制手推式卷烟机具，生产“高射炮”牌卷烟，夹纸包装，并印有税务印花。

抗日战争时期，黔南的贵定、都匀均有手工卷烟。如贵定的久大烟庄联华烟厂等生产的“和平”“银鹅”等牌号的纸烟，均为手工卷制，但产量很低。

---

[1] 李金顺：《贵州企业史话》，贵州人民出版社2005年版，第49页。

[2] 贵州省福泉烟草科学研究所：《贵州烤烟栽培》，贵州人民出版社1979年版，第4页。

（四）机制卷烟

1939年“中国青年协记烟厂”迁来贵阳，场内有卷烟机2台，切丝机和压梗机各1台，职工30余人，聘请上海沪光烟厂技工陈沛霖配制香料，在水口寺建厂生产“青年牌”卷烟。

民国二十九年（1940年）7月1日，贵州烟草股份有限公司成立，周贻春任董事长，方朝珩任经理，李青年为第一任厂长，职员一共32人。当年9月，以贵定所产的晾晒烟[1]为原料，生产“黄河”牌香烟，当月生产6.5箱，每箱装5万支，当年共生产卷烟86.8箱，开创了贵州的机制卷烟工业。1942年2月22日，贵州烟草股份有限公司首次采用贵州烤烟为主要原料生产“企鹅牌”卷烟创牌，质量可与当时的舶来品媲美，很快受到消费者的喜爱，成为公司的主要产品，从此贵州烟草股份有限公司又被民间称为“企鹅烟厂”。[2]

1944年，湖南省华湘烟厂从湖南辗转到贵定县因陋就简地恢复生产，当时该厂仅有小切丝机、用汽车引擎带动改装的手摇式卷烟机。抗日战争胜利后，该厂改名为欧亚烟厂，增加了资金。于1947年从上海购回较先进的卷烟机、切丝机成套设备，这时黔南才开始有了机械化的卷烟设备。1948年，贵定县欧亚烟厂开动3台卷烟机，日产卷烟50大箱。

第二节　纺织、造纸和酿酒技术

一、纺织业的发展

随着近代科技的传入，原来依靠传统技术手工操作的主要产业，陆续采用了新技术。纺织业原只有麻、棉、毛、丝等传统纺织技术，后又增加针织业，生产袜子、手套、毛巾等日用针织品。同时，纺织业在生产工具上也有了很大的进步。

在民国初年，纺织机大多为木机，采用丢梭技术织布，在1919年前后，织具有了改进，用扯梭方法代替了丢梭。扯梭速度快，工效高，操作节省劳力，受到织户的欢迎，很快普及推广开来，并且出现了染坊。

---

[1] 晾晒烟是全部或绝大部分使用晾晒烟叶为原料制成，具有明显晒烟香气和气味的卷烟。

[2] 李金顺：《贵州企业史话》，贵州人民出版社2005年版，第51页。

（一）丝织业的发展

在民国时期，贵州的丝织业的发展很不稳定，前期发展较好，后期衰败。

据民国初年统计，全省从事丝织的（含丝棉交织）达750户，有8个丝绸厂，从业人员2500人左右，能织绸、绉、绢、绫、被面、丝带等品种，年产绸、绫等15万～25万匹，被面5600床，丝带六七万条，总产值达六七十万元至百余万元。贵阳积善昌山蚕厂曾发展到有工人200名，工程师5人，职员4人，资本7500元。1917年又在大南门外西湖路侧开办了启源丝厂，常有女工百余人。

贵州的丝织业发展，以遵义最兴盛。遵义地区在清代就兴起了养蚕业，并且享有一定的声誉，产品北销秦川，南下闽粤，甚至远渡南洋。

1912～1921年间，每年丝绸产值约百万元。其中，1914年，有丝织作坊65家。1918年，因受第一次世界大战影响，丝织作坊减少到30多家。1921年，丝织作坊增加到62户，有150多部织机和200多名手工工人。

20世纪20年代初，遵义地区较大的丝织作坊有专织宽府绸的同昌行，专门生产府绸和油绸的协记号，生产丝帕和丝线的方春凡号，以及生产优质提花府绸的任氏作坊。此外，还有资本最大的天庄号，产品质量最好的蚕庄，织丝帕最著名的天星堂，以及詹正顺号、蔡义顺号、李约生号、胡太永号等。遵义郊区何溪坝，10户人家中，有8家以织绸为生。遵义还有土洋结合名噪一时的义安公司。该公司有资金4万多元，雇工200多名，赵学文为经理，曾留学日本的况良士为指导，从邻近各县采购蚕茧，使用摇机等较先进设备，主要生产府绸。遵义丝绸业，主要产品有千丝、提花大毛绸、小毛绸、料半绸等。产品花色，有竹青、青灰、大红、淡红、浅绿、深蓝、浅蓝、黄紫、灰青、白色。产品除销黔北地区和贵阳、安顺等地外，还外销湖南、湖北、广东、广西、河南、云南、上海，年销量省内达数十万元，省外达三四十万元。后来由于军阀混战，导致丝绸业萧条，全省丝绸年产值跌落到数万元，为民国前期的1/10以下。其中，遵义丝绸业，1922年后越来越不景气，年产值仅约10万元，至1935年，产值只有几万元。[1]

抗日战争爆发后，贵州成了大后方，人口骤增，人们穿衣问题更为紧迫，省政府倡导发展本省丝织业。于是，贵州丝绸业渐趋复苏，织丝绸的达百余户，从业人员有200多人，产丝较高年份达7万公斤。遵义有生产府绸和油绸的协记丝织厂、生产山丝与湖锦的邓树清丝厂、生产丝线的杨复兴号。贵阳有生产丝绸的王焕昌号。仁怀有生产丝绸的唐鼎勋号和生产湖锦的徐醇修

[1] 《贵州省志·轻纺工业志》，第408页。

号。绥阳有生产丝、绢、丝帕的李树臣号。还有炉山县生产花纹丝缎，赤水县生产改良油绸。至1942年，产丝绸的县，又新增了安顺、镇宁、毕节、桐梓、正安、凤冈等。1938年，全省产丝约1万公斤，1942年产丝约7万公斤，增加了6倍。1939年10月，贵州丝织公司成立于遵义。该公司分制种、缫丝、织绸、炼染4个部，下设缫丝厂和织绸厂，并与省农业改进所合作，设遵义制种总场及遵义、桐梓、湄潭、绥阳4个分场。缫丝厂和织绸厂于1942年开工。缫丝厂有木机9架、缫丝机40架，年可纺丝1.2万余两。织绸厂有脚踏织机16架，2400筘的织机6架，并线机、加捻机、络纱机各2架，内燃机、整经机、摇纬机、整理机、车床各1架，年可产织绸1200余匹。

抗日战争结束后，贵州丝绸业出现大衰退。原贵州丝织公司所属缫丝厂和织绸厂，因原料不足，开工率低，于1947年停办。贵阳也仅有丝线生产厂10家，月产衣线、花线等1890两。至1949年，贵州丝绸业几乎全部停顿。[1]

（二）棉纺织业的发展

民国前期，贵州各地军阀混战，战争频发，农民无法按时耕种，因而手工棉纺织业日益衰落。同时，西方帝国主义不断向我国输入产品，大量“洋纱”倾销贵州市场，使省内手纺棉纱遭到冲击。一些地区的棉农不得不停种商品棉花，而城镇幸存的手工织布户，也只好改用“洋纱”织布。

1912年，“兴业织布厂”建立，它是贵阳建立的省内第一家织布厂。民国前期，贵阳有织机3000余架，直接和间接从事纺织业的男、女工人5000余人，为当时全省纺织业最盛之地。

民国二十一年（1932年），王伯翰从山东潍县买来10台铁织机，在贵阳开办了织布厂。从此，贵州开始用铁织机织布。30年代初，黔南出现从外地购进的铁制织布机。在黔南州所辖12个县市内，1942～1944年有纺织户13266户。有纺织机30270架，织布机19610架。

抗日战争时期，外来棉纱、棉布受阻，人们的衣着供应十分紧张，贵州省政府号召各地开展手工纺纱织布。1943年，贵州农本局改为花纱布公司，从事购买“土纱”和“洋纱”换布的业务。这以后，贵州城乡手工棉纺织业有了一定的发展。1944年湖南衡阳楚雄染织厂高伯佑，为躲避日祸，从桂林迁居贵阳，带来500多名技工，设立铁机织布厂。贵州城镇手工棉纺织业得到进一步发展。[2] 由于手工织布业得到恢复和发展，贵州的棉花种植面积也有增加。

---

[1] 《贵州省志·轻纺工业志》，第408页。

[2] 《贵州省志·轻纺工业志》，第406页。

民国三十五年（1946年）由伍效高创办的新生纺纱厂，是贵州最早的机器纺纱厂，生产10～14支纱。1949年，重庆豫丰纺织公司调出30余名技术员工和部分设备开办的豫丰纺织公司贵阳分厂，有2100纱锭，生产14支纱。

“抗战”结束后，由于内战和大量企业的撤离，贵阳的纺织业又衰落下去。

（三）针织业

民国时期，全省针织业都是以一家一户为单位，用一两台手摇袜机，织成一些棉纱袜以及其他针织小商品，独立地生产和销售，并没有形成独立的行业。

1939年，湖南邵阳苏乔云等人迁至都匀定居，曾开办了五福袜厂，采用手摇织袜机生产长筒纱袜，这是黔南最早出现的针织业。

（四）传统纺织业

除了西方机器纺织技术的传入使用，贵州省内也有自己传统的纺织和印染技术。

水族妇女的编织工艺如花椒纹、斜纹、方格纹、鱼骨纹、笆褶纹等布料都很精致……印染工艺也很著名。印染方法大致有两类：一种是将厚夹纸刻出各种空心花样的花板，涂上桐油，制成模型，放在白布上，刷以黄豆浆。晒干后放入蓝靛染缸泡洗几次，最后洗净晒干，刮去豆浆，现出蓝底白花。这些花布，多半用做垫单，也有用做被盖面……此外，还有九阡妇女染的青布，第一年春夏先将白布放在蓝靛缸里泡几天，取出。又拿去烂泥里泡，洗净晒干。这样反复多次。到了秋季，将布放在石砧上捣若干次，最后，将布搁起，第二年又染。这种青布，穿来越久越青，永不褪色。色彩润泽可爱，与毛织品的细毛呢差不多。所以九阡青布过去是很有名的。

二、造纸与出版业

（一）造纸行业的基本概况

据有关史料记载，明代嘉靖年间，黔南各地已有手工造纸出现，清代和民国时期，又有较大的发展。清光绪初年，广顺县（今长顺县广顺镇）有造纸户80余家，成为贵州主要的产纸地。

1. 手工纸的发展

贵州手工造纸主要产品有：白纸、毛边纸、西山纸、二夹纸、水纸、药水纸、皮纸、竹纸、草纸、锦纸等，造纸的原料主要是木材、龙须草、废纸、竹子、稻麦草、构树皮等。

民国时期，印刷业的不断发展，对纸张的需求量不断增加，为了满足印刷出版的需要，手工纸生产也得到了发展。部分农村家庭副业造纸户，脱离农业成为手工造纸专业户，同时出现雇工和手工作坊式的手工纸厂。

1915 年文通书局首先在修文县的华严寺、翟云寺、小底窝三地开办三个手工纸厂，生产西山纸，日可产纸 3 万多张。后来西山工人又到黔西县天灵寺办厂，生产天灵纸西山纸和天灵纸都是专业纸厂，规格较统一，质量也较好而稳定，比较适应当时普通印刷业发展的需要。

抗日战争时期，沿海城市相继沦陷，国民政府的机关、学校、工厂纷纷内迁，贵阳人口猛增，印刷业也不断发展，纸张的需求扩大，外地纸又无法运进，从而促进了贵州手工纸的迅速发展和繁荣。当时的贵阳《中央日报》社，为了解决日报用纸，在遵义县的板桥镇开办了遵义造纸厂，专门生产“土报纸”，供报社需要。民间也先后办起 17 家手工纸工厂，生产各种手工纸。最盛时期有纸槽 2000 多个。1947 年 22 个县的调查统计，生产白皮纸 1191 万刀，草纸 2480.5 万刀，两项合计年生产手工纸 9088 吨。抗日战争胜利后，迁移至贵州的机关学校、企业迁回原地，加上不断的通货膨胀，手工造纸业生产市场也出现萧条，白皮纸产量下降到年产 2000 吨，草纸下降到年产 700 多吨。[1]

2. 机制纸的发展

民国八年（1919 年），贵州第一个机制纸厂——永丰造纸厂建成投产。民国时期，生产过超光纸、超贡纸、庆林纸、高飞纸、混同纸、云竹纸、薄型纸、西南纸、道林纸、黄皮纸、黔元白板纸、新闻纸、200 磅原纸等 13 个品种。[2]

永丰造纸厂是贵阳民族工商业家华之鸿先生独资创办经营的，厂址建于贵阳市区南明河畔东侧。民国四年（1915 年）筹建，民国八年建成投产。造纸与动力机器设备全部由日本引进，经长江沿洞庭湖到湖南洪江起岸。当时贵州一无公路，二无电力，整个机器设备采用人力搬运到贵阳，是贵州最先使用机器造纸的工厂，产品供给文通书局。但开工不到两年，民国十年（1921 年）即陷于停工待料状态。民国十五年（1926 年）贵州省长周西成为扩大武力，制造兵器，强行购买永丰造纸厂，利用纸厂的蒸汽动力搞兵工厂，余留部分成立鼎继造纸厂。民国十八年（1929 年），纸厂遭受火灾，损失很大，当年虽重建修复，但由于蒸汽动力锅炉被兵工厂占用，未能生产。民国

---

[1] 《贵州省志·轻纺工业志》，第 53 页。

[2] 《贵州省志·轻纺工业志》，第 63 页。

二十六年（1937年）华问渠收回了兵工厂占用的部分厂房设备，更名为西南造纸厂。民国三十五年（1946年），与四川中元造纸厂及大东书局合作，改组为黔元造纸股份有限公司（简称黔元造纸厂）。9月开始复工生产，为开发产品打开销路，揭秉伟、李苏生两位技术员研制生产单面白纸供应贵阳的卷烟厂家使用，又用席草为原料生产包装纸，用香粑（土法水磨木浆）为主要原料生产“单面光新闻纸”，产品除销售本省外，还销往云南、广西。[1]

民国时期的30年（1919～1949年），曾先后建成两个小机制纸厂，年生产能力约1080吨，累计开工时间不足10年，累计产纸不上千吨。

（二）名特产品

1. 石桥白皮纸——贵州丹寨古法造纸

石桥白皮纸产于丹寨石桥村。石桥村位于贵州丹寨县城北部，因有一座天然石拱桥连接河两岸山崖而得名。石桥村主要生产白皮纸和彩色皮纸，特别是彩色手工纸在全国绝无仅有，其造纸技艺是目前保存较为完好的造纸“活化石”。

南皋石桥村造纸技术距今已有1400多年的历史，造纸方式还在承袭原始的家庭作坊生产，村里还保留着国内为数不多的古老作坊。这种造纸方法的最大特点是原生态、无污染，所以，石桥村虽然世代造纸，但绕寨脚流过的南皋河依然清澈见底。

20世纪20年代末，都匀赵育之等人在这里设槽造纸，后又有造纸工人接踵而至，在岩溶洞中建立造纸作坊。

丹寨县参与申报的皮纸制作技艺也被列入首批国家级非物质文化遗产保护名录。

2. 都匀白皮纸

都匀白皮纸的生产历史已有一百多年，据史料记载：“都匀白纸，光绪前十年，由翁贵输入，质色均不佳。有章姓者迁匀，始精美。城北关厢街营纸业者数十户。售独山、平舟、八寨、荔波、榕江诸县，省内外争来购取，供不应求。”[2]

都匀白皮纸纸质洁白均匀、坚韧。在清光绪十年前后，作为贡品在北京宫中使用。

---

[1] 《贵州省志·轻纺工业志》，第65页。

[2] （民国）《都匀县志稿》。

1930年，是都匀白皮纸生产最盛时期，都匀纸槽最多时可达50多个，开始经营槽户达50家左右，但后来因为竞争激烈，淘汰至30余家，抄纸工人近300人。

据1932～1935年省建设厅统计，全省十一县年产白纸约值24万元，都匀居首位，价值43000元。运销均用人挑马驮。“都匀白纸之畅销，以贵阳为最大”，并销往云南、四川，其竹纸及草纸，仅销本省各县。

“抗战”时期，徐悲鸿曾使用都匀白皮纸作画，效果很好。

3. 印江白皮纸

印江白皮纸以合水生产的白皮纸为代表，以其纸质坚韧、细腻、色泽洁白，吸水性及吸墨力强，耐保存等特点著称。造纸原料只选定“构树皮”（又称楮皮），不使用其他杂料；其生产工序复杂，号称“七十二道”；其生产过程包括选料、蒸煮、浸泡、漂洗、碎料、舂筋、打浆（加松膏）、舀纸、晒纸、伙垛、分刀、捆扎、包装等多道工序。造纸艺人把整个过程总结为：造纸不轻松，七十二道工，道道须认真，外加口吹风（揭纸点数须口吹纸角扬起）。[1]

关于舀纸这道工序，当地纸工有这样的传说：蔡伦先师在试验舀纸这道工序时经历了数百次失败，仍想不出一个妙法，入夜，精神疲倦而眠，梦见纸已舀成，醒来原是梦，但觉嘴边湿漉漉的，黏乎乎的，用手摸，原来是“梦口水”，顿然醒悟，认为是“神仙”指点，在纸浆里加入带黏性的松膏，使舀纸工序获得成功。

民国九年（1920年），梁启超曾托严寅亮代购印江合水纸，要求将纸的张幅改为3.2尺×1.6尺，加厚二度，商定以原来生产的0.7尺×1.2尺千张一捆的售价为准，按重量比照价折算计价，故又名“称纸”。[2]

民国三十二年（1943年），著名画家徐悲鸿在四川、贵州期间创作的大量国画中也有不少画幅是用合水生产的白皮纸绘的名作，并赞曰：“白皮纸的吸墨力强，坚韧绵扎，细腻白泽，折不起皱纹，画与纸相得益彰。”

（三）出版业

1. 出版业的发展概况

1909年贵阳兴建印刷厂厂房，从国外购进最新式印刷设备，1911年正式开工投产，并定书局名为“文通”，华之鸿亲任文通书局局主。

---

[1] 《印江文史资料》第1辑，第104页。

[2] 《贵州省志·轻纺工业志》，第57页。

贵州文献征辑馆是全省征集、编印地方文献的重要编辑机构，1936 年 8 月 1 日成立于贵阳，由 1919 年建立的续修贵州通志局改组而成。

民国时期的图书出版，除文通书局和贵州文献征辑馆外，非正式出版单位均编印书籍，尤以机关社团编印的图书种类较多，私人著述刊刻或印刷问世的亦不少。1937 年爆发抗日战争后，贵州成为西南后方战略要地，大量的机关团体、大专院校和工厂企业迁移来黔，一批专家学者和文化出版界著名人士云集贵阳及西南各地。“抗战”时期是贵州图书出版的重要发展时期，一些报社、出版社、期刊社和书店相继出书，品种多，质量较高，读者面广，使贵州出版事业呈现了前所未有的繁荣局面。[1]

2. 印刷业的发展概况

咸丰六年（1856 年）后，西方铅印、石印技术传入贵州。宣统三年（1911 年）贵阳文通书局正式开局，从日本聘请技师，引进设备，成为省内首家使用动力的印刷企业。同时期还有复仁阁、公义公司、群明工艺店印刷部等店铺从事印刷业务，印刷公务纸等物品。抗日战争期间，印刷业得到较快发展，到 1945 年，已有 50 余家厂（社），多集中于贵阳，共计 1500 人左右，是贵州印刷业发展最好的时期。但综观全省，印刷业发展缓慢，至新中国成立时，虽有六七十户，但绝大多数都是一些手工小型印刷厂（社），有的仅有 1 名职工，1 台机器。[2]

3. 贵州华氏家族与出版业

在中国近代出版业的发展历程上，贵州华氏家族开办的文通书局[3]不仅对贵州文化教育事业起到重要作用，而且在我国近代出版业的发展史上也有一定的地位和影响。

清末民初，华之鸿开始涉足出版业，创办文通书局、永丰抄纸厂等多个企业，成为当时贵州最大的民族资本家。

民国时期，贵阳有“华家的银子，唐家的顶子，高家的谷子”的民谚。华之鸿人称“华百万”，是民国时期贵州最大的实业家。

华之鸿，清同治十年六月十四日（1871 年 7 月 31 日）出生于贵阳一个大盐商家庭，字延仪。华之鸿自幼学习儒书，受其父严格教育。14 岁父亲华联辉去世，靠母亲肖老夫人抚养，光绪二十一年（1895 年）参加科举考试，中秀才为附贡生。1896 年任仁怀厅训导，在职 6 年后，因为母亲病故，辞官回

[1] 《贵州省志·出版志》，第 16 页。

[2] 《贵州省志·轻纺工业志》，第 132 页。

[3] 光绪三十四年（1908 年），华之鸿取“文以载道，通达心灵”之意，将新成立的书局命名为“文通书局”，文通书局是贵州近代出版业中最大的集编辑、印刷、发行于一体的出版机构。

贵阳经营盐业。

1907 年，他出资参与创办了《黔报》。1908 年，华之鸿将经营盐业所得，斥巨资创办贵阳文通书局，开始涉足中国近现代出版业。不久为进一步发展出版事业，又自办永丰抄纸厂等多家企业。辛亥革命后，华之鸿再次“出仕”，历任贵州军政府财政部副部长兼官钱局总办、都督府财政司司长兼官钱局总理、贵州银行总理等职，成为贵州工商界、政界“两栖”的著名人物。1917 年，华之鸿退出政界，因病于 1934 年 3 月 7 日逝世于贵阳，享年 63 岁。[1]

1908 年，文通书局正式成立，设于贵阳城内王家巷。1911 年文通书局建成投产时，已是一个综合性的现代印刷企业，其印刷设备全从日本进口，设有铅印和石印两部分。1911 年首次印刷出版的书是贵州郑珍先生[2]所编著的《播雅》[3]，其后陆续翻印出版乡贤文集。石印首次印刷的是影印本英文教科书。

文通书局最兴盛的时期是 1921 年前后，年营业额可达到 30 万元。1927 年 10 月，文通书局成立图书部，兼及商洽出版、代理全国各大书局出版物之经销业务。与商务印书馆等全国著名书局在早年进行多元化经营，甚至代人销售雨鞋等生活用具相似，初创的文通书局的生产营销也是以一业为主，兼顾多种经营。既销售自己书局编辑出版的图书，也为其他地方出产的文化用品做代理销售业务，同时还兼营一些当时市场上急需的化学药品、生活用品，如花露水、松脂等，以便更好地维持主业的发展和经营。

这一时期文通书局的出版物多达 150 余种，内容包括教育类图书，贵州地方志书、文献资料，贵州文人、学者著述，宗教医学著述等。[4]

华之鸿之子华问渠（1894 ~ 1979 年），于 1931 年接替父亲掌管家业。在尽心经营盐业的同时进一步扩大文通书局的业务。

抗日战争期间，华问渠抓住人才西进、科研机构内迁的时机，在 1941 年

---

[1] 马达：《论贵阳华氏家族对中国近代出版业的贡献》，《兰台世界》2009 年第 6 期。

[2] 郑珍（1806 ~ 1864 年），清代官员、学者。字子尹，晚号柴翁，别号子午山孩、五尺道人、且同亭长，贵州遵义人。道光十七年举人，选荔波县训导，咸丰间告归。同治初补江苏知县，未行而卒。学宗许郑，治经学、小学，亦工书善画，还是晚清宋诗派作家，其诗风格奇崛，时伤艰涩，与独山莫友芝并称“西南巨儒”，所著有《仪礼私笺》《说文逸字》《说文新附考》《巢经巢经说》《郑学录》等。

[3] 《播雅》曾名《遵义诗钞》，是郑珍收集了遵义府属 5 县（遵义、正安、绥阳、桐梓、仁怀），从明万历二十九年改土归流起，至清咸丰三年共 250 年间，集 220 人的诗作 2038 首编成的诗歌总集。

[4] 何长凤：《贵阳文通书局（1909 ~ 1952）》，贵州教育出版社 2002 年版，第 64 页。

6月，成立文通书局编辑所[1]，并将该所的出版宗旨定位为六个方面，即民众读物、中小学生辅导图书、大学丛书、各种字典与词典等工具书、贵州乡土文献及边疆民俗图书、其他时论著述及新思潮图书。从而将文通书局由原来以印刷为主业的企业一举变成一个集编辑、出版、营销为一体的文化出版企业集团。

成立“文通书局编辑所”后，华问渠首先聘请贵州籍著名教育家马宗荣[2]先生和贵州籍著名文学家、曾任商务印书馆编辑的谢六逸[3]教授出任该所的正、副所长，接着又延聘因“抗战”内迁至贵州的各高等学校和科研机构的著名学者、专家、教授等精英人物为编审委员。这些著名人物有冯友兰、贺麟、梅光迪、陶百川、吴泽霖、欧元怀、夏元瑮、苏步青、竺可桢、茅以升、王星拱、李书田、张孝骞等，共计112人之多。

据统计，文通书局在这一时期编辑、出版、发行的丛书、丛刊、文库和名著多达35类，共计292种。其中著名的有《莎士比亚全集》12种、《大学丛书》35种、《经世社丛书》7种，可见其种类之多、范围之广；创办了面向全国、承担着“在精神上彼此互相沟通的机关”之作用的综合性刊物《文讯》杂志。[4]

文通书局在编审出版中小学教科书方面亦有较大贡献。1943年，为了解决大后方中小学教科书的供应问题，在重庆成立了“国定本中小学教科书七家联合供应处”（简称“七联处”）：由正中书局、商务印书馆、中华书局、世界书局、大东书局、开明书店和文通书局联合组成，华问渠当选为监事。当时各大书局均认为，文通书局在贵州拥有设备齐全的印刷厂和机器造纸厂，可对教科书的印刷提供有利条件。文通书局在“七联处”中所占比例虽仅为

---

[1] 文通书局编辑所设有编审委员会，并设有常务编审委员4人，除所长马宗荣、副所长谢六逸为常务编审委员外，其余2人，一人是秘书主任蒲鸿基，号定安，贵阳市人，精通英文，后来受聘到联合国工作，长期居住纽约；另一人是贵州大学教授张永立，贵阳市人，物理学家，在数学和物理学方面都很有造诣。常务编审审定来稿时，社会经济类由马宗荣负责，文学艺术类由谢六逸负责，外文类由蒲鸿基负责，理科类由张永立负责。凡有稿件交来，审查可取，立即办理审定手续，随即交付印刷。

[2] 马宗荣（1896～1944年），字继宗，贵州省贵阳市人。1918年赴日本留学，留学期间访求我国流失海外的古籍孤本，后经商务印书馆影印问世。回国后主要从事教育工作，先后出任暨南大学、浙江大学、中国公学等教授，他撰写的社会教育专著及中西教育史达30余种，主要著作有《中国古代教育史》《孟子之出处及进退观》《王阳明及其思想》等。

[3] 谢六逸（1898～1945年），我国现代新闻教育事业的奠基者之一。著名的作家、翻译家、教授。号光燊，字六逸，笔名宏徒、鲁愚。1898年8月12日生于贵阳一个仕宦之家。1917年以官费生赴日就读于早稻田大学。1922年毕业。

[4] 张国功：《贵阳文通书局的历史与启示》，《博览群书》2004年第11期。

4%（正中、商务、中华各占23%、世界占12%、大东占8%、开明占7%），但对整个大后方的教科书供应来说，数量还是相当庞大的。因此，文通书局[1]遂与商务、中华等并列为全国七大书局之一。[2]

由此，标志着文通书局走出偏居西南一隅的贵州，走向全国，由一个从编辑出版贵州地方文献、私家著述、中小学教科书为主、兼营一般群众通俗用书和其他生活用品的地方性出版印刷单位，变成面向全国，编辑出版发行文、史、哲、经、教、理、工、农、商、法图书，大、中、小学教科书和参考图书，贵州地方乡土文献的出版单位，以及具有较高层次的、力求学术的、西南地区最大的全国性的编辑出版企业。

文通书局在加强编辑、印刷业务的同时，也不断扩大发行范围和地区。“抗战”时期，即在重庆、成都、昆明开设文通分局；抗日战争胜利后，在长沙、上海、广州开设文通分局，大量销售文通书局出版的各种书籍和教科书。

然而，军阀混战使得华氏家族的企业遭受了沉重打击，地方政府不仅长期拖欠华家的印刷费用，还极尽敲诈勒索之能事，巧取豪夺华家的厂房等生产设备及物资，使文通书局遭受灾难性的打击。加上抗日战争胜利后大批内迁机构复员，原来的学术精英纷纷离去，出版业所赖以生存和发展的人才的流失，无疑使文通书局雪上加霜，举步维艰。

贵阳文通书局在其存续期间，在军阀混战、政权更迭、战火频发的艰苦环境中，共出版各类图书500多种，包括《经世社丛书》《大学丛书》《新闻学丛书》以及世界名著等；丛书、丛刊30余种，出版承印报纸、杂志28种，编辑出版大型综合性刊物《文讯》月刊9卷55期49册；此外还承印政府公报、日报、期刊多种。尤为值得一提的是，在1922～1941年间，先后出版了贵州文献征辑馆编辑的《黔南丛书》1～6集和别集，共70册。这部“丛书”除收集明清时著名黔人著述外，还将外省名人有关贵州省的记述收录其中，这对研究贵州的历史、地理、文学艺术、语言文学、民族习俗等方面，至今仍然具有极高的参考价值。

华之鸿创办文通书局，同时开创了贵州历史上的几个第一，即第一个使用先进设备从事印刷；第一个出国购买机器设备；第一个派人出国学习技术；第一个聘用外国人做技术指导；第一个为开办企业专门培训学生；第一个使

---

[1] 作为中国近代史上曾经与商务、中华、世界、开明、大东、正中齐名的七大书局之一，贵阳文通书局创办仅比老牌出版机构商务印书馆（创办于1897年）晚11年，而比中华书局（创办于1912年）早了4年，比大东书局（创办于1916年）、世界书局（创办于1917年）、开明书局（创办于1926年）等当时的著名书局均早多年。

[2] 《贵州省志·出版志》，第11页。

用蒸汽机作动力从事工业生产等。[1]

贵州华氏家族华联辉、华之鸿、华问渠祖孙三代在各种恶劣的环境和条件之下，为地处偏远的贵州的文化出版事业所作出的披荆斩棘、筚路蓝缕之功，以及他们以传播新思想新知识、开启民智民觉、传播现代知识为己任的崇高精神令人钦佩不已。贵阳华氏家族及其文通书局，不仅为贵州近代出版事业作出突出贡献，在中国近现代出版史上也颇具意义。[2]

三、酿酒业的发展

贵州地处云贵高原东部，是隆起在四川盆地与广西丘陵之间的亚热带喀斯特广泛发育的高原山区。这里山川秀丽，气候温和，林青、泉甘、水美、洞奇的喀斯特岩溶地貌及其地理生态环境，最适宜于酒生物菌种的生长和酿酒原料的糖化与发酵。贵州自古就是一个美酒之乡。千百年以来，生活在这里的各族人民就一直运用着这种天然优势，并在不断实践的基础上，创造了许多各具特色的酿酒法，并生产了香醇甘美、风格品味各异且深受人们青睐的琼浆玉液。[3]

1915年在巴拿马万国博览会上，茅台酒一举夺魁，荣获国际金奖。从此，茅台酒跨进了世界名酒行列。

1930年，遵义、仁怀、湄潭、息烽、贵阳、平越（今福泉）、龙里、都匀等17个县区共产酒1784.5吨。1938年前的贵州酿酒生产甚为普遍，如包谷酒、糯米酒、黄酒等制造者亦颇多，在贵阳一地，经营酿造及贩卖酒业者，亦达60家之多。1943年，遵义县政府统计，全县共有酒坊122家，工徒470人，年产酒602吨。这一时期出名的酒有茅台酒、董公寺窖酒（董酒前身）、雷泉酒、安茅、越茅等。[4]

"抗战"时期，贵州酿酒业出现了前所未有的兴旺景象。据不完全统计，"全省从事酿酒者4000余户，一万多人。年产酒（除茅台外）2100万斤。仅遵义一县1943年就有酒坊122家，工徒470人，年产酒602吨。在众多的作坊型酒厂中，已出现了能批量生产、资金雄厚及规模较大的大酒厂。1938年茅台酒年产量达4万公斤，董酒、鸭溪窖酒、平坝窖酒等享誉全国的贵州名

[1] 吴永贵：《华之鸿——首创文通　留香西南》，《光明日报》2008年12月13日。

[2] 马达：《论贵阳华氏家族对中国近代出版业的贡献》，《兰台世界》2009年第6期。

[3] 蒋南华、张伦学、蒋楚麟：《诗魂与酒魂——贵州酒文化掠影》，贵州教育出版社2006年版，第6页。

[4] 《贵州省志·轻纺工业志》，第23页。

酒，在此时亦有所发展。董酒年产量达 8 吨。随着生产的发展和产量的增加，销售市场不断扩大，内销占 60%，外销占 40%。茅台酒主要销往汉口、上海、重庆、长沙、广州、香港等地。董酒等名酒也已销往川、滇、湘等省”。[1]

1940 年，都匀县曾开办一家福利酒厂，以高粱、玉米、稻谷为原料，采用小曲固态法生产高度白酒，取名为福利酒。此项工艺有旱缸、水缸之分。蒸馏采用天锅倒甑的古老设备，出酒率较低。50 度玉米酒的出酒率为 33% 左右。之后，广西三花酒生产技术传入都匀。此工艺不用配糟，呈液体状态发酵，酒醅尚呈固态，故称半液体发酵。蒸馏设备是当时较为先进的锡质蛇管冷却器。

1940 年，浙大分校区迁到遵义的湄潭，酿造组[2]的白汉熙博士在研究贵州著名的茅台酒所用的特殊酒曲时，发现这种酒曲除酵母菌外，还包含不少于 28 种药材，其中一些能加速糖化，而其他的可能可以防止微生物的污染。

1947 年贵州酒的年产量达到 2130 万斤，酿酒业一度成为贵州农村的主要副业之一。市场上出售的高粱酒、烧酒、包谷酒等，相当数量出自农家。

1. 茅台酒

茅台酒是世界三大蒸馏白酒之一，中国名酒之首。茅台酒产于遵义仁怀的西北赤水河中游的马鞍山斜坡上。说到赤水河，还有两个美丽的传说。

一个是说在很早的时候，赤水河畔有许多酿造美酒的作坊。其中以吴氏一家所酿之酒最佳。一天，几个修道求仙之人路过此地，因闻其名，决定买一坛酒来尝尝。于是吴氏就捧出了贮存百年的陈酿。众道仙来到一座桥上，开瓶后酒香四溢，两岸盛开的鲜花纷纷羞闭，绿树柔杨频频点头。众道仙饮后飘然升空而去。后来人们就把这座桥取名为仙升（即今之天生）桥。赤水河畔酒厂酿出的美酒，从此也得到了“启瓶花羞闭，斟酒树婆娑”的赞誉。

另一个故事说是很久很久以前，赤水河畔的茅台村住着一位姓陈的生意人。他为人正直，乐善好施，常把做生意赚得的钱用来救济穷人。一年除夕，向无冬天的茅台村突然下起了一场纷纷扬扬的鹅毛大雪。傍晚时分，雪地里蹒跚走来一位白发苍苍的老太太。她衣衫褴褛，手中提着一只乞讨用的竹篮子，被这突如其来的大雪冻得发抖。姓陈的后生看见这位可怜的老太太，十分同情她，便把她搀进屋里，端来热汤热饭给她吃，还给她倒了一杯驱寒的米酒。晚上，小伙子又把自己仅有的一张床让给老太太歇息，自己却守着火炉过夜。到了五更时候，小伙子进入了朦胧的梦乡：这时天边忽然飞来一位美丽的仙女，她手捧酒瓶，轻舒广袖，将一瓶玉液琼浆倒进赤水河，并对小

[1] 季克良等编：《黔酒宝典》，新华出版社 2014 年版，第 15 页。

[2] 国立浙江大学设有文科、理科、工科、农科等科学研究所。

伙子说："好心的人啊，请记住：每年九月初九的重阳日，你就下河挑水酿酒吧！祝你酿出天下第一的美酒。"说完仙女飘然而逝。小伙子醒来发现原来是一个梦。但从此以后，他每年重阳节从赤水河挑水酿出的酒，确实特别香甜醇美，回味悠长。重阳节这天的河水也特别纯净清冽。[1]

茅台酒的历史可追溯到西汉前期的"枸酱"和1529年即明代嘉靖年间的"大和烧"及1704年以茅台命名的茅台春、茅台烧春和回沙茅台。它是经过"两次投料、九次发酵、九次烤酒、长贮陈酿、精心勾兑"工艺而成的酒中极品。酒液晶莹透明，香气浓郁。其风格特点是酱香突出，幽雅细腻，酒体醇厚丰满，饮后余香回味悠长，无刺激感。[2]

茅台酒口感可以描写为"衔之待咽，气若幽兰，弥于口腔，甘甜醇和，香郁隽永，若往若还，萦绕于口；咽之有如春风习习沁肺，又似清泉淌胸。饮后空杯有一股香兰素和玫瑰花的浓郁芬芳，五至七天不会消散"。[3]

茅台酒的传统工艺独特，纯用小麦60℃高温制曲，高温堆积，两个月内分2次投料，8次摊凉后加曲发酵，7次蒸馏取酒，长期陈酿，精心勾兑。从投料到出酒需一年时间。成酒存储时间不少于3年，然后根据不同香型、轮次和储存时间，按一定比例反复勾兑，使之色、香、味俱能完善，具有"晶莹透明，酱香突出，幽雅细腻，醇和浓郁，回味悠长，饮后打嗝，空杯留香"的特点。对茅台酒酿造的传统技术，民国时期已有人作过研究。民国二十七年（1938年），中央工业试验所金培松指导沈冶平在贵州首次用科学方法对10种茅台酒曲中丝状菌初步分离得霉菌10种，其中，根露菌4种、毛霉2种、青霉2种、曲霉1种、链蠕孢属（Dendryphium属）1种。[4]

1915年，美国政府为了庆祝巴拿马运河通航，在旧金山举行巴拿马国际博览会，茅台酒被评为世界上第二名酒，获得金奖。

1935年在四川成都市举行的西南各省物品展览会上，茅台酒获得特等奖，这是茅台酒在国内首次获奖。

2. 董酒

董酒的生产已有200多年的历史，产于遵义市董酒厂，全国著名的八大名酒厂家之一，厂址在遵义市北郊董公寺附近。这一带绿树成荫、清泉漫流，冬暖夏湿热，极适宜酿酒微生物生长繁殖，是一个酿酒历史悠久的地方，董

---

[1] 蒋南华、张伦学、蒋楚麟：《诗魂与酒魂——贵州酒文化掠影》，贵州教育出版社2006年版，第8页。

[2] 蒋南华、张伦学、蒋楚麟：《诗魂与酒魂——贵州酒文化掠影》，贵州教育出版社2006年版，第9页。

[3] 罗庆芳、丁匀成：《黔酒飘香》，贵州人民出版社1989年版，第6页。

[4] 《贵州省志·科学技术志》，第313页。

酒亦因地而得名。

清光绪初年，董公寺一带已出现蒸馏白酒。到清末，这里的酿酒业已有一定规模，小曲酒坊处处可见，酿造技艺相互融通，仅董公寺至高坪约10公里的地带，就有小酒坊10余家。在众多的酒坊中，以程氏酒坊所酿小曲酒为佳。程氏后人程明坤（字翰章）吸收先人技艺之长，结合当地水土、气候、原料等条件，创造出别具一格的“董公寺窖酒”，后经他不断改进，形成一套完整的酿造工艺，秘不外传，独家经营。

董酒主要特色是“酒液清澈透明、香气幽雅舒适、入口醇和浓郁、饮后甘爽味长”，他们在酿造中，既用小曲又用大曲，同时还加入100多味中药材，其中还有部分名贵的中药，如虫草、当归、杜仲、枸杞等，所以董酒既有大曲酒的浓郁芳香，又有小曲酒的柔绵醇和，兼之带舒适的药香而形成董酒的独特风格。[1]

20世纪40年代，董公寺窖酒改名为董酒，并将散装改为瓶装销售，当时在川、滇、黔、湘等省颇有名气，但年产量从未突破8吨。新中国成立前夕，由于旧制度所带来的各种弊端，使程明坤在生产销售上处于窘境，内外交困，只好停产关闭酒坊，1949年，董酒在市场上消失。[2]

第三节　医学

一、医药发展基本概况

（一）中医的发展

贵州医药卫生事业的发展进步，经历了漫长的道路。各族人民在与疾病的长期斗争中，不断充实丰富了民族传统医药宝库。

在清同治年间（1862～1874年），安龙北街生员张锡三，有秘方“九宫丹”，专治痨伤喉疾。有个邓千总患喉疾，水米不进，口不能言，泪如雨下。张锡三吹丹入其喉，顷刻如常人。据《兴义府志》载，当时境内有中药、草药共83种，有动物10种。据有关史料记载，明末清初，有些外省籍的中医，如江西丰城的邓春华、四川万县的潘台臣、江西赣州的陈希潘与其弟陈希尧

---

[1] 《贵州省志·轻纺工业志》，第47页。

[2] 《贵州省志·轻纺工业志》，第30页。

等 10 多人，纷至沓来，陆续迁居独山、贵定、福泉、瓮安龙里、惠水等县从事医疗活动。

民国初年，贵州的一批名中医如王聘贤、石玉书、陈真一、唐希泽等在贵阳悬壶应诊。民国二十年（1931 年），贵阳中医分会成立，冯松生任主席。民国二十五年（1936 年），国医庹俊生主编《中医旬刊》，提倡中医研究。民国二十五年，贵州省国医馆在贵阳双槐树成立，王湬莹任馆长。附设有国医研究所和国医训练班。[1] 黔南州中医医院建院之初，还开设了草医骨科门诊。用民间中草药秘方，验方治疗骨伤、蛇伤等疾病。

民国期间，中医多集中在商业和交通发达的城镇，独山有邓仲炎（邓春华的后裔）、龙星阁、高文彬等 14 人，开设诊所 10 所。都匀有裘辅青、曾冠臣等 12 人，开设诊所 7 所；贵定有潘台臣、王锡章等 4 人，开设诊所 2 所；惠水有饶季奎、杨熙臣等 5 人，开设诊所 3 所。至民国二十七年（1938 年），共有中医诊所、药店 59 家。

在这期间，曾出现一些名老中医和草医，造诣颇深，医绩卓著。如贵定的王锡章（1883～1959 年），从事中医 60 余年，救治了大量病人，留下医案 115 则，含 41 种内科杂病。现贵定医学会已将其医案选编出版《王锡章内科医案》一书。贵阳中医学院许玉鸣教授指出此书"辨证施治，理法方药井井有条，系多年经验结晶，堪为后学津梁"。又如独山的邓仲炎（1888～1958 年），世代行医，精于诊治霍乱，亦擅长内、儿、妇科疾病。曾在 1925 年和 1940 年在独山两次霍乱流行中，救治了大量危重病人，深受民众爱戴。名老草医，有龙里的颜生堂，生产"颜生堂眼药水"，驰名省内外。惠水的罗德发，能识草药 1500 多种，用祖传秘方可治多种疾病，疗效显著。

抗日战争爆发后，外地名医纷纷来筑，一时名医荟萃，如广西的洪子涛、广东的梁深石、江西的许玉鸣、云南的程云深、南京的陈慈煦、上海的张子瑛等，中医大为兴盛。

（二）西医的传入

民国期间，西医传入贵州境内。贵阳第一个西医是由重庆学习归来的程乾生。民国六年（1917 年），陈职民在贵阳开设牙科诊所。民国七年（1918 年），天主堂法国神父在贵阳灵尤路开办若瑟医院。

民国八年（1919 年），贵州督军兼省长刘显世邀请日本留学生邓光济[2]回省，在贵阳两广会馆创办贵州第一所公立医院——省立医院。民国九年

---

[1] 《贵阳市志 · 科学技术志》，第 19 页。

[2] 邓光济（1886～1961 年），字文波，号晴川，出生于贵州省贵阳市。

(1920 年)，省立医院附设妇婴医科讲习所开学，由日本人岩濑妇佐[1]主讲，培养了 30 名妇科医务人员。

民国十二年（1923 年)，唐继尧办滇黔联军陆军医院，邓光济任院长。民国十七年（1928 年)，锦屏县建立第一个县卫生委员会，有两名西医师。民国十九年（1930 年)，乐景武在贵阳普定街开设第一家私人医院——景武医院。

民国二十年（1931 年)，省立医院又举办妇产科传习所，毕业学员 100 名。民国二十年，贵阳西医分会成立，邓光济为主席。

民国二十三年（1934 年)，军事委员会军医署第三十五临时陆军医院由湖南迁来贵阳，后改称第十九陆军医院，吴怀兼任院长、朱懋根任医务主任，能做一般腹部外科和骨科手术。

“抗战”时期，内地医护人员大量迁入贵州，西药不断引入贵州，使更多的人接受西医治疗。

1938 年，国家组织建立国立贵阳医学院，任热病学家李宗恩[2]为院长，开创贵州的高等医学教育。与此同时，湘雅医学院由长沙迁来，内科专家张孝骞任院长，师资力量雄厚。同年，南京中央医院辗转迁至贵阳，脑外科专家沈克非任院长，医院内设有内科、儿科、妇科、眼科、耳鼻喉科、X 光科、检验科，技术力量较强。

在这一时期，中国红十字会救护总队在贵阳图云关成立，目的是训练战地医疗救护人员。总队长由英籍华裔、著名生物化学家林可胜博士担任，组织规模庞大，队内有不少著名医生。另外，贵阳还成立了西南公路局贵阳东山医院，中央卫生实验院贵阳产院、贵州省立贵阳高级医事职业学校。[3]

民国二十八年（1939 年)，由保加利亚卡内蒂医生和波兰弗拉脱医生率领的英国伦敦医药援华会组织到达贵阳图云关中国红十字会救护总队，有保加利亚、波兰、罗马尼亚、捷克、匈牙利、奥地利、德国、苏联医生 21 人。

同时期的各地方卫生院，在医疗技术方面也有了很大的提高。1938 年，在独山、惠水等县卫生院也已设有专职化验人员，可进行血、尿、便等常规基础项目的检验，并且已经掌握了脓肿瘤切开引流及外伤清创缝合等技术。到 1941 年，这些县的卫生院就已能做疝气、阑尾等简单手术。1942 年，各县的卫生所扩建为县卫生院，并且引进更多的药物，比如磺胺类药物。在内科常见病的诊断和治疗上，也取得了一些进步。

---

[1] 邓光济的夫人。

[2] 李宗恩（1894～1962 年)，江苏武进人（今常州市人)，中国热带病学医学家及医学教育家。

[3] 《贵阳市志·科学技术志》，第 19 页。

（三）防疫技术的兴起

由于受自然环境、社会因素、居民文化水平、卫生设施以及风俗习惯的影响，贵州出现了许多地方病。

李宗恩曾对黑热病、疟疾、血吸虫、丝虫、囊虫等流行病进行过深入研究；李方邕《贵筑县苗夷卫生状况调查》、王福生《叶酸对恶性贫血的治疗报告》、王季午《流行性腮腺炎对神经系统之侵累》等，结合贵州地方病实际情况，提出针对性治疗措施与方案，尘辑《防痨三两事》中说的“二氢链菌素是链菌素的新近衍化物，比原有链菌素好得多”，则对比性地介绍了治疗结核病的新药。

霍蕴新、虞惠容《贵阳所见之葡萄胎》中说的“在贵阳自1939年至1946年共见34例，显然实际发生之数目当较此为多，因一部分居民未就医而在家生产”。说明葡萄胎在贵州有较高的发病率，也显示了立足当地，为区域医疗文化作贡献的特点。[1] 民国期间，黔南有记载的疫病流行，有霍乱、天花、疟疾、伤寒、痢疾、流行性脑膜炎、白喉、回归热、猩红热、斑疹伤寒共10种。迄今已知发生的传染病、寄生虫病、地方病共31种。[2]

民国期间，贵阳的公共卫生有了较大发展。民国二十六年（1937年），贵州省卫生行政人员养成所在贵阳博爱路省立医院举行开学典礼，范日新、伍宗裕为专任教官，毕业学生69名分别到各县任卫生指导员。同年成立贵州省卫生实验处，姚克方任处长。民国二十九年（1940年），成立贵州省卫生实验所，伍宗裕任所长。

民国三十年（1941年），成立省立医院抗疟队研究所，郭景昇为所长，主要任务是研究疟疾病防治及寄生虫病理学，下设遵义、毕节、铜仁、独山、兴义、安顺、威宁7站。同年，又成立中央卫生实验院贵阳卫生干部人员训练所，姚寻源任所长。继后，又由贵州卫生处、贵筑县政府、贵阳医学院、湘雅医学院、贵阳卫生干部训练所合办贵筑县公共卫生教学区，成立贵筑县公共卫生教学区组织委员会，姚寻源为主任委员。同时成立贵州省临时防疫医院及省防疫总队和第一、第二、第三、第四、第五、第六、第七防疫分队。民国三十三年（1944年），中央抗疟所与省卫生试验所合并，改组为卫生实验所，研究地方病，化验毒品，制造牛痘苗等。[3]

---

[1] 霍蕴新、虞惠容：《贵阳所见之葡萄胎》，《国立贵阳医学院院刊》1948年第24、25期，第6～10页。

[2] 谭秀荣：《〈国立贵阳医学院院刊〉与地方高等医学文化的构建》，《编辑学报》2009年第4期。

[3] 《贵阳市志·科学技术志》，第20～21页。

民国时期，国立贵阳医学院、贵州省高级医事职业学校、贵州省立传染病院、贵州省卫生实验处、贵州省抗疟所、贵州省防疫大队及7个分队、79个县卫生院、26个区卫生分院相继成立。每年疫病流行季节，各县成立临时防疫委员会，组织居民开展夏令卫生、种痘和注射疫苗，设立临时检疫站，及时收容患者。在防治疫病中，自制牛痘苗和霍乱伤寒疫苗，应用形态观察、人工培养、生物学性状观察、生化反应及动物接种等技术，可作常见病原性球菌与肠道杆菌的分离培养，用鸡胚培养技术进行流行性感冒病毒检测，对流行性脑膜炎、痢疾、百日咳、白喉、伤寒和副伤寒、回归热等病的病原体进行鉴定，对青霉素和磺胺等药作敏感试验，该项疫病防治技术属全国先进水平。[1]

民国时期，黔南各县畜禽瘟疫发生频繁，农民群众无术防治。据有关调查资料统计，民国三十三年（1944年），瓮安县发生牲畜瘟疫，水牛死于清水症的有2500头，占当时存栏数的17%；黄牛死于清水症的有1500头，占存栏数的99%；猪死于猪瘟的达10000头，占存栏数的20%。

民国三十六年（1947年），贵州省建设厅会同农林西南兽疫防治处开办兽疫防治训练班。今黔南州所属各县（缺贵定县），有都匀陈本德、惠水徐治凌等11人经培训后担任各县兽医防治员。

虽然当局颁布防疫的办法、社会卫生条例，力图控制瘟疫，但终因缺乏落实措施，收效甚微。

二、医学院的创办

1. 贵州医学院

国立贵阳医学院是一所具有悠久历史的省属重点高等院校，成立于1938年，是当时隶属教育部的全国九所国立医学院校之一。

抗日战争初期，日本侵略军攻占华北，上海、南京等地相继失守，沦陷区学生纷纷失学，流离失所。其中，相当一部分流亡至战略后方西南地区，当时，教育部一方面为给流亡医学生提供继续就学机会；另一方面为奠定西南地区医学教育基础，决定在贵州省贵阳市建立国立贵阳医学院。

1937年，教育部准备在武汉筹办武昌医学院，聘请李宗恩负责筹备。后

---

[1] 《贵州省志·科学技术志》，第548页。

因战局变化，教育部聘李宗恩、朱章赓[1]、杨崇瑞[2]等教授为国立贵阳医学院筹备委员，并任命李宗恩为筹备委员会主任委员。于民国二十七年（1938年）1 月 1 日成立筹备委员会。当时，教育部令筹委会移用国立武昌医学院筹备费十六万元[3]，作为国立贵阳医学院筹备费，又令筹委会接收北平第一助产学校武昌办事处。第一批在汉口、长沙、重庆、西安、贵阳等地招收沦陷区医学院校流亡学生及护士助产学生，登记者共约 300 人。对这批学生一律免收学费，并分别核发贷金，受贷金及其他资助者约占 70% 。

1938 年 3 月 1 日国立贵阳医学院宣告成立，教育部正式聘任李宗恩博士为院长。租赁阳明路两广会馆和三圣宫为临时校舍，设医本科和医士职业科（职业科 1940 年改为护士科和助产科，后改为附设高级护士助产士学校）。民国三十年（1941 年）秋，创办附属医院。民国三十三年（1944 年），部分学生迁入新建的太慈桥永久校舍。同年冬，日军入侵黔南，学院迁至重庆歌乐山，学生借读于内迁重庆的上海医学院。民国三十四年（1945 年）抗战胜利后迁回贵阳太慈桥。1949 年贵阳解放前夕，全院有学生 136 人，其中本科生 132 人，专科生 4 人，教职员 100 余人。1938 年至 1949 年，共毕业 16 届学生，毕业 256 人，其中本科生 239 人，专科生 17 人。[4]

1938 年首任院长李宗恩代表我国赴河内出席由 15 国参加的第 10 次远东热带病学会议，所带论文得到大会高度评价，开创了贵州高等医学学术成果与世界交流的先例。

在建院初期，大批知名学者云集，如生物学家林绍文、病理学家侯宝璋、生物化学家汤佩松、内科学家张孝骞、传染病学家王季午、外科学家朱懋根与沈克非、妇产科学家杨崇瑞、公共卫生学家朱章赓等。

在当时，贵阳医学院的教学体制仿效美国并受英国医学教育的影响，在教学计划、教材使用、教学方法、指导思想、教育方针，以及教学规章制度等方面，吸取了北京协和医学院的经验。开设教育部规定设置的课程外，为了拓宽学生视野，重视人文教育，特开办了“人文科”。担任教学工作的教授大多是北京协和医学院的医学教育家，如张孝骞、杨崇瑞、杨济时、沈克非、

---

[1] 朱章赓（1900～1978 年），浙江义乌人。曾任中央卫生实验院院长、国民政府卫生部常务次长和代理部长，新中国成立后历任世界卫生组织公共卫生行政科主任、北京医学院副院长、中华医学会常务副会长等职。为中国公共卫生事业先驱，筹建世界卫生组织基础成员之一。

[2] 杨崇瑞，妇产科医师，医学教育家，中国近代妇幼卫生事业创始人，中国助产教育的开拓者。对发展中国的公共卫生妇幼保健事业及倡导、推行节制生育工作呕心沥血，勤奋耕耘了 60 年。她创办了中国第一所现代化的助产学校，培养和造就了一支为民族的健康而奋斗的妇幼保健队伍。

[3] 旧币。

[4] 《贵州省志・教育志》，第 327 页。

李瑞麟、王季午等，还有其他名校的杰出教育家，如清华大学汤佩松、燕京大学林绍文、齐鲁大学侯宝璋、港大毕业留英的施正信等。这些著名教授不仅注重培养善于行医的医生，更注重培养对中国医学教育和卫生事业发展有影响的人才，既重视启发式教学，培养学生的综合能力，也重视提高学生医德境界"先做人，再为医"，使学生永远铭记自己肩负着"健康所系，性命相托"的使命。[1]

1947 年 7 月，李宗恩院长调任北京协和医学院院长，教育部另任朱懋根教授为贵阳医学院院长。

2. 国立湘雅医学院

湘雅医学院，1914 年由湖南育群学会与美国雅礼协会联合创建，是中国创办较早的一所西医高等学校，其前身是湘雅医学专门学校。首任校长颜福庆（1882～1970 年），字克卿，上海人，为我国著名医学教育家、公共卫生学家。

湘雅医学院是我国第一所中外合办的西医高等学府，开拓了与国外合办高等医学教育之先河。孙中山曾题写"学成致用"的勉词，毛泽东曾在此主编过《新湖南》周刊。学校素来治学严谨，造就了汤飞凡、张孝骞、谢少文、李振翩、鞠躬、刘耕陶、刘德培、姚开泰、夏家辉等一大批海内外有影响的医学专家，"南湘雅"之美誉闻名遐迩。

抗日战争时期，日寇铁蹄所至，我国高等教育和高校科技期刊文化饱受践踏，高校大多西迁至西南、西北大后方。"民国二十七年六月，以长江战局转移，湘垣迭遭轰炸，为保全国家元气，以便长期继续抗战之医学教育计，乃做迁校之准备……本学院初拟迁往桂林，因贵阳各医事机关，愿协助教学适宜，乃决迁筑。"[2]

为此，将在湖南长沙办学长达 25 年之久的湘雅医学院，迁至贵州贵阳次南门外湘雅村，并于 1940 年 8 月起更名为国立湘雅医学院。由此，《国立湘雅医学院院刊》亦于 1941 年 5 月 1 日在贵州诞生。时任院长张孝骞[3]教授为之撰写《发刊辞》。

1944 年，国立湘雅医院因战事迁校重庆杨公桥。

---

[1] 谭秀荣：《〈国立贵阳医学院院刊〉与地方高等医学文化的构建》，《编辑学报》2009 年第 4 期。

[2] 《沿革》，《国立湘雅医学院院刊》1941 年第 1 卷第 1 期，第 2～3 页。

[3] 张孝骞（1897～1987 年），字慎斋，湖南长沙人，湘雅医学专门学校第一届毕业生，我国医学教育家、中国消化病学的奠基人。他出任国立湘雅医学院院长后，在日寇狂轰滥炸、办学经费等极度匮乏之情况下，仍带领湘雅医学院师生们在流亡中办学，艰苦创业，弦歌不辍。

3. 遵义医学院

遵义医学院地处遵义，前身为大连医学院，创建于 1947 年，直属旅大行政联合办事处领导，是中国共产党创办的第一所本科医学院校。

由曾任华东军区卫生部负责人，当时任大连市卫生局局长的王布君兼任院长。学生主要是中国人民解放军军人，也在本地招收少数学生，入学后全部实行供给制，毕业后分配到部队当军医。1947 年 4 月，旅大行政联合办事处改为关东公署，大连医学院改名关东医学院。1948 年年底，东北全境解放，中共中央东北局决定成立新型的人民正规大学——大连大学，李一氓、吕振羽先后任校长，关东医学院合并到大连大学改为大连大学医学院。由原新四军卫生部长、医学专家沈其震任院长，学院开始按正规学制办学，1949 年 1 月首次招收高中毕业生作为本科生培养。沈其震先后到上海、香港等地招聘教师，全国知名的学院教师由建校初的 10 余人增加到 110 余人，其中教授 16 人，副教授 14 人，讲师 23 人，对大连医学院向正规化过渡起了重大作用。

第四节　制造技术

晚清时期，以青溪铁厂为代表的官督商办近代工业企业和英法万山水银公司为代表的资本帝国主义经济侵略的外商企业相继出现。它们的出现使贵州的自然经济环境逐步解体，贵州的工业在夹缝中逐步有了一定的发展。

一、制革业

1911 年，贵阳皮革有限公司在贵阳市西湖路 66 号成立，1932 年改名振华制革厂，有资本 5 万元，员工 20 余人，生产主要以手工操作为主，生产的产品有底革、面革、皮鞋、皮箱、马鞍、腰带等。

民国元年（1912 年），熊静安在贵阳西湖路开办贵阳制革公司（初名元记制革公司），采用新法制革，生产皮鞋、皮箱。20 世纪 20 年代，贞丰珉谷镇刘开华开作坊制革，除硝制裘皮外，还采用灰（碱）脱毛植鞣工艺制革技术，造马鞍、皮箱、皮鞋，产品质地好，运销广西、云南等地。

民国初年，贵州全省皮革业发展至 300 余户，从业人员 1000 余人，年产各种皮革制品 4.5 万余件，价值 20 万元。抗日战争时期，上海、南京、武汉等地的部分皮革企业及工人内迁来贵州，为皮革工业的发展提供了资金、人员及技术等有利条件，皮革工业曾兴盛一时。据 1942 年调查，在镇远、黄平、安顺、贞丰、织金、遵义、贵阳、定番、平坝、炉山、麻江等11县市，就有皮革厂户120余家（其中贵阳86家），较具规模者有：中国日新制革厂建于1942年12月，厂址在贵阳市红边门外，有员工73人，资本50万元，年产牛、马皮革5480张，羊、麂皮革10800张，皮箱2040只，皮鞋4800双；华中制革厂位于贵阳市南门外沿城路166号，建于1939年5月，有员工30人，资本12万元，以生产底革、带革、箱革为主；贵阳上海协昌皮革工厂，建于1943年7月，有员工36人，资本20万元，主制马鞍、皮箱、皮带等产品；国民政府军政部武昌制革厂，厂址在贵阳市皂角井，职工数百人，有部分动力机器设备于抗日战争胜利之后迁回武昌原址。[1]

二、电和电池的使用

民国十五年（1926年），军阀集团在贵州兴办了贵阳电厂，并成立了贵州电气局筹备处。1928年，电厂开始供电时，可装灯200盏，但只供给各官署用电，不具营业性质，所需经费由省财政列项开支。1935年，改名为“贵州省政府建设厅贵阳电灯厂”，省政府停发经费，电厂实行独立核算，收费经营；发电能力150千瓦，有职工近百人，并开始为一些商家和工厂照明供电。抗战期间，遵义、安顺、铜仁、兴义、贵筑、清镇等中小城镇，也纷纷办起了小型火力发电厂。

民国二十三年（1934年），苏洌之在贵阳中山公园荷花池建成沼气池，点燃了第一盏沼气灯。

抗日战争时期，国民政府兵工署石林兵工厂迁来贵州桐梓，改名为四十一兵工厂，为了解决电力问题，特从美国购入勒菲尔公司产法兰西斯式水轮机2台、奇异公司产发电机2台（2×288千瓦），在桐梓建天门河水电站。由陈祖东主持，委托经济部资源委员会全国水力发电工程总处设计与安装，土建工程由上海内迁的金城等8家营造公司承建。1941年3月开工，拦河坝为滚水坝，高6.5米，长37米，蓄水30万立方米，水库区设景点号称“小西湖”，曾囚禁张学良将军。机房建于地下室，通过463米明、暗渠及36米压力水管引水发电。1945年4月，第一台机组发电，当年6月第二台机组投产。电站建成后，国民党高层人士陈立夫题字“入天门而夺天工”，刻于地下机房入室门额上。该电站现系贵州遵义铁合金厂自备水电站。[2]

民国二十三年（1937年），安顺人田某在贵阳开设“自新电池厂”，生产

---

[1] 《贵州省志·轻纺工业志》，第163页。

[2] 《贵州省志·电力工业志》，第40页。

“长城牌”锌、锰、氯化物微酸干电池。贵阳明湘电池厂（今贵阳电池厂）是贵州最早的电池生产厂，建于民国三十三年（1944年），采用手工操作生产电池，年产量约8300打（约10万只），用广州新生电池厂“五羊”牌商标。[1]

三、机械制造

抗日战争时期，机械工业有了较大的发展。民国二十七年（1938年），民族资本家伍效高投资在贵阳创办了“新生五金厂”和“新生铁厂”，聘黄先立为五金厂厂长兼总工程师，制造简易工作机，生产建筑钢材和各式机床，如车床、刨床、钻床、铣床、冲床，首开贵州的机械工业。

1939年，李葆和创办的中国煤气机械厂由武汉迁至贵州龙里，生产汽车煤气炉。后来，新生五金厂和中国煤气机械厂被贵阳企业公司吞并，于1942年8月组成中国机械厂股份有限公司，有资本400万元，员工500余人，生产汽车煤气炉和汽车零配件等。1943年又改组为中国农业机械股份有限公司贵阳制造厂，资本增至5000万元。[2]

贵州最早制造的轻工机械，是民国三十七年（1948年）贵阳合力机器厂和欧亚机器厂仿造的卷烟机。抗日战争期间，在贵州大定（今大方）建立航空发动机制造厂，用美国技术设备装配出1050马力九缸航空发动机，是贵州装配制造动力机械之始。此后中国运输公司贵阳马王庙修车厂研制成功木炭增量汽车发动机，装配在“道奇”汽车上，由贵阳至重庆往返行驶试验，爬越高坡能力与汽油发动机无异，解决了当时汽油紧缺问题。[3]

四、火柴

火柴，初系由川广输入，至宣统年间，始创工厂[4]，自行制造，以200盒为一箱，年可销千箱，值四五万银元。[5] 遵义是贵州第一个生产火柴的地方。

民国四年（1915年），惠川火柴公司在贵阳成立，之后，各火柴厂相继成立。但当时生产技术非常落后，制约了行业的发展。

抗日战争时期，大量企业、人口迁入贵州，促进了贵州火柴业的发展，到

---

[1] 《贵州省志·科学技术志》，第333页。
[2] 《贵州省志·工业经济志》，第16页。
[3] 《贵州省志·科学技术志》，第264页。
[4] 遵义黄磷火柴厂。
[5] 《续遵义府志》。

1942 年，全省火柴厂已有 14 家，其中规模最大的是贵州火柴股份有限公司。[1]

五、化工

1. 酒精

民国三十一年（1942 年），贵阳的酒精工业发展起来，有民营酒精厂 16 家，采用包谷酒蒸馏，酒精浓度为 94 度以上，可供汽车作燃料。

2. 制酸

贵州的制酸企业起步于 1938 年，主要生产硫酸、硝酸、盐酸等，中国植物园油料厂、新筑制酸厂、贵阳大宅吉硫酸厂、开源硫酸厂等都具有一定的规模。

3. 漆业

在油漆制造企业中，1942 年投产的贵阳建成油漆厂，生产“飞虎牌”油漆，与上海开林油漆厂等合称为中国八大油漆厂。

4. 橡胶

贵州橡胶工业的发展与抗战有密切的关系。当时东南亚的橡胶供应中断，贵阳处于西南交通要冲，轮胎磨损严重，急需大量新胎。

1940 年，南洋华侨庄怡生所办的中南橡胶厂由昆明迁贵阳，主要从事翻修汽车轮胎，每月可翻新 100 个，生产鞋底及胶手套，开创了贵阳的橡胶工业。之后，小橡胶厂也陆续开办。

5. 玻璃

民国七年（1918 年），贵阳威清门炎帝宫坎下，就有陈某集资创建的玻璃厂，但该厂规模不大。民国十五年（1926 年）规模较大的美华玻璃厂在贵阳建成。玻璃制造业有贵阳办的“义利玻璃厂”，清镇县办的“合记”“益昌兴”“吉成公”3 家玻璃厂。

民国三十二年（1943 年），全省玻璃产量虽仅 200 余吨，品种却达 14 大类 107 种。主要品种有瓶罐、水杯、仪器、灯具、明瓦等，并仿制美国道奇、福特汽车大灯玻璃片、油杯，质量接近原品，除内地使用外，还销到缅甸等国。所制晶质玻璃高脚酒具，获实业部褒奖。[2]

6. 水泥

贵州石灰石储量丰富，品位优良，极易发展水泥工业。

---

[1] 民国时期的火柴厂还有：贵阳协昌厂（1918 年）、遵义德泰厂（1919 年）、思南德昌厂（1920 年）、遵义义昌厂（1925 年）、遵义燧明火柴厂（1930 年）。

[2] 《贵州省志·科学技术志》，第 338 页。

民国三十年（1941 年），资源委员会与贵州企业公司合办贵州水泥公司，在贵阳市郊海马冲兴建水泥厂，工厂采用波特兰水泥制造法，运用两座立窑生产“金钢”牌水泥，1945 年，生产水泥 4962 桶。

六、军事工业

民国时期开始用机器生产步枪、手枪、机关枪和弹药。抗日战争爆发后，国民政府军政部兵工署第四十一、第四十二、第四十三、第四十四兵工厂迁来贵州，第五十三兵工厂亦建立贵阳分厂。民国三十年（1941 年），航空委员会在大定县（今大方县）建立飞机发动机制造厂。抗日战争胜利后，多数兵工厂迁并或转产民品。[1]

1937 年，贵州省政府发起，利用银行资金组建官僚资本的贵州企业公司，并迁建大定航空发动机制造厂等军工企业。贵州还试制成功我国第一台航空发动机。[2] 赤水兵工厂是周西成早在 1923 年驻军赤水时所办，其设备为上海从外国采购而来。工厂设有 7 个“棚”（车间），工人总人数为 1000 多人。该厂每月造枪 300～400 支，多时达 2000 支，主要为步枪，另能生产各种子弹和手榴弹。1926 年周西成任贵州省主席时开办贵州省兵工厂，厂址在贵阳大南门外，机器购自湖南、广西，技工以赤水兵工厂的 100 多名老工人为主，后增至 1000 多人，至民国十九年（1930 年）时即能生产步枪、手提机关枪、手榴弹等。这一时期，除军阀集团办的企业外，贵州的民族工业和手工业也有一些发展。[3]

第五节　冶金技术

一、勘探技术

（一）贵州勘探的发展过程

地质科学作为一门独立学科，18 世纪才在世界兴起。以近代地质科学理

[1] 《贵州省志·科学技术志》，第 290 页。
[2] 《贵州省志·工业经济志》，第 1 页。
[3] 《贵州省志·工业经济志》，第 14 页。

论为指导，对贵州地质矿产进行研究和勘查，仅有100多年的历史，19世纪后期方有进展。

1912年，中华民国南京临时政府首次在实业部矿务司下设地质科，开创了中国地质学者在国境内从事地质、矿产调查的新时期。

1914年，丁文江❶对云南进行地质调查的同时，进入贵州进行矿产勘查，做过一些小面积地形地质草图，拉开了中国地质学家对贵州进行现代地质与矿产勘查的序幕。

1924年，著名的贵州籍地质学家乐森璕在北京大学地质系毕业后，受聘于中央地质调查所。1927年，他自四川入黔，至1928年期间，先后对贵州北部、西部及南部地区进行了广泛的地质与矿产调查。调查的地区有：独山沿寨（今独山半坡）锑矿，水城、都匀等地的铅锌矿，水城万佛山银矿，遵义、清镇、安顺（轿子山）、郎岱（今六枝）、大方、龙里、贵定等地的煤矿，水城观章山的铁矿等。这是贵州籍地质学者在省内进行的最早的勘查活动。

1929年，地质学家丁文江首次率领西南地质调查队入黔工作，由重庆启程，经松坎、桐梓、遵义、金沙、大方至贵阳，进行实地地质调查，沿途绘制地质图。

1935年，贵州首次成立了自己的地质工作机构——贵州地质调查所，由地质专家罗绳武组建，开展了一系列的调查工作。于1937年首次进入贵州东北部梵净山地区，对凤凰山一带磁铁矿进行详细勘查。

1939年，地质学家乐森璕在贵州省组建了矿产勘测团。

1940年，地质学家乐森璕出任贵州地质调查所所长，所址在贵阳市油榨街。

1941年，浙江大学地质学教授刘之远首次到遵义的团溪一带进行地质考查，发现锰矿。抗日战争时期，贵州成为大后方，大批地质机构及人员内迁，使贵州地质工作得以较多的进行。1942年，罗绳武、蒋溶等人再次进入团溪、湄潭一带开展地质工作，发现储量可观的遵义锰矿带。❷

（二）勘探技术

坑探指的是用挖坑方式观察地层地质情况的作业。早在明清时代，贵州即对汞、铅锌、锑矿采用坑探技术。20世纪30年代，勘探金、铁矿也用过坑探方法。

综合物化探技术包括重力、磁力、电法、化探等多种勘探手段。

---

❶ 丁文江，地质学家、地质教育家，是中国地质事业的奠基人之一。创办了中国第一个地质机构——中国地质调查所，领导了中国早期地质调查与科学研究工作；又在该调查所推动了中国新生代、地震、土壤、燃料等研究室的建立。

❷ 《贵州省志·黑色冶金工业志》，第9页。

据记载，1940 年方俊、秦馨菱及 1945 年顾功叙、胡岳仁、杨祖沼等先后采用重力、磁力、电阻系数等地球物理探矿方法，对水城县观音山和赫章县铁矿山进行共 6 个半月的工作，测制 38 条电剖面、磁剖面，并作扭称试验，但地质效果差。❶

二、资源的开采

（一）煤的开采

民国三年（1914 年），丁文江对威宁附近碳系“歪头山”煤层作过调查。民国二十八年（1939 年）王竹泉也曾踏勘妈姑煤田。

到民国二十五年（1936 年），全省有煤矿 98 家，遍及 58 县，年产煤 26 万吨，厂矿数据为全省各行业第一位。但这时，贵州的煤矿生产都是零星、分散的土法开采，技术落后，市场狭小，发展缓慢。

民国时期的采矿技术，纯用土法。在洞口垒石为门，洞腹则用木板架厢，迂回进行。无新式机器施工，用铁锤、铁锥錾岩石，觅厢道，用锥或炸药打隧道，用八棱钢锥錾矿石，使矿石细碎，工人拾出后，聚炼于炉而成为纯矿。

抗战爆发，工业和居民用煤猛增，民营煤矿较前得以发展，并出现了用新方法开采的煤矿。当时的民营煤矿主要分布在贵阳、修文、扎佐、水城等地，以贵阳近郊的“大成煤矿公司”为最大，有职工 160 人，月产煤 600～900 吨。与此同时，贵州企业公司兼并了“筑东煤矿”，国民政府资源委员会开办了“南桐煤矿”，两矿均采用新方法开采和近代的经营方式，拥有一定资本和技术设备，年产量达 14 万吨，占全省总产量的 35%。民国二十九年（1940 年），全省年产煤 27 万吨，主要在贵阳、定番（今惠水），贵定、修文、郎岱、兴仁、水城、开阳、平坝、清镇、兴义、盘县、关岭、大定（今大方）、黔西、遵义、桐梓等地，以桐梓、贵阳产量最大。1942 年，年产 453558 吨，为新中国成立前产煤最多的年份，贵州解放前夕，年产煤约 30 万吨。❷

抗日战争期间，先后有蒋镕、罗绳武、乐森玥、边兆祥、柴登榜、陈庆宣、燕树檀、周德忠等，对黔中、黔南、黔西地区的煤矿产地作调查，特别是对含煤地层进行研究，划分出宣威组、龙潭组、吴家坪组，分别代表陆相、海陆交互相和海相沉积的认识，至今仍被采用。❸

---

❶《贵州省志·科学技术志》，第 227 页。
❷《贵州省志·黑色冶金工业志》，第 2 页。
❸《贵州省志·科学技术志》，第 222 页。

（二）黑色冶金

1. 铁的开采

清代初年，黔南已有民间兴办的冶铁业的记载。清末，今黔南各县普遍办有铁厂。民国初期，瓮安县土地堂铁窑月产铁15万公斤，是当时省内产量最大的铁厂。贵州省的铁矿主要分布在西部水域、赫章地区，中部清镇、修文地区，黔东南凯里、炉山地区和黔南都匀、独山等4个地区。

据相关记载，民国时期采选炼铁的方式是：采用铁锄或是尖嘴锄，露天进行，选择用手或焙烧后剔选，冶金用炉，一般用大木桶做炉壳“保护炉身”，内砌青石，中部成极大之圆柱体，内部涂以耐火泥土，炉之前后近底处各开一洞，前者为出铁口，后者为入风口，顶部有直径尺许之洞一，柴与矿即于此处填入，烟于是口冒出。冶炼时，先将矿石……放于其中，再用柴铺于炉底，柴上矿炭相间铺置，直达炉顶，将柴引燃，鼓动风箱，经十余小时，逐渐熔化，炉前地面，事先用细沙铺置，铁液流于沙面，除去浮渣，待其冷却即成铁板。

2. 锰矿开采

锰矿是贵州的优势矿产之一。贵州的锰矿，集中分布在遵义地区和东北松桃地区。

贵州具有工业价值锰矿的发现，始于1941年，由当时内迁遵义的浙江大学刘之远首先发现。1940年遵义县团溪镇乡民，误将锰矿当铁矿冶炼，未达目的。1941年春，遂将样块送至浙大，经刘之远鉴定，并送化验，确悉为锰。刘之远于同年7月实地调查，首先在团溪之洞上一带发现了氧化锰。1941年7月随即编有《遵义县团溪洞上锰矿附近地质简报》，复于1942年及1943年又数次前往，作进一步调研。1944年3月著有《遵义县团溪之锰矿》，概算储量（毛砂）25万余吨，纯锰金属储量3万多吨。在此期间尚有贵州矿产探测团罗绳武、蒋溶及经济部地质调查所尹赞勋、谌义睿、秦鼐等人前往团溪一带调查，罗于1943年3月著有《遵义团溪翁贡及湄潭帝卧坝锰矿简报》，尹等三人1943年12月也著有《遵义县东南乡锰矿地质》。此外贵州矿产探测团乐森琤、蒋溶及张祖还等人，在1941~1944年间分别调查贞丰、安龙、兴义等地矿产时，于这些地区的浮土中，发现经风化淋滤形成的不纯氧化锰矿石——“土子”。[1]

[1] 《贵州省志·地质矿产志》，第175页。

（三）有色冶金

1. 锑矿开采

贵州乡民采冶锑矿，在清代独山、晴隆等县志中已有记载。

民国五年（1916年）张景先最早进行梵净山燕子岈、青女洞锑矿的调查。民国十七年（1928年）乐森珆首次踏勘独山县半坡锑矿，民国二十五年（1936年）后，王日伦、熊永无、吴希曾、张兆瑾等对晴隆县鸭子坡、小厂，独山县苗林、巴年，榕江县八蒙，丹寨县宰杀、双尧，三都县苗龙、火烧寨等地作过调查，有《贵州独山苗林锑矿》《贵州榕江西部锑矿地质》《八寨（今丹寨）东部锑矿简报》《贵州三合（今三都）锑矿地质》等文献10余份，对各锑矿点的产出状况，包括矿体形态、规模、围岩性质、地质时代、蚀变情况等作了描述，还推论了锑矿的岩浆热液成因。[1]

三合县的五峰山、蒙寨以及都江县的火烧寨、猴呼岭四处，是抗日战争时期贵州省内最集中最大的锑矿区。

当时，开采锑的技术大体分为两种：一为鸡窝矿于锑矿富集之处开掘，砂尽而止；二为于矿脉露头处开斜井或是平巷，循砂前进。开采方法为用钢钎钻眼，放炮，炮眼深八九寸，以黑火药及炮引充塞，每放一炮，可炸下矿石数十斤或百斤以上。选烧的技术先用锤将矿砂击碎，去废石，选出青砂与花砂，青砂可炼生锑，花砂可入氧炉炼氧。遇矿石不易分离者，则另锤成碎块，以竹筛在水中淘洗，冶炼技术大致与湘锑冶炼法相同，每排炼炉装配花锑砂300斤，青锑砂600斤。燃料为木材，装配方法是柴一层，生锑一层，青锑一层，彼此相互迭置，待锑溶液流出炉口后，即用铁勺盛之，倒入铁铸模型中，冷后就成生锑。

2. 汞的开采

汞是贵州重要的优势矿产之一，分布广泛，探明和保有储量历年都名列全国第一；开发利用历史悠久，贵州汞矿在汉代就有民采，水银及朱砂产量长期居各省区之首，是国内外市场及外贸出口的重要生产基地，也是全省地质勘查与研究开展最多、程度最高的矿种之一。

《汉书·地理志》及其以后的《后汉书·郡国志》对贵州汞矿均有“牂牁郡谈指出丹”的同样载述。

清同治九年至十一年（1870～1872年），德国人李希霍芬用近代地质科学理论与方法，对铜仁等矿区作过调查，在他于清宣统三年（1911年）编著的《中国》一书中有贵州汞矿的记述。

---

[1] 《贵州省志·科学技术志》，第219页。

民国二十四年（1935年）王日伦、熊永先、吴希曾等来黔工作，调查了铜仁、万山、八寨（丹寒）等地汞矿，在民国二十七年（1938年）《贵州东部矿产简报》中有较详记述。1938～1945年，相继有田奇境、刘国昌、罗绳武、王作宾、贾福海、朱夏等人，对万山、铜仁、丹寨、务川、三都、荔波、开阳、修文、息烽、兴仁等县汞矿产地作地质研究，共撰写汞矿地质调查报告20余篇，其中以田奇境1940年所著《论澜西、黔东汞矿之生成与产状》及1942年著《中国之汞矿（上篇）——湘黔边区》中的资料和论述较详。至新中国成立前夕，已初步查明全省主要地理分布、产出地质层位（系或统）、产状、汞矿与围岩的关系，对矿床成因多认为属岩浆期后热液矿床，但未推算各矿区的储量。❶

3. 铝的开采

铝土矿系1949年前发现的重要矿产之一，被列为省内的四大矿产之一。

贵州铝土矿发现于20世纪40年代初。1941年仲夏，贵州矿产探测团蒋溶、罗绳武在查铁、煤时，于贵筑云雾山（或称王官，即现小山坝矿区一带）等地发现了铝土矿，同年10月经乐森玥与蒋溶前往产地进行实地勘查，确认为“质地之佳，储量之巨”，颇具工业价值的铝土矿产地，著有《贵筑修文两县铝矿》，并推算储量为18179.5万吨。❷ 1943年，西南矿产测探处谢家荣率队对贵州云雾山铝土矿进行较详细的地面地质工作，编写出《贵州省贵筑县云雾山铝土矿地质详测报告》，论述铝土矿的成因、分布及其垂直变化。之后又发现清镇县暗流乡、平越县黄丝、息烽县天台寺、开阳县狗场坝等处产地。❸

第六节 土木工程技术

一、测绘技术

（一）测绘的基本发展情况

民国元年（1912年）贵州陆军测量局成立，购置测绘仪器，于1914年在

---

❶ 《贵州省志·科学技术志》，第216页。

❷ 《贵州省志·地质矿产志》，第192页。

❸ 《贵州省志·科学技术志》，第217页。

贵州开办测量学校，先后六期培养学员500余人。1918年该局制定“十年迅速测量计划案”，获准组建测绘队伍，测量、制图、印刷逐渐自成体系。1926年省建设厅路政局成立后，组建测绘队伍，制定测绘技术标准。从此，测绘科技在工程勘测中得到广泛应用，十年间共勘测公路2425公里。抗日战争期间，中华民国军令部陆地测量总局迁来贵阳，贵州陆军测量局并入，促进了贵州测绘科技的发展。1942年为加强地政规划管理，各级地政部门均设测量队，在全省进行地籍测绘。

（二）测量技术

1. 工程测量

1926年省路政局成立，十年勘测公路2425公里，周炳骥撰写的《道路勘测之步骤与标准》一文是贵州较早的工程测量的经验总结。同年12月，省路政局勘测贵阳至安顺及贵阳赤水线，是贵州勘测公路之始。

1937年贵州省成立第一个综合性的工程测量队，办理勘测、设计、制图、考核和督促，制定有关工程测量设计规范及办法等。1942年起各级地政部门测量队进行地质测量，并制定《工程测量队制图规程》和《贵州省地籍测量实施暂行办法》，对测量程序、技术标准都作出详细规定，工程测量技术水平不断进步。

2. 地图制图

贵州陆军测量局成立后，至民国九年（1920年），根据实测绘制出1:10万比例尺地形图计164幅面，按当时规则缩编出省1:20万比例尺51幅图，编制出1:30万比例尺全省舆地图9图面及1:10万比例尺省舆地图4图面；绘制了1:150万比例尺“十年测量计划图”，完成全省1:5万、1:2.5万、1:5千比例尺地形图清绘。

县镇图的编绘始于民国二十一年（1932年），由贵州省自治筹备处编绘出《贵州各县区乡镇总分布图》，民国二十三年（1934年）4月，由陆地测量总局编绘出1:10万比例尺后坪县图。民国二十六年（1937年）12月，省建设厅技术室制有《贵州省各县面积一览表》，当时测算，全省面积为176471万平方公里。抗日战争时期，贵州省建设厅组织编绘出1:340万比例的《贵州行政区划图》。[1]

3. 水利测绘

民国九年（1920年）始对降水进行定量观测。民国二十九年（1940年）开始对河流水位、流量等水文要素进行定期观测，并对部分河流进行查勘。

---

[1] 《贵州省志·科学技术志》，第527页。

抗日战争期间内迁的水利机构先后对主要江河进行系统的查勘，建立了一些雨量站和水文（位）站，并抽调部分技术力量进行农田水利、河道整治等的勘测设计工作。民国二十七年（1938 年），省农业改进所建立水旱防治研究室，开展农作物需水量测验和蓄水材料试验，于 1938～1949 年运用近代水利科学技术原理，从事水文、测量、勘查、设计和水土保持等工作，共建农田水利工程 10 处，完成勘测、设计工程项目 17 处，勘查工程 35 处。❶

4. 度量衡定所的建立

民国十七年（1928 年）7 月，民国政府公布《权度标准方案》，以万国公制为标准制。翌年 2 月公布《度量衡法》，规定：一米的 1/3 为一市尺，0.5 公斤为一市斤。民国十九年（1930 年）10 月，国民政府成立全国度量衡局。1932 年，贵州省正式成立度量衡检定所，隶属于建设厅。该所于 1935 年改为检定处，一年后撤销。民国二十九年（1940 年），接中央电令，恢复度量衡检定所，各县亦建立。贵州省先在第二行政督察区（独山）成立联合检定所，负责独山、都匀、三合、平塘、罗甸、榕江、丹江等 14 个县的度量检定工作。一年后，该分所又被撤销。民国三十四年（1945 年）9 月，贵州省政府恢复省度量衡检定所。此后几年，主要是进行尺、斗、秤的检定工作，并对少量台秤、量杯进行检定。检定标准器由中央度量衡局制发一个长度标附器，并规定每三年送南京中央标准局检定。❷

二、建筑

民国时期，贵州的建筑也受到西方建筑的影响，一些贵州军政要人的官邸都是这个时代的反映，如贵阳王伯群、周西成、毛光翔、王家烈以及遵义柏辉章等人的官邸、英式花园别墅、毛公馆。

20 世纪 30 年代末至 40 年代，一批入黔建筑师和营造厂在贵阳市南明河畔幽静地段，先后建造了一批英美格调的别墅、住宅。其中由兴业建筑师事务所设计、叶子先负责施工的国民政府军长牟廷芳私宅，于 1948 年建成，系砖混结构，红平瓦屋面，米色外粉刷，侧门边墙缀以玫瑰红瓷砖饰面，在地形利用、平面布局、立面造型、门窗、壁炉、阳台以及所有细部处理和园林绿化等方面，都较得体，为各方人士所称道。一般职工住宅有 40 年代初建于

---

❶ 《贵州省志·科学技术志》，第 181 页。

❷ 《贵阳市志·科学技术志》，第 22 页。

南明区的贵州企业公司宿舍和省政府职工宿舍，为设备简单的两层砖木结构。[1]

位于筑城南明东路 24 号的英式花园式别墅建于 1948 年，当时由中国著名建筑师陶桂林设计。砖木结构，清水墙面勾缝，客厅内设有壁炉，屋顶为红色平瓦，建筑面积 375.6 平方米。50 多年来，整座房宅由于保护得当而完好无损，电视剧《乌蒙山剿匪记》等在此地拍摄。随着历史的变革，同时期建于甲秀楼、南明堂的建筑群楼已不复存在，唯独这背负沧桑的宅居仍在默默印证着南明河畔的建筑技艺。

贵阳市中华北路六广门西南侧有一座民国时期贵州省主席毛光翔的官邸，老贵阳人习惯称为毛公馆，建于 1926 年至 1930 年间。当时效仿欧式建筑风格，却又保留中式土木建筑的传统，是中、欧式建筑结合的公馆。[2] 青砖青瓦、拱门、花窗，有欧式建筑风格，却又保留中式土木建筑的传统，整个公馆分为三栋建筑。

毛公馆与英式别墅作为欧式建筑，造型与格局在贵州独一无二，从侧面反映了贵州的历史与建筑技艺。

三、道路建设与养护

（一）公路的修建

民国十五年（1926 年）修建贵阳至安顺的第一条公路。1927 年春，贵州省政府颁布《贵州省全省马路计划大纲》，将公路分为干路与支路。以贵阳为中心，连接湘、桂、滇、川四省的干线分别称贵东路、贵南路、贵西路、贵北路，余属支线。1935 年前，桐梓系军阀主政时期，四条干线及一些支线虽已动工，全线完成者仅贵南路 280 公里及清毕等支路 5 条共 314 公里。其后国民政府统一贵州，公路交通由国家统管，为适应抗战需要，广筑公路。[3]

至民国三十八年（1949 年）止，贵州共建公路 3942.8 公里，有通往川、滇、湘、桂 4 条公路干线，省内有 55 县通汽车，但由于经费支绌，工期迫促，施工设备缺少，除川滇东路技术标准稍高外，其余公路大部分路段均未达标。贵州解放前夕，公路通车里程只有 1950 公里。但也修筑了一些闻名遐迩的路段。黔川公路桐梓县境内著名的“七十二拐”；黔滇公路晴隆县境内的

---

[1] 《贵州省志・科学技术志》，第 500 页。

[2] 邵德龙、苏玉珍：《贵阳中欧式建筑“毛公馆”》，《贵阳文史》2008 年第 4 期。

[3] 《贵州省志・交通志》，第 45 页。

"二十四拐"，依山环绕，翻山越岭，气势雄伟；黔湘公路施秉县境内的"鹅翅膀"，采取石拱桥立交展线设计，独具匠心。[1]

（二）公路的养护

贵州公路修建初期未建立专门养护组织，路面损坏甚巨，坍塌严重。行车受阻，临时征集民工清修。

贵州公路分为中央与省两级管理。民国十九年（1930年）冬，省建设厅公路处组成"贵安路清修工程队"，是为贵州公路养护组织之始。1937年，黔湘、黔滇两路率先成立养护工区。1938年，贵州四大干线移交交通部西南公路运输管理局管养。

川滇东路竣工后，交通部专设川滇东路管理处（局）管养。1941年7月，中央直辖公路部门改隶国民政府军事委员会运输统制局，所属各公路管理处改为工务局。

1943年1月各工务局复改隶交通部。1944年4月，桂穗公路正式通车，同月成立湘桂公路工务局，管养桂穗路及黔湘线的甘粑哨至茶庵铺段。1945年1月，国民政府军事委员会战时运输管理局接管公路运输机构，同年12月，又交回交通部，直属三个工务局（西南公路、川滇公路、湘桂公路）的公路养护工程业务，统一由新设立的第四区公路工程管理局接管。1949年11月，贵阳解放，国、省道的养护工作，统一由贵州省领导。[2]

民国时期，虽设国道、省道养护工务段，但时兴时废，道工聚散无常，养护工作基本停顿，导致不少道路因缺乏保养，经常倒毁崩塌，不能行车。贵州解放后，公路养护工作逐渐发展，建立健全了养护组织，负责所辖道路的养护。

四、桥梁建设

民国时期全省共建大跨径桥4座，其中盘江桥为1米~48米吊桥，其余均为钢桁梁桥，以乌江桥最大，跨径为27.5米+55米+27.5米连续钢桁梁，混凝土礅高30米，设计载重15吨。乌江原桥于1939年2月动工，历时两年半建成。全桥为国内自行设计、施工，仅钢梁为法国爱非尔公司承造，1949年冬国民党军队撤退时炸毁。[3]

---

[1] 《贵州省志·科学技术志》，第440页。
[2] 《贵州省志·交通志》，第156页。
[3] 《贵州省志·科学技术志》，第442页。

黔南现在桥梁建筑，可分为铁路桥、公路桥、人行桥三类。公路桥始建于1929年，修建黔桂公路之时。民国时期修建的公路桥据有关史料现在已经查明的有66座，其中，黔桂公路45座，贵惠路9座，陆三路12座。这些桥梁，均为平砌、石灰浆砌料石建造的石拱桥或是石礅木面桥。

在1949年以前，黔东南水陆交通不方便，公路里程只有494公里，内河通行里程只有1000多公里，且车、船质量差，运输力极低，黔东南民间应用拱桥技术原理，各地都建有石拱桥，如今还存在的镇远老大桥，虽然经历了260年，仍坚固如初。

五、灌溉和大坝

民国时期引进近代水利科技，开始修建骨干引水工程。

1939年10月，由民国政府导淮委员会派员划勘设计的惠水县小龙引水工程，浆砌石滚水坝高1.06米，拦引鱼梁河水，流量每秒为1立方米，干支渠总长21.4公里，大小建筑物为50个，设计灌溉面积为7700亩。此工程系政府投资，招商承建。这是黔南农田水利工程由专业队伍施工之始。

民国时期，黔南修筑的水利工程，大多集中于惠水县。如小龙、三都、满管、老公坡等灌溉工程，均为引水工程，合计受益面积为10473亩。惠水涟江北灌溉工程，先后由省建设厅及农贷会进行查勘，后由经济部第一水利测量队施测。1943年开始动工，1946年局部通水。此外，民国时期修建的水利工程还有龙里县的石板河、贵定县的流水冲、都匀县的附廓等引水工程。

1939年以前，黔南各地的农田水利工程多为筑堰修渠引水或是设置筒车等小型工程，施工也由农村匠人和农民群众自力兴建，所用材料大多就地获取。

第七节　通信技术

一、邮政通信基本概况

清光绪二十七年（1901年）贵阳开设了全省第一个邮政局，以后逐步普及省内各地。初办时，官方通信有驿站办理，民间通信有数家颇具规模的民办信局经营，邮政诞生于其间，幼弱乏力，举步维艰。最初几年，省境内开设的邮政机构均分属邻省的岳州、梧州、蒙自、重庆四邮界（区）管辖。光绪三十三年，贵州邮政主管机关始陆续从这些邮界接管设在本省境内的邮政机构。直到宣统二年（1910年），贵州始成为全国14个独立的邮界之一，形成自己的邮政管理体系，具有统一管理全省邮政事务的职权。

由于受贵州省政治、经济、文化等因素的制约，邮政发展极为缓慢。仅以信函收寄业务为例，1913年全省邮局收寄函件186.93万件，按当时全省总人口1090.11万人计算，人均寄信仅为0.17封，到民国二十五年（1936年），全省邮局收寄函件501.43万件，按当时全省总人口1048.66万人计算，人均寄信才达到0.48封。

1937年抗日战争爆发后，由于贵州外来人口增多，经济文化及交通事业有较大发展，贵州邮政通信也随之出现兴旺局面。

邮政自办机构由清末时的总局和分局共15处，至1949年有自办邮局81处，委办邮局6处，增长4.4倍。邮政代办所由88处增至356处，增长3倍。邮政业务种类陆续增加，清末时仅有函件、包裹、汇兑、印刷物、新闻纸登记收寄等不足10种，1949年时，除上述种类外，还添加了小包邮件、储金、出租信箱、航空包裹等，共计30余种。各项邮政业务均有较大发展，与1911年比较，收寄函件602.5万件，增长86倍，人均年寄信函量提高到0.57封，收寄包裹增长2.5倍，开发汇票张数（与1919年开始数，也是最高数比）增长44%，发行报刊的累计数由1.5万件到227万件，增长150倍。步班邮路，由清末时的10980华里发展到1949年时的12331公里。

抗日战争期间，贵州成为西南大后方汽车邮运邮件转运中心，全国两大干线邮路都通过贵阳。1941年，西南邮运干线自云南曲靖过平彝，由贵阳经转，过重庆、成都至宝鸡，与西北邮运中心的兰州相接。贵阳至宝鸡全程2240公里，11日即可到达。为了实行分线管理，海棠溪、平彝2个邮车站，均拨归贵州邮政管理局接管。1942年，贵州邮车全年行车达137万余公里，占当时国民党统治区内汽车邮路总长度的1/3以上。出海邮路也以贵阳为起点，经独山、金城江、曲江、赣县、长汀、南平、永安、浦城到龙泉，共长1535公里，13日可达。1945年8月，贵州奉邮政总局令开办独山至金城江及金城江至柳州线班车时，还专门派人去金城江开设邮车站。[1]

---

[1] 《贵州省志·邮电志》，第1页。

二、电信通信基本概况

自 1887 年第一条电报线路竣工，到 1937 年国民党行营接收各路军用长途电话线路改为民用，贵州开始有民用长途电话止，是贵州电信通信的开创期。

在民国时期，电报通信发展极其缓慢，在全省 81 个县以上城市中，通有线或无线电报电路的有 40 个县，仅占 1/2；长途电话通信刚刚起步，通话的县以上城市有贵阳、息烽、遵义、龙里、贵定、都匀、定番（今惠水）、罗甸等地；市内电话仅仅发轫，只贵阳一地有容量为 105 门的磁行式交换机一部，实装 36 门，均为各机关所用，“惟贵阳市商店竟无一设置电话者”。

为适应地方政权的需要，地方电信的建设，先是省政府发号召，后由省政府建设厅统筹办理，因而有一定程度的发展，1938 年年初已有 52 县开办地方电信，但设备十分稀少，总共只有交换机 38 部总容量 330 门，话机 289 部，均属草创。

1937 年抗日战争爆发后，贵州成了抗日大后方，由于政治、经济的需要，促进了全省电信通信的发展。从 1938 年到贵州解放时，是为贵州电信通信的初步发展期。

在这 12 年中，电报电路最多时达到省际 26 条、省内 43 条，初步形成了以贵阳为中心、通达四方的电报通信网络；技术装备也前进了一步：贵阳至重庆安装了我国第一套三路载波电报机，收发报除了常用的莫尔斯机外，还有音响机 18 部、快机 10 部。长途电话通信，省际电路有 28 条（其中 13 条载波电路），与重庆、昆明、长沙、广州等大城市有直达电路相通，省内电路有 47 条，全省大部分县以上城市和部分重要集镇能挂拨长途电话。

此外，还有以贵阳为中心，至广州、昆明、衡阳、重庆、台北、柳州的无线电话电路。市内电话，贵阳有 960 门共电式交换机和 150 门磁石式交换机，实装用户突破千户；遵义（磁石式 100 门）和安顺（磁石式 88 门）两地也开办了市内电话。地方电信在抗日战争期间有了较大发展，但交换机总容量和用户仍较少，据发展较好的 1946 年的统计，全省城乡电话交换机总容量仅 890 门，电话机 943 部。另外，作为地方电信的组成部分，公路系统还建有工路行车电话作为内部通信用；政府、金融、交通部门设有无线电台，传送内部电报。[1]

---

[1] 《贵州省志·邮电志》，第 4 页。

三、各地方通信发展状况

黔西南的邮政事业开始于明末，无设备，全用铺兵传送公文。民国元年，境内各县设邮政局、电报局、共16个，邮政代办所41个。至1949年有磁石交换机6部80门，人工电报机8部。

黔南州境内多崇山峻岭，溪谷纵横，交通险阻。新中国成立前，州内交通运输仅依靠人力、畜力。清水江、都柳江、红水河部分河段，只能通航小木船。

黔东南邮政事业始于明代。无设备，全用铺兵传送公文。辛亥革命后，镇远开始办电报业务，到1939年年底，黔东南地区共设立邮电局、所17个，电信局、所8个。另有邮政代办所54个。邮路总长3850公里，95%以上邮路是步行或是骑马，途中极不安全，常遭匪袭，工作误差较多。

黔南邮政始创于清光绪三十一年（1905年）。据《贵州通志·建置志》记载，是年独山、荔波等已开办邮寄代办所，隶属岳州（今岳阳）大邮界，光绪三十三年（1907年），与贵阳、遵义、郎岱、镇远等邮政局及普安、旧州、安顺、镇宁等代办所合称为贵州邮务区，仍隶属岳州大邮界。至宣统二年（1910年），又增设了龙里、贵定、福泉、瓮安、长顺、都匀、惠水等县邮寄代办所。当时开办的业务仅限于信函邮寄。邮件运输和投递均靠人背马驮。

1912~1938年，独山、荔波、都匀、贵定、惠水、福泉、瓮安等县代办所曾先后改为邮政局。此间，各邮局和代办所开办的业务有信函、书报、汇兑等邮政业务。但邮件运输，只有独山至贵阳邮路有汽车运邮，其他邮路均为步班，以人力或畜力运送信件，步行投递。民国末期，即1949年秋，全州除长顺县外，其他各县均设有邮政局。

民国三年（1914年）贵州电政监督处成立，辖有都匀电政局。民国十年（1921年）独山、荔波建电信局。民国十六年（1927年）瓮安、贵定、三合设电信局，继而平越、龙里于民国十八年（1929年）设电信局。

据民国三十五年（1946年）贵州省政府编印的《贵州省内各类机构机关一览表》，今黔南州所属各县设有无线电台的有：都匀电台、独山电台、瓮安电台、罗甸电台、平塘电台、三都电台、荔波电台。

四、各种通信技术

贵州开办邮电初期，技术手段均很简单；邮政内部处理全为手工操作，邮件运输全赖人畜劳力；电信传输全是架空铁质明线，电报收发用人工操作的莫尔斯机，电话用人工接续的磁石机。

（一）邮政通信技术

贵州早期的邮政运输是靠人背马驮，民国十七年（1928 年）始有贵阳至安顺的委办汽车邮路，由公路局汽车代运邮件。1938 年起，邮政总局拨来汽车 6 辆，开始自备汽车运邮，主要行驶于贵州通往湘、川、滇、桂等省的干线邮路上，形成了全省邮运干线。1949 年，全省的邮运汽车增加到 67 辆，自办邮路 4 条计 1707 公里。

贵州通铁路后，即开始利用火车运送邮件，基本上是铁路通到哪里，邮件即随火车运到哪里。火车邮运始于 1944 年 10 月，仅独山至金城江一段。1946 年后，因南丹至金城江段铁路未修复，仅都匀至南丹通邮，全长 199 公里。

1935 年中国航空公司开通渝昆航线途经贵阳，就开始利用飞机代运邮件。1939 年仅维持重庆至贵阳航线运邮，且时断时续。1945～1949 年开辟贵阳至重庆的航空邮路。

（二）电信通信技术

1. 电信有线传输技术

1887 年，贵州境内开始架设贵阳至毕节电报线路，计长 225 公里，用杆 2468 根，系采用单铁线与大地构成通信回路，这种方式虽然投资少、材料省，但是信号衰耗大，杂音大，仅适用于人工电报和近距离的电话通信。

民国二十四年（1935 年）春架设贵阳至重庆、贵阳至昆明、贵阳至柳州、贵阳至晃县四条长途双通话线，其中最早完成的是巴县至贵阳长途电话线路，该线自巴县经东溪、桐梓、遵义、乌江至贵阳，全长 550 杆公里，当年 10 月竣工，通话效果甚佳，是为贵州最早的长途电话线路。线路系二线制架空明线，其传输性能优于单线大地制。有色金属双线既能实现长距离、抗干扰传输电话，又能传送电报，还能装设电话和电报载波设备，增加了长途报话电路。市内电话线路由 1906 年贵阳市的架空铁线开端，1937 年开始有架空电缆线路，1940 年开始有地下电缆线路。[1]

2. 载波通信设备

1937 年 11 月，国民政府迁都重庆后，于次年在重庆至贵阳电路上装用德制单路载波电话机，这是贵州使用载波技术之始。1940 年贵阳至重庆路上又改装为三路载波电话终端机，并增加了 MT 式四路载波电报机一套，于当年 2 月 12 日竣工开通，使贵阳至重庆的电报电路容量翻两番，这是载波电报机在

---

[1] 《贵州省志·邮电志》，第 239 页。

我国使用之始。

随后贵阳至昆明、芷江、柳州相继装设三路载波电话终端机；省内线路于 1948 年在贵阳至毕节始装单路机。1949 年全省有载波电话单路终端机 6 部、三路机 5 部，四路机和六路机各 1 部。[1]

3. 无线短波通信

1927 年起，贵州开始使用短波无线电台传送电报。

1927 年，驻黔军从广西运来 150 瓦短波无线电收发报机一部，安装在贵阳观风台，与津、沪、平、汉、两广各处通报，为军队所用，是贵州第一座无线电台。

1930 年贵州电政管理局从上海国际电信局拨来 250 瓦无线电报机一部，附设于管理局内，与有线电报互为收转，互为补充，并于 1932 年正式投入使用，这是贵州地方上最早出现的无线电台。当时省内有线线路年久失修，省外线路长期阻断，全靠无线电与省内外联络沟通。到 1949 年全省邮电部门共有无线电台 10 座，短波收讯机和发讯机备 44 部，全省有无线电台 98 座。

4. 交换技术

（1）磁石人工交换机

光绪三十一年（1905 年），清政府邮传部发给贵州 50 门磁石交换机一部（配电话机 24 部）设在巡警总局，于次年正式使用，用户仅限于军、警、政各衙门局所，这是贵州最早使用的人工交换机，靠手摇发电机振铃呼叫，话务员用塞绳完成接续。

至 1949 年，全省磁石交换机总容量为 328 门（贵阳 140 门，遵义 100 门，安顺 88 门）。这种交换机具有造价低、投资省、设备简单等优点，至今仍应用于一些工矿企业和农村通信。

（2）共电人工交换机

1936 年贵州电政管理局购置美国自动电话公司 300 门共电交换机一座，安装在贵阳电报局内，翌年 6 月 16 日开通使用。抗日战争爆发后，贵阳成为支持抗战的大后方，社会各界申请装机者甚多，经贵州电政管理局迭请，交通部由长沙电政管理局调西门子 600 门共电交换机至贵阳，于 1940 年 5 月 1 日开通使用。共电交换机的用户话机系由电话局内的蓄电池统一供电，用户摘机即可呼叫话务员，操作比较方便，但仍系人工接续。

5. 电信终端设备

（1）电话机

1906 年，贵州有了电话机，到 1936 年，使用的都是磁石电话机，1937

---

[1] 《贵州省志·邮电志》，第 240 页。

年开始使用共电电话机。

（2）人工电报机

贵州最早使用的电报机是莫尔斯机，因通报速度慢（每分钟仅 30～40 字）而被淘汰。1934 年贵阳市电报局为适应业务量的增长，及与邻省对端通报方式相匹配，新装了一部韦斯登快机，用在贵阳至巴县、洪江等电路上。韦斯登快机是对人工莫尔斯机的改进，它采用凿孔纸条发报，用波纹机将收到的符号以波纹的形式记录在纸条上，提高了收发报的速度（一般每分钟 40～70 字），实现了自动收发报。1943 年贵阳市电报局的电报主要设备有莫尔斯机 8 部；韦斯登机 7 部（双工 3 部；单工 4 部）；双工电机（电报增音机），装在渝桂、渝衡、渝昆电路间；键盘作孔机 4 部；克利特复凿机 3 部，均装在快机双工电路上。1947 年在贵阳至毕节的报路上安装音响人工机，成为贵州第一条音响人工机电路。[1]

第八节　其他科学技术

一、汽车维修业的建立

抗日战争时期，贵阳是西南地区的交通枢纽，每日通过贵阳的军车、商车达二三千辆。为适应交通运输的需要，以制造汽车零配件和汽车修理为主要业务的机修厂应运而生。到民国三十七年（1948 年），汽修厂发展到 24 家，月产轴瓦 15000 付，活塞环 8000 付，活塞销 3000 付，活塞 4000 付，70% 销售省内，30% 销售省外。当时，马王庙修车厂是全国最大的汽车修配厂。

马王庙修车厂成立于民国二十七年（1938 年），系交通部西南公路运输管理局的汽车大修厂，后改属交通部川桂公路运输局，更名为汽车修理总厂。中国运输股份有限公司接收后，改称中国运输股份有限公司马王庙修车厂（简称马王庙修车厂）。

日本侵占缅甸后，汽油来源断绝，汽车燃料奇缺，马王庙修车厂在厂长吴毓昆、副厂长沈诚的组织下，研制成功“木炭增量给汽机”制成木炭车，在全国改造车辆比赛中名列榜首。其后，又利用“国西南 5419 号”两吨“道

---

[1] 《贵州省志·科学技术志》，第 473 页。

奇”车改制成我国第一辆电石车，在贵阳—重庆间行驶，接着又将“圈滇字5978号”三吨“道奇”车改装成第二辆“电石车”。这两项发明，对解决抗战期间汽车燃料恐慌问题，起了巨大作用。此外，马王庙修车厂于民国三十年（1941年）10月受中国工程师学会第十届年会委托，在贵阳举办了汽车零配件展览会。会上，展出了该厂制造的汽车配件及工具50多件，其中，“道奇”车转向节（羊角）和车辆节销（大王针）两项汽车零件最引人注目，受到行家们的好评。

新中国成立前，黔南的汽车修理业量少质弱，1937年7月，西南公路管理局在独山县设修理所，仅有轮胎气压表、台摇钻、手控砂轮机、老虎钳等简单工具，维修能力很低。1940年，中国运输公司在马场坪设保养站，配有磨缸机、车床等设备。1947年，黔桂公路沿线设有汽车维修点。此外，还有一些私人经营的汽车维修店铺。

二、大气探测

1920~1949年9月，全省共有气象站14个，是全国气象观测站点较多的省份之一。

1935年，中央研究院气象所所长竺可桢为了建立中国气象情报网，派顾侠来贵阳组建中央研究院气象研究所贵阳测候所。先是在北门外三块田（今合群路附近）租了民房进行准备工作。于民国二十四年（1935年）11月正式开展气象观测。[1]

为了适应贵州建设事业发展的需要，民国二十五年（1936年）贵阳测候所改组为贵州省气象所。

民国三十年（1941年）11月，国民政府航空委员会在清镇建立518气象台，首次施放无线电探空仪[2]。

民国三十四年（1945年）1月，中美技术合作所贵阳气象站开展经纬仪测风，同年镇远气象站也开展此项观测，清镇机场气象台曾偶尔放过无线电探空仪，但均未连续进行。

1937年，贵州开始有短期（1~2天）天气预报。贵州气象所李良骐[3]从

---

[1] 《贵阳市志·科学技术志》，第21页。

[2] 无线电探空仪：由传感器、转换器和无线电发射机组成的测定自由大气温、压、湿等气象要素的仪器。

[3] 李良骐，1909年出生于贵阳，少年时期曾在其姑祖父梁启超先生的关照下到天津南开中学读书，后来就读于清华大学。大学毕业后，师从我国气象学家竺可桢先生，辗转到贵州创办气象事业，并为此奋斗了一生。

抄收的天气报告中绘制简易天气图，制作过贵阳地区 24 小时天气预报。但由于天气情报资料缺乏，技术力量不足，仅数月时间，预报工作便告中断。[1]

黔南地面气象观测始于 1937 年独山测候所成立之时。20 世纪 40 年代，黔南的 2 个测候所均建在城镇民房的小院里，气象仪器均从国外购进，规格不一，亦未进行定期检定，因此气象观测记录的代表性、准确性和比较性均有较大的局限。

三、广播发展概况

贵州的广播事业始于 1938 年，贵州广播电台于 1938 年 4 月筹建，1939 年 1 月 1 日，贵州广播电台建成开播。广播电台租用电台街华家阁楼。第一任台长董毓秀。5 月，贵州广播电台发射台由电台街迁到半边街，全台有职工 30 人。

广播电台播音的对象为本省、全国以至南洋。使用国语（包括粤语、客家、厦、沪四种地方语）和英语、马来语等语种播音。使用一部国产的 10 千瓦短波播送机和 5 千瓦、100 瓦、200 瓦中波发射机各一部，用中波和短波同时发射。电台的节目分为宣传、教育、娱乐三大类。另开辟有答复国内外听众函件节目、商情与气象报告节目等服务类节目。播音时间每天约 7 小时，随着时局的变化或增加或减少，1945 年 10 月播音时间最少，每天播音 4 小时 35 分，最多为 1947 年 4 月，每天播音 13 小时 10 分。贵州广播电台成立后，同全国其他电台一样，与航空委员会合作，负有导航任务，协助过境飞机安全航行。

到 1944 年，贵州广播电台已成为一个设备齐全，具有中上规模的电台，位于国民党中央广播电台、国际广播电台、昆明广播电台之后的第 4 位。1947 年后，贵州广播电台取消其他语种的播音，全部使用国语播音。[2]

民国时期收音机属高档消费品，少且昂贵。据相关资料记载：1937 年，贵定县城有一台直流电子管收音机，架有 200 米长的广播线，装有一只喇叭，播放两个月后，由于收音机损坏，无处修理，因此停播。到 1949 年，荔波、都匀、龙里等县亦有 10 台左右直流收音机，同样使用不久，即遭损坏，无处修理。

1945 年上半年，贵州有收音机 305 台；到 1949 年新中国成立前夕，贵州约有收音机 1000 台，基本上集中在省城贵阳。

---

[1] 《贵州省志·科学技术志》，第 44 页。

[2] 《贵州省志·广播电视志》，第 1 页。

四、航空事业的建立

1932 年，贵州军阀王家烈将团坡桥运动场改建为飞机场，这是贵州最早的飞机场。贵州境内最早的航空活动是 1933 年湖南军阀何健派人驾飞机进入贵州，降落在团坡机场。也在同一年，贵州、广东、广西、云南、福建军政当局共建了西南航空公司。

1933 年年底，航空筹备处在王家烈的组织下建立，并且从德国莱因公司购买飞机，在广东、广西空军招募空勤人员。

在 1933 ~ 1934 年期间，先后修建了贵阳易场坝机场和清镇机场，建立航空教导大队，在全国范围内招募有志航空事业的青年训练飞行驾驶，在清镇机场筹设国民革命军第二十五军航站。

贵州的民用航空业始于 1935 年。中国航空公司（简称中航）于该年 3 月 28 日试航重庆—贵阳航线成功，4 月 30 日，即在贵阳设立事务所，负责筹办中航在贵州的航空运输业务。5 月，中航经营的重庆—贵阳—昆明航线通航。

1936 年初，欧亚航空公司（简称欧亚）在贵阳设立办事处，负责筹办欧亚在贵州的航空运输业务。2 月，欧亚试航昆明—贵阳—长沙—南昌—南京（京滇线）航线成功。3 月，西南航空公司试航南宁—贵阳航线成功，但未开航。1938 年汉口被日寇占领后，欧亚开辟了香港—桂林—贵阳航线。同年 6 月，西南航空公司停办撤销。1949 年 5 月，国民政府交通部民航局直辖空运队开辟成都—重庆—贵阳—桂林—广州航线。

抗日战争爆发后至新中国成立前，国民政府为适应军事和航空发展的需要，在贵州境内先后修筑和扩建了清镇平远哨、独山、黄平旧州、施秉、天柱、三穗、遵义龙坪、老蒲场、兴义、安龙、兴仁、盘县、铜仁西门、思南塘头等机场，为贵州民航的发展提供条件。但机场的质量很差，设施简陋，多为碎石跑道，没有一个像样的旅客候机室，航行管制、通信导航、气象服务等勤务保障与技术设备相当落后。[1]

1941 年国民政府航空委员会在大定（今大方）羊场坝创建航空发动机制造厂，拥有当时国内最新的技术装备和技术力量，用进口材料制成空冷式 9 缸 1050 匹马力飞机发动机 32 台，在我国航空工业史上谱写了光辉的一页。[2]

---

[1] 《贵州省志·民用航空志》，第 1 页。

[2] 《贵州省志·科学技术志》，第 11 页。

五、科技普及

民国时期，贵州科学馆、贵州物产陈列馆和贵州图书馆先后成立。

1913 年，贵州图书馆在贵州公园建立。图书馆内有旧书 900 余部，新译书 830 余部，外文书 150 部。

1936 年，贵州省政府决定筹备贵州省立图书馆，设址于贵山书院，后迁科学路，于 1937 年正式开馆。馆内分总务、采编、阅览、研究辅导四部，后增设特藏部。

贵州科学馆创办于民国三十年（1941 年），地点是贵阳市科学路，第一任馆长是兰春池。馆内分为化学、物理、生物三部分，之后又改为总务、展览、推广、研究四部分。

1941 年，贵州物产陈列馆成立，建筑费用及设备购置费约 20 万元，大部分由贵州企业公司承担。馆长是谭沛霖。馆内分总务、征集、陈列、保管四组，主要任务是征集贵州全省的物产。

在抗战时期，在贵阳还举办了一些科学讲座、学术报告会及研讨会，其中以苏步青教授组织的“微分几何研讨班”最为著名。民国三十三年（1944 年），英国科学考察团团长、生物化学家兼科学史专家李约瑟博士曾在科学馆作过学术报告。[1]

1941 年，中华自然科学社贵阳分社，首次在筑举办科普演讲，伴以中学生科学常识测验，引起人们的兴趣。1942 年 11～12 月，中华医学会贵阳分会连续举办专题学术讲座。李冠华讲同位素与临床医学；许殿乙、齐镇远讲诊断晚期日本血吸虫病之术；谢陶瀛讲先天性大网膜缺损所致肠梗阻一例；游维文讲胫骨粗隆骺炎；吴执中讲阿米巴痢疾之旦子疗法。[2]

随着抗战结束，西迁到贵州的一些研究机构纷纷迁回原址，一度的学术兴盛逐渐衰微。

1949 年，贵州科学技术迎来新的一页。

---

[1] 《贵阳市志 · 科学技术志》，第 25 页。

[2] 《贵州省志 · 科学技术志》，第 674 页。

参考文献

[1] 袁康，吴平．越绝书［M］．上海：上海古籍出版社，1985.

[2] 令狐德棻．周书［M］//《太平御览》卷《资产部·陶》引．北京：中华书局，1971.

[3] 司马迁．史记·西南夷列传［M］．北京：中国文史出版社，2003.

[4] 常璩．华阳国志·南中志［M］．济南：齐鲁书社，2010.

[5] 宋敏求．唐大诏令集·戒励风俗敕［M］．上海：学林出版社，1992.

[6] 陈绍闻等．隋书·食货志［M］//中国经济史学要籍介绍．1989.

[7] 郑仲兵等．通典·食货典［M］//中国古代赋税史料辑要．纪事篇．上．2003.

[8] 元结．元次山集·问进士第三［M］．北京：中华书局，1960.

[9] 吴松弟．旧唐书·地理志［M］．合肥：安徽教育出版社，2002.

[10] 欧阳修，宋祁．新唐书·南蛮传［M］．北京：中华书局，1975.

[11] 刘昫等．旧唐书·南蛮传［M］．长春：吉林人民出版社，1995.

[12] 沈约．宋书·张畅传［M］．北京：中华书局，1974.

[13] 司马迁．史记·秦始皇本纪［M］．北京：线装书局出版社，2006.

[14] 冯国超．抱朴子内篇·金丹篇［M］．长春：吉林人民出版社，2005.

[15] 郑珍，莫友芝．遵义府志·户口［M］．遵义市志编纂委员会办公室印，1986.

[16] 郑珍，莫友芝．遵义府志·方伎［M］．遵义市志编纂委员会办公室印，1986.

[17] 佚名．宋史［M］．上海：上海古籍出版社，1986.

[18] 贵州省文史研究馆点校．贵州通志·前事志一［M］．贵阳：贵州人民出版社，1985.

[19] 孛兰肹．思州军民宣抚司风俗形势［M］//元一统志．卷10．北京：中华书局，1966.

[20] 宋濂．兵志·马政［M］//元史．卷100．北京：中华书局，1976.

[21] 宋濂．哈剌哈孙传［M］//元史．卷136．北京：中华书局，1976.

[22] 安作璋．经世大典·招捕录［M］．济南：山东人民出版社，2002.

[23] 郑珍，莫友芝．遵义府志·兵防［M］．遵义市志编纂委员会办公室印，1986.

[24] 马瑞林．文献通考·舆地志五［M］．北京：中华书局，2006.

[25] 贵州务川县政协文史委．（嘉靖）思南府志·拾遗志［M］．贵州务川县政协文史委整理编辑，1990.

[26] 贵州省地方志编纂委员会．贵州省志·教育志［M］．贵阳：贵州人民出版社，1990.

[27] 爱必达．黔南识略［M］．贵阳：贵州人民出版社，1992.
[28] 郑珍，莫友芝．遵义府志．卷17［M］．遵义市志编纂委员会办公室印，1986.
[29] 靖道谟．土产［M］//贵州通志．卷3. 扬州：江苏广陵古籍刻印社，1987.
[30] 钟添．拾遗志［M］//思南府志．卷7. 小海：上海古籍书店，1962.
[31] 贵州省瓮安县地方志编纂委员会．瓮安县志［M］．贵阳：贵州人民出版社，1995.
[32] 李贤等．贵州布政使司［M］//大明一统志．卷88. 西安：三秦出版社，1990.
[33] 王耒贤，许一德．贵阳府［M］//贵州通志．卷1，卷3，卷4，卷6，卷12，卷13，卷15，卷16，卷17，卷40. 北京：书目文献出版社，1991.
[34] 何乔新．勘处播州事情疏［M］//纪录汇．北京：中华书局，1985.
[35] 高廷愉．食货［M］//普安州志．卷5. 上海：上海古籍出版社，1961.
[36] 钟添：土产［M］//思南府志．卷3. 上海：上海古籍出版社，1962.
[37] 黔南布依族苗族自治州史志编纂委员会．科学技术志·气象志［M］//黔南布依族、苗族自治州志．第8～9卷．贵阳：贵州民族出版社，1994.
[38] 黔南布依族苗族自治州史志编纂委员会．科学技术志·古代科学技术［M］//贵州省志．贵阳：贵州民族出版社，1994.
[39] 贵州省地方志编纂委员会．贵州省志·科学技术志［M］．贵阳：贵州民族出版社，1994.
[40] 贵州省文史研究馆．贵州通志·前事志．卷2［M］．贵阳：贵州人民出版社，1985.
[41] 中央研究院历史语言研究所．明太祖实录．卷139，卷291［M］. 1965.
[42] 郭子章．黔记·诸夷［M］//明世宗实录．卷315. 中共研究院历史语言研究所，1965.
[43] 宋濂．元史·兵三·马政［M］．长春：吉林人民出版社，1995.
[44] 宋应星．天工开物．卷上［M］．北京：商务印书馆，1933.
[45] 王应山．闽大纪．卷11［M］．福建省地方志编纂委员会整理，2005.
[46] 王世懋．闽部疏［M］．台北：成文出版社，1975.
[47] 余文龙，谢诏．赣州府志．卷3［M］．济南：齐鲁出版社，1996.
[48] 陈梦雷．古今图书集成·职方典．卷1447［M］．上海：中华书局，1977.
[49] 宋源浣，周学浚．湖州府志．卷29［M］．台湾：成文出版社，1970.
[50] 张廷玉．食货志六［M］//明史．卷82. 北京：中华书局，1974.
[51] 沈瓒．近事丛残［M］．广业书社，1928.
[52] 陈梦雷．古今图书集成·职方典．卷601［M］．上海：中华书局，1977.
[53] 贵州省毕节地区地方志编纂委员会．毕节地区志·交通志［M］．贵阳：贵州人民出版社，1994.
[54] 靖道谟．贵州通志·建置志［M］．扬州：江苏广陵古籍刻印社，1987.
[55] 贵阳市志编纂委员会．贵阳市志·社会志［M］．贵阳：贵州人民出版社，2002.
[56] 贵州省地方志编纂委员会．贵州省志·名胜志［M］．贵阳：贵州人民出版社，1987.
[57] 贵州省毕节地区地方志编纂委员会．毕节地区志·文物名胜志［M］．贵阳：贵州人民出版社，1994.
[58] 大方县地方志编纂委员会．大方县志［M］．北京：方志出版社，1996.

［59］贵州省地方志编纂委员会．黔西南布依族、苗族自治州志·科学志［M］．贵阳：贵州人民出版社，2004.
［60］贵州省地方志编纂委员会．贵州省志·科学技术志［M］．贵阳：贵州人民出版社，1992.
［61］贵州省地方志编纂委员会．贵州省志·交通志［M］．贵阳：贵州人民出版社，1991.
［62］贵州省地方志编纂委员会．贵州省志·宗教志［M］．贵阳：贵州民族出版社，2007.
［63］中共贵州省铜仁地委档案室，贵州省铜仁地区政治志编辑室整理．铜仁府志［M］．北京：书目文献出版社，1990.
［64］贵州省地方志编纂委员会．贵州省志·宗教志［M］．贵阳：贵州民族出版社，2007.
［65］黄家服，段志洪．农事［M］//古州厅志．卷4. 成都：巴蜀书社，2006.
［66］鄂尔泰修，靖道谟纂．物产［M］//贵州通志．卷12. 江苏广陵古籍刻印社，1987.
［67］罗绕典．安顺府［M］//黔南职方纪略．卷1. 台北：成文出版社，1974.
［68］罗绕典．大定府［M］//黔南职方纪略．卷3. 台北：成文出版社，1974.
［69］鄂尔泰，张廷玉．清高宗实录．卷103［M］．北京：中华书局出版社，1986.
［70］爱必达．修文县［M］//黔南识略．卷2. 台北：成文出版社，1968.
［71］刘岱修，艾茂，谢庭薰纂．地理志［M］//艾茂．独山州志．卷3. 贵州省图书馆，1965.
［72］周作楫．食货略［M］//贵阳府志．卷47. 1840年刻本．
［73］欧阳曙．食货［M］//源潭县志．卷4. 1899年刻本．
［74］刘岱．开泰县志．卷31［M］．贵州省图书馆油印本，1964.
［75］王粤麟．普安直隶厅志．卷24［M］．贵州省图书馆油印本，1964.
［76］陆渐鸿．古州厅志．卷四［M］. 1888年刻本．
［77］黄家服，段志洪．贵州府县志辑15，嘉靖普安州志，乾隆普安州志，光绪水城厅采访册，民国羊场分县访册，民国朗岱县访稿，康熙思州府志［M］//中国地方志集成．成都：巴蜀书社，2006. 4.
［78］张英．兴义府志．卷43［M］．贵阳：贵州人民出版社，2009.
［79］罗绕典．仁怀县［M］//黔南职方纪略．卷4. 文海出版社影印．
［80］苏忠廷．食货［M］//荡波县志．卷4. 1975年抄本．
［81］中华书局．清高宗实录．卷139，卷150，卷247，卷1236［M］．伪满影印本．日本大藏出版社，1936.
［82］陈瑜．食货［M］//黎平府志．卷3. 下. 1892年刻本．
［83］郑珍．物产［M］//遵义府志．卷1. 1841年刻本．
［84］何廷熙．食货门［M］//思南府续志．卷3. 贵州省图书馆油印本，1965.
［85］林佩纶．食货［M］//天柱县志．卷3. 1903年活字本．
［86］黄家服，段志洪．地理志［M］//思南府续志．卷2. 成都：巴蜀书社，2006.
［87］爱必达．气候［M］//黔南识略．卷24. 台北：成文出版社，1968.
［88］瞿鸿锡．物产［M］//平越直隶州志．卷22. 清光绪二十八年刻本．
［89］张英．物产志［M］//兴义府志．卷43. 贵阳：贵州人民出版社，2009.

[90] 郑珍，莫友芝．遵义府志．卷16，卷30 [M]．遵义市志编纂委员会办公室印，1986.
[91] 鄂尔泰修，靖道谟．贵州通志·官绩志 [M]．扬州：江苏广陵古籍刻印社，1987.
[92] 清高宗实录．卷240，卷647 [M]．北京：中华书局，1986.
[93] 贵州省地方志编纂委员会．贵州省志·科学技术志·古代科学技术 [M]．贵阳：贵州人民出版社，1992.
[94] 安顺府志．卷49 [M]．安顺市地方志编委会点校，2007.
[95] 王世鑫．农桑 [M] //八寨县志稿．卷17．台北：成文出版社，1968.
[96] 艺文志十 [M] //安顺府志．卷53．安顺市地方志编委会点校，2007.
[97] 鄂尔泰．贵州通志．卷5 [M]．江苏广陵古籍刻印社，1741年刻本．
[98] 贵州省文史研究馆．贵州通志·前事志．卷18 [M]．贵阳：贵州人民出版社，1991.
[99] 冯光宿．黔西州志．卷4 [M]．贵州省图书馆油印本，1966.
[100] 清圣祖圣训．卷35 [M]．伪满影印本．日本大藏出版社，1936.
[101] 清圣祖实录．卷154 [M]．伪满影印本．日本大藏出版社，1936.
[102] 清宣宗实录．卷5，卷263 [M]．伪满影印本．日本大藏出版社，1936.
[103] 但明伦．营建志 [M] //广顺州志．卷3．1846年刻本．
[104] 地理·山川 [M] //贵州通志．卷5．扬州：江苏广陵古籍刻印社，1741年刻本．
[105] 刘岱．开泰县志·地理 [M]．贵州省图书馆油印本，1964.
[106] 清仁宗实录．卷26，卷33，卷85，卷254 [M]．伪满影印本．日本大藏出版社，1936.
[107] 仁宗敕．贵州·都匀府·地理·堤堰 [M] //重修一统志．上海：上海书店出版社，1984.
[108] 李台．地理·山川 [M] //黄平州志．1801年刻本．
[109] 傅玉书．桑梓述闻．卷1 [M]．贵州省图书馆油印本，1964.
[110] 何思贵．山川 [M] //安平县志．卷2．贵州省图书馆油印本，1964.
[111] 部汉励．山水副记第五疆土志六 [M] //大定府志．卷16．1849年刻本．
[112] 黄培杰．地理·山川 [M] //永宁州志．1894年刻本．
[113] 贵州省地方志编纂委员会编．贵州省志·水利志 [M]．北京：方志出版社，1997.
[114] 安顺地区水利志编纂委员会．贵州省安顺地区水利大事记 [M]．贵阳：贵州人民出版社，1992.
[115] 开阳县水利电力局．开阳县水利电力志 [R]．开阳县水利电力局编印，1995.
[116] 安顺县水电站编写组．安顺县水利志 [R]．安顺县水电站编写组编印，1988.
[117] 常恩．安顺府志．卷10 [M]．1891年补刻本．贵阳：贵州人民出版社，2007.
[118] 部汉励．地理 [M] //兴义府志．1909年铅印本．
[119] 杨树琪，林佩纶等．地理志 [M] //续修天柱县志．卷2．巴蜀出版社，2006.
[120] 欧阳曙．地理·山川 [M] //循潭县志．湄潭县志编纂委员会，1988.
[121] 李挺元．河井 [M] //镇宁州志．卷2．民国抄本．
[122] 陈瑜．山水 [M] //黎平府志．卷2．1892年刻本．
[123] 杨域林．地理·山川 [M] //永宁州志．1894年刻本．

[124] 罗文思．地理志・山川［M］//石阡府志．卷2. 1765年刻本．
[125] 薛载德．贵州通志．卷一七［M］．贵州省图书馆油印本，1966.
[126] 刘岱．开泰县志・地理［M］．贵州省图书馆油印本，1964.
[127] 陈瑜．山水［M］//黎平府志．卷2. 成都：巴蜀书社，1892年刻本．
[128] 贺绪藩．地理・山川［M］//平越直隶州志．卷3. 成都：巴蜀书社，1902年刻本
[129] 申云根．地理・水利［M］//平远州续志．卷2. 北京：方志出版社，1890年刻本．
[130] 黔东南苗族侗族自治州地方志编纂委员会．黔东南苗族侗族自治州水利志［M］．贵阳：贵州人民出版社，1998.
[131] 贵州省地方志编委会．贵州省志・水利志［M］．北京：方志出版社，1997.
[132] 周范．毕节县志稿．卷3［M］．贵州省图书馆．
[133] 罗文思．石阡府志．卷2［M］．海口：海南出版社，2001.
[134] 袭付伸．山川志［M］//镇远府志．卷5. 贵州省图书馆油印本，1965.
[135] 陶廷淑．黄平州志・津梁［M］．贵州省图书馆油印本，1965.
[136] 周范．疆域下・水利［M］//毕节县志稿．卷3. 贵州省图书馆油印本，1965.
[137] 郑珍，莫友芝．遵义府志・木政［R］．遵义市志编纂委员会办公室印，1986.
[138] 贵州省民族研究所．明实录・神宗万历实录．卷44［M］．贵阳：贵州人民出版社，1982.
[139] 杨书魁修．黎平府志・食货志［M］．成都：巴蜀出版社，1845年刻本．
[140] 杜文铎等点校．黔南职方纪略［M］．贵阳：贵州人民出版社，1992.
[141] 鄂尔泰修，靖道谟等撰．贵州通志・风土志［M］．北京：中华书局，1968.
[142] 林达泉等修，李联琇等纂．崇明县志．卷4［M］．上海：上海人民出版社，1881.
[143] 谢圣纶．云南・物产［M］//滇黔志略．卷10. 贵阳：贵州人民出版社，2008.
[144] 策珍等．贵阳府志．卷3［M］．成都：巴蜀书社，2006.
[145] 刘岱修，艾茂，谢庭薰．独山州志．卷3［M］．贵州省图书馆，1965.
[146] 郑珍，莫友芝．遵义府志．卷17［R］．遵义市志编纂委员会办公室印，1986.
[147] 常恩．艺文志［M］//安顺府志．卷53. 贵阳：贵州人民出版社，2007.
[148] 思南县志编纂委员会办公室．食货志［M］//思南县志稿．卷3. 贵州省图书馆复制油印本，1965.
[149] 鄂尔泰修，靖道谟等．贵州通志・物产［M］．北京：中华书局，1968.
[150] 常恩．安顺府志［M］．贵阳：贵州人民出版社，2007.
[151] 郑珍，莫友芝．遵义府志・农桑志［M］．遵义市志编纂委员会办公室印，1986.
[152] 郑珍，莫友芝．遵义府志・蚕事志［M］．遵义市志编纂委员会办公室印，1986.
[153] 夏修恕主修，周作揖等镌版，萧琯等纂．食货门・土产［M］//道光思南府续志．卷3. 贵州省图书馆刻本复制，1966.
[154] 马震崑修，陈文燽纂．食货志・工商［M］//民国思南县志稿．卷3. 贵州省图书馆复制油印本，1965.
[155] 贵州省铜仁地区志党群编辑室．物产志・货类［M］//铜仁府志．卷7. 贵阳：贵州民族出版社，1992.

[156] 田雯. 黔纸 [M] //黔书. 下卷. 台北：台湾“商务印书馆”，1986.
[157] 贵州文史馆点校. 贵州通志・风土志 [M]. 贵阳：贵州大学出版社，2010.
[158] 黔南布依族苗族自治州史志编纂委员会编. 黔南布依族、苗族自治州志・科学技术志・气象志 [M]. 贵阳：贵州人民出版社，2007.
[159] 爱必达. 黔南识略 [M]. 贵阳：贵州人民出版社，1992.
[160] 李其昌. 兴义府志・物产志 [R]. 贵阳：贵州人民出版社，2009.
[161] 杨书魁修. 黎平府志 [M]. 1845 年刻本.
[162] 李其昌. 兴义府志・土产志 [M]. 贵阳：贵州人民出版社，2009.
[163] 夏修恕主修，周作揖等镌版，萧琯等纂. 地理门 [M] //道光思南府续志. 卷 2. 贵州省图书馆刻本复制，1966.
[164] 陈振汉. 清实录经济史资料・农业编. 第 2 分册 [M]. 北京：北京大学出版社，2012.
[165] 贵州省铜仁地区志党群编辑室. 物产志・食货类 [M] //民国铜仁府志. 卷 7. 贵阳：贵州民族出版社，1992.
[166] 贵州省文史研究馆编. 民国贵州通志・土民志 [M]. 贵阳文通书局铅印本，1948.
[167] 爱必达. 铜仁县 [M] //黔南识略. 卷 19. 清道光二十七年重刻本.
[168] 食货・土产 [M] //道光铜仁府志. 卷 4. 道光四年刻本.
[169] 张英. 兴义府志・土产志 [M]. 贵阳：贵州人民出版社，2009.
[170] 爱必达. 黔南识略・开州 [M]. 台北：成文出版社，1968.
[171] 弘治贵州图经新志・土产 [M] //四库全书存目丛书本. 济南：齐鲁书社，1997.
[172] 贵州省地方志编纂委员会编. 贵州省志・科学技术志・近代科学技术 [M]. 贵阳：贵州人民出版社，1992.
[173] 谢圣纶纂. 物产 [M] //滇黔志略. 卷 24. 乾隆刻本.
[174] 大清高宗皇帝实录. 卷 342 [M]. 乾隆十四年六月，户部议覆贵州巡抚爱必达奏.
[175] 爱必达. 安化县 [M] //黔南识略. 卷 16. 台北：成文出版社，1968.
[176] 爱必达. 黔南识略・威宁州 [M]. 台北：成文出版社，1968.
[177] 赵尔巽等. 清史稿. 卷 123，卷 124 [M]. 北京：中华书局，1977.
[178] 中国人民大学清史研究所，中国人民大学档案系中国政治制度教研室编. 清代的矿业 [M]. 北京：中华书局，1983.
[179] 清高宗实录. 卷 74，卷 167，卷 1311 [M]. 北京：中华书局，1986.
[180] 贵州省文史研究馆. 食货志 [M] //贵州通志. 卷 12. 贵阳文通书局铅印本，1948.
[181] 丁文诚奏议 [M] //席裕福，沈师徐辑. 皇朝政典类纂. 卷 78. 盐法九. 台北：文海出版社，1982.
[182] 贵州省毕节地区地方志编纂委员会. 食货志. 四上 [M] //大定府志. 卷 40. 北京：中华书局，2000.
[183] 黔西南布依族苗族自治州地方志编纂委员会. 黔西南布依族、苗族自治州志・科学志 [M]. 贵阳：贵州人民出版社，2004.

[184] 黔东南苗族侗族自治州地方志编纂委员会. 黔东南苗族、侗族自治州志・科学技术志・科学普及志 [M]. 贵阳: 贵州人民出版社, 2004.

[185] 贵阳市志编纂委员会. 贵阳市志・科学技术志 [M]. 贵阳: 贵州人民出版社, 1990.

[186] 贵州省地方志编纂委员会. 贵州省志・林业志 [M]. 贵阳: 贵州人民出版社, 1994.

[187] 贵州省开阳县志编委会. 开阳县志 [M]. 贵阳: 贵州人民出版社, 1993.

[188] 贵州省石阡县志编委会. 石阡县志 [M]. 贵阳: 贵州人民出版社, 1992.

[189] 贵州省地方志编纂委员会. 贵州省志・烟草志 [M]. 贵阳: 贵州人民出版, 2001.

[190] 贵州省地方志编纂委员会. 贵州省志. 轻纺工业志 [M]. 贵阳: 贵州人民出版社, 1993.

[191] 贵阳市志编撰委员会. 贵阳市志・科学技术志 [M]. 贵阳: 贵州人民出版社, 1992.

[192] 贵州省地方志编纂委员会. 贵州省志・出版志 [M]. 贵阳: 贵州人民出版社, 1996.

[193] 贵州省地方志编纂委员会. 贵州省志・电力工业志 [M]. 贵阳: 贵州人民出版社, 1995.

[194] 贵州省地方志编纂委员会. 贵州省志・工业经济志 [M]. 贵阳: 贵州人民出版社, 2003.

[195] 贵州省地方志编纂委员会. 贵州省志・科学技术志 [M]. 贵阳: 贵州人民出版社, 1992.

[196] 贵州省地方志编纂委员会. 贵州省志・黑色冶金工业志 [M]. 贵阳: 贵州人民出版社, 1989.

[197] 贵州省地方志编纂委员会. 贵州省志・地质矿产志 [M]. 贵阳: 贵州人民出版社, 1992.

[198] 贵州省地方志编纂委员会. 贵州省志・交通志 [M]. 贵阳: 贵州人民出版社, 1991.

[199] 贵州省地方志编纂委员会. 贵州省志・邮电志 [M]. 贵阳: 贵州人民出版社, 1992.

[200] 贵州省地方志编纂委员会. 贵州省志・广播电视志 [M]. 贵阳: 贵州人民出版社, 1999.

[201] 贵州省地方志编纂委员会. 贵州省志・民用航空志 [M]. 北京: 方志出版社, 1997.